U0378120

计算机科学与技术专业核心教材体系建设——建议使用时间

课程系列	基础系列	电类系列	程序系列	系统系列	应用系列	选修系列
四年级下						
四年级上			软件工程综合实践	计算机体系结构	计算机图形学	机器学习 物联网导论 大数据分析技术 数字图像技术
三年级下			软件工程 编译原理		人工智能导论 数据库原理与技术 嵌入式系统	
三年级上			算法设计与分析	计算机网络		
二年级下			数据结构	计算机系统综合实践		
二年级上	离散数学（下）	数字逻辑设计 数字逻辑设计实验	面向对象程序设计 程序设计实践	操作系统		
一年级下	离散数学（上） 信息安全导论	电子技术基础	计算机程序设计	计算机原理		
一年级上	大学计算机基础					

面向新工科专业建设计算机系列教材

软件测试技术与研究

曹小鹏◎编著

清华大学出版社
北京

内 容 简 介

本书全面、系统地介绍了软件测试的相关理论以及实践知识，在总结软件测试的概念、方法、过程的基础上，对测试工具的使用进行了创新性的介绍，并展望了软件测试行业的研究热点与发展方向。

全书分为三部分：第一部分（第1～3章）为理论篇，着重介绍了软件测试的基本概念、白盒测试、黑盒测试、软件测试的模型、单元测试、集成测试、确认测试、系统测试、验收测试、测试管理等内容。第二部分（第4章）为发展篇，对软件测试在云端、移动开发和嵌入式上的应用进行了介绍，同时对软件测试行业与技术的发展进行了展望。第三部分（第5章）为工具篇，主要介绍了白盒测试工具BoundsChecker、单元测试工具JUnit、性能测试工具LoadRunner、自动化测试工具Monkey以及测试管理工具禅道。

本书适合作为高等院校计算机、软件工程专业的高年级本科生、研究生的教材，也可供从事计算机软件测试的各类技术人员和研究人员参考。

本书封面贴有清华大学出版社防伪标签，无标签者不得销售。
版权所有，侵权必究。举报：010-62782989，beiqinquan@tup.tsinghua.edu.cn。

图书在版编目(CIP)数据

软件测试技术与研究/曹小鹏编著. —北京：清华大学出版社，2022.7
面向新工科专业建设计算机系列教材
ISBN 978-7-302-61004-5

Ⅰ. ①软…　Ⅱ. ①曹…　Ⅲ. ①软件－测试－高等学校－教材　Ⅳ. ①TP311.55

中国版本图书馆CIP数据核字(2022)第097519号

责任编辑：白立军　杨　帆
封面设计：刘　乾
责任校对：焦丽丽
责任印制：杨　艳

出版发行：清华大学出版社
网　　址：http://www.tup.com.cn，http://www.wqbook.com
地　　址：北京清华大学学研大厦A座　　**邮　　编**：100084
社 总 机：010-83470000　　**邮　　购**：010-62786544
投稿与读者服务：010-62776969，c-service@tup.tsinghua.edu.cn
质量反馈：010-62772015，zhiliang@tup.tsinghua.edu.cn
课件下载：http://www.tup.com.cn，010-83470236
印 刷 者：北京富博印刷有限公司
装 订 者：北京市密云县京文制本装订厂
经　　销：全国新华书店
开　　本：185mm×260mm　**印　张**：13　**插　页**：1　**字　　数**：301千字
版　　次：2022年9月第1版　　**印　　次**：2022年9月第1次印刷
定　　价：49.00元

产品编号：085032-01

出版说明

一、系列教材背景

人类已经进入智能时代，云计算、大数据、物联网、人工智能、机器人、量子计算等是这个时代最重要的技术热点。为了适应和满足时代发展对人才培养的需要，2017 年 2 月以来，教育部积极推进新工科建设，先后形成了“复旦共识”“天大行动”和“北京指南”，并发布了《教育部高等教育司关于开展新工科研究与实践的通知》《教育部办公厅关于推荐新工科研究与实践项目的通知》，全力探索形成领跑全球工程教育的中国模式、中国经验，助力高等教育强国建设。新工科有两个内涵：一是新的工科专业；二是传统工科专业的新需求。新工科建设将促进一批新专业的发展，这批新专业有的是依托于现有计算机类专业派生、扩展而成的，有的是多个专业有机整合而成的。由计算机类专业派生、扩展形成的新工科专业有计算机科学与技术、软件工程、网络工程、物联网工程、信息管理与信息系统、数据科学与大数据技术等。由计算机类学科交叉融合形成的新工科专业有网络空间安全、人工智能、机器人工程、数字媒体技术、智能科学与技术等。

在新工科建设的“九个一批”中，明确提出“建设一批体现产业和技术最新发展的新课程”“建设一批产业急需的新兴工科专业”。新课程和新专业的持续建设，都需要以适应新工科教育的教材作为支撑。由于各个专业之间的课程相互交叉，但是又不能相互包含，所以在选题方向上，既考虑由计算机类专业派生、扩展形成的新工科专业的选题，又考虑由计算机类专业交叉融合形成的新工科专业的选题，特别是网络空间安全专业、智能科学与技术专业的选题。基于此，清华大学出版社计划出版“面向新工科专业建设计算机系列教材”。

二、教材定位

教材使用对象为“211 工程”高校或同等水平及以上高校计算机类专业及相关专业学生。

三、教材编写原则

(1) 借鉴 *Computer Science Curricula* 2013(以下简称 CS2013)。CS2013 的核心知识领域包括算法与复杂度、体系结构与组织、计算科学、离散结构、图形学与可视化、人机交互、信息保障与安全、信息管理、智能系统、网络与通信、操作系统、基于平台的开发、并行与分布式计算、程序设计语言、软件开发基础、软件工程、系统基础、社会问题与专业实践等内容。

(2) 处理好理论与技能培养的关系,注重理论与实践相结合,加强对学生思维方式的训练和计算思维的培养。计算机专业学生能力的培养特别强调理论学习、计算思维培养和实践训练。本系列教材以"重视理论,加强计算思维培养,突出案例和实践应用"为主要目标。

(3) 为便于教学,在纸质教材的基础上,融合多种形式的教学辅助材料。每本教材可以有主教材、教师用书、习题解答、实验指导等。特别是在数字资源建设方面,可以结合当前出版融合的趋势,做好立体化教材建设,可考虑加上微课、微视频、二维码、MOOC 等扩展资源。

四、教材特点

1. 满足新工科专业建设的需要

系列教材涵盖计算机科学与技术、软件工程、物联网工程、数据科学与大数据技术、网络空间安全、人工智能等专业的课程。

2. 案例体现传统工科专业的新需求

编写时,以案例驱动,任务引导,特别是有一些新应用场景的案例。

3. 循序渐进,内容全面

讲解基础知识和实用案例时,由简单到复杂,循序渐进,系统讲解。

4. 资源丰富,立体化建设

除了教学课件外,还可以提供教学大纲、教学计划、微视频等扩展资源,以方便教学。

五、优先出版

1. 精品课程配套教材

主要包括国家级或省级的精品课程和精品资源共享课的配套教材。

2. 传统优秀改版教材

对于已经出版、得到市场认可的优秀教材,由于新技术的发展,计划给图书配上新的教学形式、教学资源的改版教材。

3. 前沿技术与热点教材

反映计算机前沿和当前热点的相关教材，例如云计算、大数据、人工智能、物联网、网络空间安全等方面的教材。

六、联系方式

联系人：白立军
联系电话：010-83470179
联系和投稿邮箱：bailj@tup.tsinghua.edu.cn

面向新工科专业建设计算机系列教材编委会
2019年6月

面向新工科专业建设计算机系列教材编委会

主　任：

张尧学　清华大学计算机科学与技术系教授　中国工程院院士/教育部高等学校软件工程专业教学指导委员会主任委员

副主任：

姓名	单位	职务
陈　刚	浙江大学计算机科学与技术学院	院长/教授
卢先和	清华大学出版社	常务副总编辑、副社长/编审

委　员：

姓名	单位	职务
毕　胜	大连海事大学信息科学技术学院	院长/教授
蔡伯根	北京交通大学计算机与信息技术学院	院长/教授
陈　兵	南京航空航天大学计算机科学与技术学院	院长/教授
成秀珍	山东大学计算机科学与技术学院	院长/教授
丁志军	同济大学计算机科学与技术系	系主任/教授
董军宇	中国海洋大学信息科学与工程学院	副院长/教授
冯　丹	华中科技大学计算机学院	院长/教授
冯立功	战略支援部队信息工程大学网络空间安全学院	院长/教授
高　英	华南理工大学计算机科学与工程学院	副院长/教授
桂小林	西安交通大学计算机科学与技术学院	教授
郭卫斌	华东理工大学信息科学与工程学院	副院长/教授
郭文忠	福州大学数学与计算机科学学院	院长/教授
郭毅可	上海大学计算机工程与科学学院	院长/教授
过敏意	上海交通大学计算机科学与工程系	教授
胡瑞敏	西安电子科技大学网络与信息安全学院	院长/教授
黄河燕	北京理工大学计算机学院	院长/教授
雷蕴奇	厦门大学计算机科学系	教授
李凡长	苏州大学计算机科学与技术学院	院长/教授
李克秋	天津大学计算机科学与技术学院	院长/教授
李肯立	湖南大学	校长助理/教授
李向阳	中国科学技术大学计算机科学与技术学院	执行院长/教授
梁荣华	浙江工业大学计算机科学与技术学院	执行院长/教授
刘延飞	火箭军工程大学基础部	副主任/教授
陆建峰	南京理工大学计算机科学与工程学院	副院长/教授
罗军舟	东南大学计算机科学与工程学院	教授
吕建成	四川大学计算机学院(软件学院)	院长/教授
吕卫锋	北京航空航天大学	副校长/教授

马志新	兰州大学信息科学与工程学院	副院长/教授
毛晓光	国防科技大学计算机学院	副院长/教授
明　仲	深圳大学计算机与软件学院	院长/教授
彭进业	西北大学信息科学与技术学院	院长/教授
钱德沛	北京航空航天大学计算机学院	教授
申恒涛	电子科技大学计算机科学与工程学院	院长/教授
苏　森	北京邮电大学计算机学院	执行院长/教授
汪　萌	合肥工业大学计算机与信息学院	院长/教授
王长波	华东师范大学计算机科学与软件工程学院	常务副院长/教授
王劲松	天津理工大学计算机科学与工程学院	院长/教授
王良民	江苏大学计算机科学与通信工程学院	院长/教授
王　泉	西安电子科技大学	副校长/教授
王晓阳	复旦大学计算机科学技术学院	院长/教授
王　义	东北大学计算机科学与工程学院	院长/教授
魏晓辉	吉林大学计算机科学与技术学院	院长/教授
文继荣	中国人民大学信息学院	院长/教授
翁　健	暨南大学	副校长/教授
吴　迪	中山大学计算机学院	副院长/教授
吴　卿	杭州电子科技大学	教授
武永卫	清华大学计算机科学与技术系	副主任/教授
肖国强	西南大学计算机与信息科学学院	院长/教授
熊盛武	武汉理工大学计算机科学与技术学院	院长/教授
徐　伟	陆军工程大学指挥控制工程学院	院长/副教授
杨　鉴	云南大学信息学院	教授
杨　燕	西南交通大学信息科学与技术学院	副院长/教授
杨　震	北京工业大学信息学部	副主任/教授
姚　力	北京师范大学人工智能学院	执行院长/教授
叶保留	河海大学计算机与信息学院	院长/教授
印桂生	哈尔滨工程大学计算机科学与技术学院	院长/教授
袁晓洁	南开大学计算机学院	院长/教授
张春元	国防科技大学计算机学院	教授
张　强	大连理工大学计算机科学与技术学院	院长/教授
张清华	重庆邮电大学计算机科学与技术学院	执行院长/教授
张艳宁	西北工业大学	校长助理/教授
赵建平	长春理工大学计算机科学技术学院	院长/教授
郑新奇	中国地质大学(北京)信息工程学院	院长/教授
仲　红	安徽大学计算机科学与技术学院	院长/教授
周　勇	中国矿业大学计算机科学与技术学院	院长/教授
周志华	南京大学计算机科学与技术系	系主任/教授
邹北骥	中南大学计算机学院	教授

秘书长：

白立军	清华大学出版社	副编审

FOREWORD

前言

随着软件产业的发展，软件产品的质量控制逐渐成为软件企业在激烈的市场竞争条件下生存与发展的核心。软件产品在发布前都需要进行大量的质量控制、测试和文档编写工作，而这些工作必须依靠技术娴熟的专业软件人才来完成，软件测试是保证软件产品质量最为重要的方法。在航空航天、国防等生命攸关的软件项目研发过程中，软件产品的质量要求往往更高，测试工作要求也更加严格。

软件测试是描述一种用来促进被鉴定软件的正确性、完整性、安全性和质量的过程，是工程性非常强的一门课程，软件产业的健康发展需要大量的软件测试人员。该类职位的需求主要集中在沿海发达城市，其中北京和上海的需求量分别占全国城市总需求量的33%和29%，民企的需求量较大，其占总需求量的19%，而外商独资(欧美为主)企业需求排列第二，占15%。但如今的现状却是：一方面企业对高质量测试工程师的需求量越来越大；另一方面国内原来对软件测试工程师的职业重视程度不够，使许多业内人士并不了解软件测试工程师具体从事的是什么工作。

在西安邮电大学计算机学院大学本科毕业的学生就业之中，有相当大比例的一部分都从事了软件测试的相关工作。本书主要从软件测试的方法、测试过程、测试工具、测试技术发展4方面进行了讲解，强调应用的同时加强了学生实际动手能力的培养。

随着软件研发技术的发展，软件测试也出现了很多新的发展方向，如云测试、移动端软件测试等。同时软件测试的方法也是软件工程研究的一个重点内容，其有很多问题值得研究，如测试用例的自动生成与约简等。本书相应地增加了软件测试的发展等相关章节，能够适用于研究生教学。

西安邮电大学研究生屈红艳参与编写了本书第1章，燕霞参与编写了本书第2、3章，吴雨泽参与编写了本书第4、5章，全书由曹小鹏教授统稿、审查。

限于作者水平，本书对于测试相关的一些论述稍显肤浅，也有可能存在错误，恳请读者批评指正。

曹小鹏

2022年5月于西安

CONTENTS

目录

第一部分　理　论　篇

第二部分 发 展 篇

第三部分 工 具 篇

第一部分 理 论 篇

第1章

软件测试的基本概念

软件测试是软件生命周期中不可或缺的重要环节，是保证软件质量的关键步骤。本章首先介绍了软件生命周期，其次介绍了软件测试相关概念，最后介绍了软件测试和软件质量、软件缺陷之间的关系。

1.1 软件生命周期

在软件工程领域中，软件的开发过程一般包括问题定义、可行性研究、需求分析、系统设计、编码、测试、运行和维护这 8 个过程，其构成了软件生命周期这一概念，如图 1.1 所示。

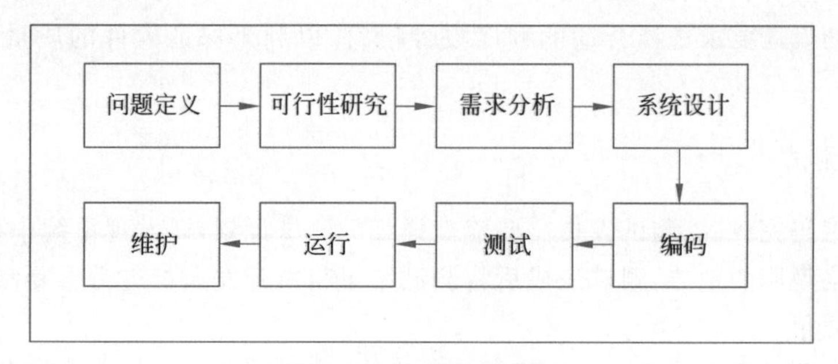

图 1.1 软件生命周期

1. 问题定义

问题定义是软件开发的最初阶段，开发方要与用户共同讨论，确定软件的开发目标，编写系统目标与范围的说明，并提交给用户进行审查和确认。

2. 可行性研究

使用明确的语言描述待开发系统的目标，同时从多方面，如经济、技术和社会因素等对将开发的软件进行可行性分析。

3. 需求分析

需求分析是以用户为主导，由软件开发人员和用户共同讨论的一个复杂过程，其可决定本项目可以满足哪些需求，并给出详细的描述，最终形成软件需求规格说明书。需求分析同时包括需求开发以及需求管理，需求开发中又包括问题获取、分析、编写规格说明及验证等过程。

4. 系统设计

系统设计是软件开发的技术核心，在此过程中，开发人员将根据需求规格说明书将各项需求转换成相应的软件实体，其一般分为概要设计和详细设计两部分。

概要设计是对系统进行总体设计、结构分析以及对功能模块进行描述，最终得到系统的结构图。在概要设计的基础上进行详细设计，需要对每个子模块要完成的工作进行具体描述，把需求分析转换为软件结构和数据结构。设计人员可使用流程图、N-S 图、PAD 图、伪代码等方式进行设计描述，最终得到系统的详细开发文档。在详细设计的过程中如果仍有结构划分模糊、重叠等问题，则应该返回到概要设计部分对其进行重新规划，将问题反映至系统概要设计文档中。若完成了详细设计，开发人员便可以根据设计文档进行下一步的编程实现。

5. 编码

在此过程，开发人员将根据需求说明以及设计说明使用编程语言将软件设计转化为计算机可理解、可执行的代码程序。不同的程序设计语言有不同的特性，所以还要根据开发系统的设计要求选择合适的程序设计语言，以利于保证软件的质量，提高软件的可维护性。

6. 测试

在编码完成后，测试人员需要建立详细的测试计划，以发现系统中存在的错误以及不符合规格说明的地方，测试完成后将测试结果交由开发人员进行重复修改与测试，以保证软件的质量。

软件测试通常分为 4 个步骤。

（1）单元测试：对软件中的最小可测试单元进行检查和验证。

（2）集成测试：将软件各个模块组装起来进行整体测试。

（3）确认测试：测试软件的功能和性能以及其他特性。

（4）系统测试：将软硬件结合起来进行综合测试。

7. 运行

将软件交付给用户投入正式使用。

8. 维护

在系统投入使用后，要继续适应用户的需求，对已经开发完毕的软件进行维护，修改程序中的缺陷和使用过程中发现的积累问题以及补充需求的新功能等。

软件测试是软件生命周期中的一个环节，实际上其在软件的开发中十分重要。由于软件开发的不确定性以及开发人员的主观性，在开发中将会遇到很多难以预料的问题。为了研发出高质量的软件系统，将测试作为一个环节参与到软件开发中是十分必要的，其通常会占到整个软件开发工作量的40%～60%。

1.2 软件测试

1.2.1 由于软件缺陷造成的事故

历史上由于软件缺陷而造成的事故非常多，下面举几个经典案例。

例1.1　迪士尼游戏缺陷。

1994年，美国迪士尼公司发布面向少年儿童的多媒体游戏软件"狮子王动画故事书"。经过迪士尼公司的大力促销活动，该软件的销售情况异常火爆，几乎成为当年秋季全美青少年儿童必买的游戏。

但产品销售后不久，该公司客户支持部门的电话就一直不断，儿童家长和玩不成游戏的孩子们大量投诉该游戏软件的缺陷。后来，经过调查证实，造成这一严重缺陷的原因是迪士尼公司没有对市场上投入使用的各种个人计算机(Personal Computer，PC)机型进行测试，导致其在许多设备上无法运行。该软件故障使得迪士尼公司的声誉受到损坏，并为改正这些软件缺陷和故障付出了巨大的代价。

例1.2　波音737 MAX坠毁。

2019年3月10日，埃塞俄比亚航空公司的ET302航班在飞行途中发生意外事故，于比绍夫图附近坠毁。失事客机机型为波音737 MAX，该机于2018年11月交付埃塞俄比亚航。这已经是波音737 MAX第二次出现类似空难事故。2018年10月下旬，印度尼西亚狮子航空公司的一架波音737 MAX航班在爪哇海坠毁，机上189人全部遇难。上述两次事件仅仅相隔不到6个月，由于设计上的缺陷，波音737 MAX频繁出现事故。

上述两个例子说明了软件测试在工程应用中的重要性。软件测试可以尽可能地发现被测软件中的错误，提高软件的可靠性，是软件生命周期中一项非常重要且复杂的工作，其在将来很长一段时间内仍然是保证软件可靠性最有效的方法。

1.2.2 软件测试的概念

不同的机构学者对软件测试的定义不同，以下是常见的软件测试的3种定义。

(1) IEEE：软件测试是对系统或者系统原件在特定条件下的运行结果进行观察或者记录，并对系统和原件的某些方面进行性能评价。

(2) Myers：软件测试是为了寻找系统中存在的错误而执行程序的过程。明确测试的目的在于找到软件中的错误。

(3) 从软件质量保证角度：软件测试是一种重要的软件质量保证活动，需要通过一些经济、高效的方法，捕捉程序中的错误，达到保证软件质量的目的。

软件测试的评价指标主要是通过输出结果与软件需求规格说明书中要达到的目标进行比较而得出的，可用来发现软件是否存在错误。软件测试的目的就是保障以及提高软件的质量，其要作用是发现错误、预防错误以及修复错误，进而避免软件在用户体验的过程中出现故障，避免这些故障给个人、公司甚至国家造成无法挽回的损失。值得注意的是，第二种定义中的“寻找系统中存在的错误”并非软件测试的唯一目标，因为软件测试是无法保证系统没有错误的。

在传统的测试理念中，人们普遍把软件测试当作软件开发过程众多环节中的一个。实际上，软件测试几乎贯穿软件开发的整个过程，它随着系统需求分析阶段的展开而开始，并一直持续到产品发布以后，处于不同阶段的软件，相应的测试也不相同。因此软件测试是软件开发过程中的重要环节，其工作占用了软件生存周期中相当长的时间。随着软件产品规模的不断加大，软件开发难度也越来越高，测试需要投入的人力、物力和财力也越来越多。及早地开展软件测试有利于减少整体软件测试的成本，因为一旦项目进行到开发后期，即使能够找到错误，也必将为修正这些错误付出很高的代价。

1.2.3 软件测试的分类

按照划分角度不同，软件测试有以下 4 种分类方式。

1. 根据是否能够查看系统内部逻辑划分

（1）黑盒测试：测试把被测的软件看作一个封闭的、“黑”的盒子，测试人员看不到盒子中有什么。黑盒测试不关心盒子的内部结构是什么，只关心软件的输入数据和输出数据是否符合预期结果。

（2）白盒测试：测试把被测的软件看作透明的玻璃盒（“白”的），跟踪与研究软件代码的运行情况和运行结果。

（3）灰盒测试：一种介于黑盒测试和白盒测试之间的测试方法。灰盒测试多用于集成测试阶段，其不仅关注输入、输出的正确性，同时也关注程序内部的运行情况。

2. 根据开发阶段的进程划分

（1）单元测试：又称模块测试，对软件的组成单位进行测试，目的是检验软件基本组成单位的正确性。单元测试的对象是软件测试的最小单位——模块。

（2）集成测试：也称联合测试或者组装测试。其将程序模块采用适当的集成策略组装起来，并对系统的接口及集成后的功能进行正确性检测。集成测试的主要目的是检查软件单位之间的接口是否正确。

（3）确认测试：也称有效性测试，是指在模拟环境下检查软件是否存在与软件需求规格说明书矛盾的地方，从而验证软件系统的功能和性能是否符合软件需求规格说明书所制定的要求。确认测试一般包括有效性测试和软件配置复查。

（4）系统测试：将软件看成是一个系统而进行的测试，其包括对功能、性能以及软件所运行的软硬件环境所进行的测试。

（5）验收测试：部署软件之前的最后一个测试操作。它是技术测试的最后一个阶段，也称交付测试。验收测试的目的是确保软件准备就绪，其需要按照项目合同、任务书及双方约定的验收依据文档，向软件购买者展示该软件系统满足原始需求说明的状态。

3. 根据是否运行被测程序划分

（1）静态测试：指不运行被测程序本身，仅通过分析或检查源程序代码的语法、结构、过程、接口等来检查程序的正确性，并对软件需求规格说明书、软件设计说明书、源程序做结构分析、流程图分析、符号执行来找错，评估软件是否符合开发规则。静态测试无特殊前提就可执行，作用是针对代码的规范和质量进行监管，以此来提升代码的可靠性，进一步使研究人员设计的软件系满足模块化思想、程序结构化，最重要的是满足面向对象的需求。该技术主要包含研发时的审阅、程序规范操作、静态结构分析、代码质量评估。

（2）动态测试：指运行被测程序之后进行的测试。该方法的主要思路是先将已经设计好的、符合标准的测试用例当作输入前提，待系统运行之后再对实际环境中的代码进行分析，验证实际输出情况与预期情况是否存在偏差。动态测试主要是进行接口测试，确保功能正常运行，同时也需要从覆盖率、性能、内存等方面进行分析总结。

4. 根据是否手工执行划分

（1）手工测试：由人工输入用例，观察结果，该方式和机器测试相对应。手工测试的探索性强但执行效率低。

（2）自动化测试：在预设条件下通过软件运行系统或应用程序以执行软件用例，评估运行结果。

1.2.4 软件测试的原则

在进行软件测试时应该遵循一定的原则，这些原则可以使测试人员有效地利用他们的时间与精力进行测试，尽早发现软件系统中的错误，减小修复缺陷的代价。

（1）测试表明当前的系统存在缺陷。对软件系统只能证伪而不能证实，因为实际上往往无法保证系统是完全正确的，只能通过不断的找出错误来使软件逐步符合用户的需求。

（2）不可能进行详尽的测试。测试数据、输入和测试场景的所有组合几乎是不可能的。测试人员只能在有限的时间和资源下专注于一些重要的标准，使之达到需求。

（3）测试要基于用户需求。缺陷的定义应与需求文档紧密关联，测试人员应该严格根据系统需求文档执行测试计划。

（4）尽早进行测试。测试应当从软件开发过程的早期，即需求分析阶段就介入。尽早地开展测试可以从根本上发现一些错误，帮助开发团队以更低的成本解决问题。

（5）制定测试计划时必须考虑所有的错误结果，不应默认假设不会发生的错误。

（6）如果在几个模块中发现了缺陷，那么该模块可能存在更多缺陷。这一原则要求测试团队利用自己的知识和经验，确定要测试的潜在缺陷。

（7）回归测试。在修正了测试中发现的错误后，需要对已经修正的模块进行重复测试。

（8）编程者应避免检查自己编写的代码，而应该由专业的测试人员实行测试。

（9）避免丢弃设计好的测试用例、计划和错误归纳，应将它们最终总结为详细报告，为以后的维护工作打好基础。

1.2.5 软件缺陷

软件缺陷即Bug，是计算机软件或程序中存在的、阻止程序正常运行的错误以及隐含的缺陷。Bug本意为虫子，在计算机领域中被专门用来指计算机软硬件、协议的具体实现或者系统安全策略上存在的漏洞。

关于Bug的由来，要追溯到七十多年前，第一个发现Bug的人——格蕾丝·霍珀(Grace Murray Hopper)是一位为美国海军工作的工程师，也是最早将人类自然语言融入计算机程序的人之一。1947年9月9日，霍珀对马克2号计算机设置好17 000个继电器并进行编程后，技术人员在进行整机运行时，它突然停止了工作。经过仔细排查后，工作人员发现这台巨大的计算机内部一组继电器的触点之间有一只飞蛾。由于飞蛾飞到了触点上被高压电击死，所以霍珀用胶条把飞蛾贴在马克2号计算机的运行日志中并写道“史上第一个被发现的计算机Bug”，图1.2展示了这份经典的报告。自此以后，Bug这一专有名词便被用来表示计算机漏洞，这个说法一直沿用到今天。

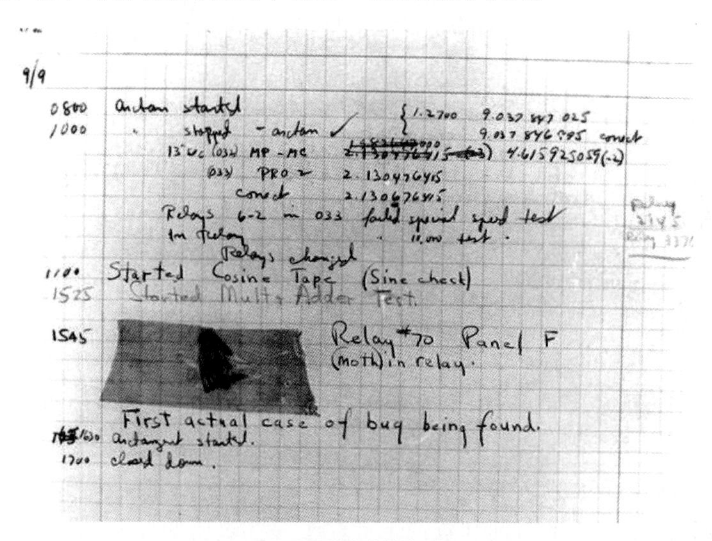

图1.2 霍珀的报告

缺陷的产生是由软件自身的特点、开发团队的合作以及项目管理等原因造成的。

软件缺陷分为3类：故障(Fault)、错误(Error)以及失效(Failure)。

(1) Fault：指存在于软件程序中的静态缺陷，其往往是由于人为错误导致的。

(2) Error：是在程序运行过程中，计算、观察或测量值、条件与理论上正确的值、条件之间的差异。其实际表现为运行到Fault时，将触发一个错误的中间状态。

(3) Failure：程序产生Error后，表现为程序失效，输出结果被测试人员观察到的缺陷。在Failure状态下，系统不能执行其所应有的功能。

例1.3 软件发生缺陷的过程。

为了更好地理解这3种软件缺陷，下面给出一段用C语言求平均值的代码。

```
int main()
{
    int  arr = [3,4,5];
    int  len = sizeof(arr);
    double averNum;
    int sum = 0.0;
        //for(int i = 0;i < len;i++)
        for(int i = 1;i < len;i++)
        {
            sum = sum + arr[i];
        }
    averNum = sum/len;
    printf("%f", averNum);
    return 0;
}
```

上面代码中灰色部分为正确的代码，但如果在编码过程中由于程序员的手误，将 int i = 0 写为 int i = 1，那么这样存在于代码中的静态错误就是 Fault。在运行过程中，sum 的值原本应为 12，但由于受到 Fault 影响，其值为 9，这便产生了 Error。但是 sum 是一个中间状态值，测试人员并不能直接观测到其值发生了错误。在程序产生 Error 后，通过运行程序，最终影响到输出值 averNum，使得程序失效。表 1.1 是该程序运行输出对比。

表 1.1　程序运行输出对比

类　别	input	sum	averNum
正确	[3,4,5]	3+4+5=12	12/3=4
错误	[3,4,5]	4+5=9	9/3 =3

通过观察以上典型软件失效的整个过程可以发现，软件失效通常会经历 3 个过程。

(1) 执行(Execution)：程序执行到错误代码。

(2) 感染(Infection)：触发错误的中间状态。

(3) 传播(Propagation)：错误传播到最终的输出。

图 1.3 是软件失效的模型，简称 PIE 模型。

需要注意的是，在程序的控制流与结构较为复杂的情况下，通常会存在程序执行不到 Fault 的情况出现，所以有些缺陷往往无法通过 PIE 模型被发现。即使执行到 Fault，有时也不一定能够引发 Error。如表 1.2 所示，在输入数据为 arr = [0,4,5]的情况下就不会引发 Error。

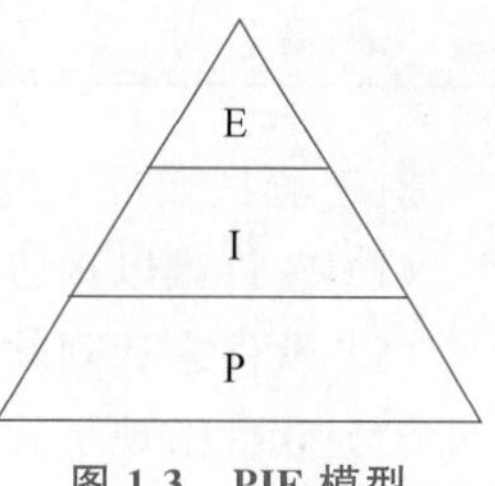

图 1.3　PIE 模型

表 1.2 执行 Fault 并未引发 Error

类　别	input	sum
正确	[0,4,5]	0+4+5=9
错误	[0,4,5]	4+5=9

可以看出，在输入数据为 arr=[0,4,5]的情况下，虽然程序运行到 Fault，但是在某些情况下，中间状态并未被感染。可以思考一下，是否存在一种情况，程序执行到了 Fault，触发了 Error，但却并没有传播到程序外部，产生 Failure 呢？答案是有的，请看以下例子。

例 1.4 未产生 Failure 缺陷。

假如 Fault 产生的位置发生改变，即灰色部分的代码被误写为原本数组长度减 1。

```
int main()
{
    int  arr = [3,4,5];
    //int len = sizeof(arr);
    int  len = sizeof(arr) -1;
    double averNum;
    int  sum = 0.0;
    for(int i = 0;i < len;i++)
    {
        sum = sum + arr[i];
    }
    averNum = sum/len;
    printf("%f",averNum);
    return 0;
}
```

如表 1.3 所示，在执行以上代码发生 Error 的情况下，却并未触发 Failure。

表 1.3 执行 Error 并未触发 Failure

类　别	input	sum	averNum
正确	[3,5,4]	3+5+4=12	12/3=4
错误	[3,5,4]	3+5=8	8/2=4

对于测试人员来说，只要满足以下条件的软件都被认为是存在缺陷的。

(1) 软件难以理解，程序运行速度慢。

(2) 软件未达到软件需求规格说明书中指明的功能。

(3) 软件出现了软件需求规格说明书中指明的不会出现的错误。

(4) 软件功能超出了软件需求规格说明书中所指明的范围。

(5) 软件未达到软件需求规格说明书中虽未指出但应达到的目标。

以上对软件缺陷的理解进一步说明测试并不是为了找错而找错，其最终的目的是要使设计的软件与软件需求规格说明书保持一致，从而保障用户的体验。

在时间成本等条件的限制下，实际的测试过程不可能一味地依靠对比程序与软件需求规格说明书来验证软件，而是需要通过编写测试用例来发现程序中的错误。

1.2.6　测试用例

测试用例是为了满足需求与实际一致而设计的，由输入数据、执行条件和预期输出结果组成的数据，它具有典型性、可测试性、可重现性、独立性等特征。

一个好的测试用例应该是尽可能选用少量、高效的测试数据进行尽可能完备的测试项目，除具有上述特征之外，它还应该满足完备性、准确性和低冗余等特征。

符合要求的测试用例，能保证测试是充分且完备的。测试用例之间的冗余度低，不仅可以提高测试的效率，而且还能减少不必要的资源浪费。

下面通过一个简单的例子来解析测试用例的设计。

例 1.5　登录测试

现在对一个登录界面进行测试，账户为 abc，密码为 123。测试的目的是验证用户是否输入了有效的信息，系统能否根据用户输入的信息允许合法登录，阻止非法登录。登录界面如图 1.4 所示。

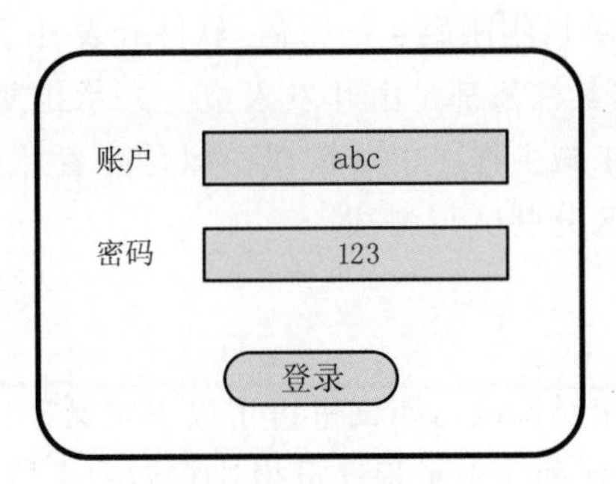

图 1.4　登录界面

下面给出登录的测试用例，如表 1.4 所示。

表 1.4　登录的测试用例

序号	操　　作	数　　据	期望结果
1	单击登录	账户为空、密码为空	弹窗警告“账户或密码不能为空”
2	输入账户，单击登录	账户＝abc、密码为空	弹窗警告“账户或密码不能为空”
3	输入账户，单击登录	账户＝×××、密码为空	弹窗警告“账户或密码不能为空”
4	输入密码，单击登录	账户为空、密码＝321	弹窗警告“账户或密码不能为空”
5	输入密码，单击登录	账户为空、密码＝123	弹窗警告“账户或密码不能为空”
6	输入账户和密码，单击登录	账户＝×××、密码＝123	弹窗警告“账户错误”
7	输入账户和密码，单击登录	账户＝×××、密码＝321	弹窗警告“账户错误”

续表

序号	操　　作	数　　据	期望结果
8	输入账户和密码,单击登录	账户=abc、密码=321	弹窗警告“密码错误”
9	输入账户和密码,单击登录	账户=abc、密码=123	提示“登录成功”

以上例子中账户=×××或者账户为空为无效数据,同样,密码为空或者密码=321也为无效数据。表1.4中给出了预期结果,将之与测试后的实际结果进行比较就可以找出软件错误所在。通过观察可以发现,表1.4中的测试用例几乎涵盖了账户登录这一行为的所有可能,对于这样一个登录操作,该测试用例符合高覆盖率的要求,那么这个测试用例是否有冗余呢?请读者自行思考。

1.3　软件测试的发展

迄今为止,软件测试的发展一共经历了以下5个重要时期。

1. 调试为主

20世纪50年代,在计算机刚刚诞生的时候,软件开发并不像现在这样分工明确且由专门的测试人员进行测试,其往往都是由开发人员一人承担所有的工作。因此软件主要靠开发过程中的不断调试来减少程序中的错误。但是随着计算机技术的发展,严谨的科学家们已经开始思考如何区分调试与测试。

2. 证明为主

1957年,Charles Baker对调试与测试进行了以下定义。

(1) 调试(Debug):确保程序做了程序员想让它做的事情。

(2) 测试(Testing):确保程序解决了它该解决的问题。

定义的产生标志着人们不再将调试与测试混为一谈,而是开始真正思考程序是如何满足需求的,这极大地推动了软件测试的发展,是软件测试史上一个重要的里程碑。

随着计算机的发展,软件应用的数量、成本和复杂性都大幅度提升,其造成的经济风险也大大增加,测试的重要性不言而喻。这个时期测试的主要目的就是确认软件是否满足需求,即是否做了它该做的事情。

3. 破坏为主

1979年,《软件测试的艺术》(*The Art of Software Testing*)这本书中给出了软件测试的经典定义:

The process of executing a program with the internet of finding errors.

测试是为发现错误而执行程序的过程。这个阶段的测试在证明为主的观点上进行了延伸,其既要求软件做该做的事情,也要测试它是否做了不该做的事情。相比于之前,这个阶段的测试更加全面，也更容易发现问题。

4. 评估为主

1983 年，美国国家标准局（National Bureau of Standards，NBS）在 VV&T（Validation，Verification and Testing）中提出了验证和确认的定义。

- 验证（Verification）：是否正确地开发软件？即验证开发过程是否按照已定义好的内容进行。
- 确认（Validation）：是否开发了正确的软件？即确认开发的软件是否符合用户的需求。

在这个时期，软件测试已作为一门独立的、专业的工程学被发展起来，测试人员的分工也逐渐明确，相关行业专家开展了正式的国际性测试会议和活动，发表了大量的测试刊物，发布了相关国际标准，逐步提高了测试在软件工程中的影响力。

5. 预防为主

当下软件测试的思想逐步转向以预防为主。系统化测试和评估过程（Systematic Test and Evaluation Process，STEP）是最早的一个以预防为主的生命周期模型，其提出了被目前主流承认的观点，即测试与开发应是并行的。与软件生命周期相对应，测试的生命周期也是由计划、分析、设计、开发、运行和维护组成，这意味着软件测试作为软件开发的一部分贯穿于整个软件生命周期。因为尽早地进行测试，可以尽早地发现软件的缺陷，降低软件修复的成本。

虽然以上每个发展阶段人们对软件测试的认识都有其局限性，但是每个阶段他们都经历了不断地思考和总结前人经验的过程，不断创造性地提出新的理论和方向，这使得软件测试随着时间与不断学习逐步步入正轨。

1.4 软件测试的要素

软件测试的 3 个要素：软件测试方法、软件测试过程和软件测试工具。

软件测试方法分为黑盒测试、白盒测试以及灰盒测试，这些方法贯穿于测试过程的全程，为测试的执行、测试用例的设计提供指导。

软件测试过程分为单元测试、集成测试、确认测试、系统测试以及验收测试。

使用测试工具，可以高效地推进测试的执行，针对不同的需求，例如，测试系统的负载能力或代码覆盖率等，有不同的测试工具。

1.5 软件质量

软件质量是软件的灵魂，不能保证质量的软件对于用户来说毫无意义，并且对于开发人员来说，其也会对后期维护造成极大不便，付出极大代价。软件测试与软件质量紧密相连，有效测试可以间接地提高软件质量。但是软件测试是必要条件而非充分条件，其是提高软件质量最快捷的一种手段,而不是唯一的、根本的手段。软件测试是系统质量保证的一种方法,因为系统最终面向用户,用户使用过程中所有的问题都有可能成为系统的质量问题。另外,软件测试的缺陷最终需要交由开发人员进行修改,而开发人员的技术能力也将决定最终的软件质量是否优劣。

提高软件质量对软件企业的生存发展至关重要,但由于软件本身的特点以及目前软件开发固有的模式所限,其内部不可避免地存在软件缺陷,包括以下几点原因。

(1) 软件需求不明确,并且经过多次变更。

(2) 手工开发模式不可避免出现差错。

(3) 由于软件测试技术的局限导致不可能完全找出缺陷所在。

(4) 软件质量管理的实际困难。例如,软件质量指标有的尚未量化人员沟通以及流动等造成的影响等。

1.5.1 ISO9000 质量体系认证

在软件开发的过程中必须遵循软件质量的管理规范,故许多软件企业也对应地建立了企业软件质量体系。20 世纪 70 年代欧洲首先采用了软件质量保证系统,并且这一系统很快在其他国家也推广了起来。欧洲联合会提出了 ISO9000 软件标准系列:ISO9001、ISO9000-3、ISO9004-2、ISO9004-4。这一系列标准逐渐成为全球最有影响力的软件质量管理和软件质量保证标准。

需要注意的是,ISO9000 标准是一个普遍适用的质量管理体系,并不单独针对软件企业。在这一系列标准中,ISO9001 质量体系全面规定了 20 个质量体系要素、要求以及软件开发活动的全过程等各方面,应用于所有软件产品和满足各种技术需求的软件维护活动中。尽管如此,ISO9001 主要还是针对制造业的,未能对软件企业的质量管理工作进行详尽描述。因此,ISO9000-3 作为软件企业实施 ISO9001 标准的实施指南而被制定出来。

ISO9001 标准中的 20 个质量体系要素是管理职责,质量体系,合同评审,设计控制,文件和资料控制,采购,客户提供产品的控制,产品标识和可追溯性,过程控制,检验和试验,检验设备控制,检验和试验状态,不合格品控制,纠正和预防措施,搬运、储存、包装、防护和交付,质量记录控制,内部质量审核,培训负责部门,服务,统计技术。

ISO9000-3 对 ISO9001 标准中的 20 个质量体系要素做了进一步地解释,主要思想:软件开发和维护有着一系列的任务。这些任务的顺利完成需要各级管理层和开发人员的共同配合与一致协调。其中,高级管理层应该根据其在过去工作中积累的经验来制定总体策略,下一层的管理者则负责制订用来实现总体策略的实施计划,并管理他们执行所制订的计划。开发人员在计划时间内,以尽可能低的费用开发出满足功能要求的软件。ISO9000-3 是 ISO9001 应用在软件企业中,对软件开发、供应以及维护活动的指导性文件,但并不具有强制性,因此软件企业在执行 ISO9000-3 标准的过程中要根据自身的情况进行调整与适应,针对性地开展软件质量管理和软件质量保证活动。ISO9004-2 是指导软件维护和服务的质量系统标准,它指导和支持软件产品的维护。而 ISO9004-4 则是近年公布的附加标准,是用于改善软件质量的质量管理系统文件。

1.5.2 CMM 与 CMMI 认证

1. CMM

CMM(Capability Maturity Model)是能力成熟度模型,是对软件组织在定义、实施、度量、控制和改善其软件过程实践中各个发展阶段的描述。CMM 的核心在于将软件开发看作是一个过程,根据这个原则对软件开发和维护工作进行过程监控和研究。近年来,CMM 备受软件行业关注,在一些发达国家和地区得到了广泛的应用,成为衡量软件企业开发管理水平的重要参考因素和改善软件过程的工业标准。

CMM 以成熟度作为划分软件过程的衡量标准,共有 5 个等级。

(1) 初始级。在初始级下,软件开发工作是无序状态,缺乏有效的管理与计划,开发项目成效不稳定,项目的推进主要依据项目负责人的经验和能力,自身稳健性不足,项目容易产生种种问题。

(2) 可重复级。通过建立较为完善的管理制度使管理工作逐步趋向于标准化与稳定化;开发工作的进行与变更可以按照标准实施;新项目的实施可以依据过去成功的实践经验,重复过去成功项目的环境和条件。

(3) 已定义级。开发过程(包括技术工作和管理工作)均已实现标准化、文档化。建立了完善的培训制度和专家评审制度,全部技术活动和管理活动均可控制,对项目进行中的过程、岗位和职责均有共同的理解。

(4) 已管理级。产品和过程已建立了定量的质量目标。开发活动中的生产率和质量是可量度的;建立了过程数据库;实现了项目产品和过程的控制;可预测过程和产品质量趋势,如预测偏差等,并且能够及时纠正。

(5) 优化级。可集中精力改进过程;能及时采用新技术、新方法;拥有防止出现缺陷、识别薄弱环节以及加以改进的手段;可取得过程有效性的统计数据,并进行分析,从而得出最佳方法。

CMM 期望提高软件项目开发的效率和可预见性,合理有效地运用人员和时间资源,并且尽可能准确地估计软件开发所需的成本,以提高软件产品的质量,使之更具有准确性和可靠性。但是随着软件项目越来越复杂,软件工程逐步趋向于并行化和多学科组合,CMM 在过程改进上的难度逐渐增大。为了实现过程改进的最佳效益,美国卡耐基-梅隆大学软件工程研究所设计了 CMMI(Capability Maturity Model Integration)这一新的标准。

2. CMMI

CMMI 是在 CMM 的基础上发展而来的能力成熟度模型集成,其具有阶段式与连续式两种表示方法。

1) 阶段式

与 CMM 类似,阶段式表示方法将关键过程划分为 5 个成熟度级别,级别越高,成熟度越高,代表软件企业的开发能力越高,如图 1.5 所示。

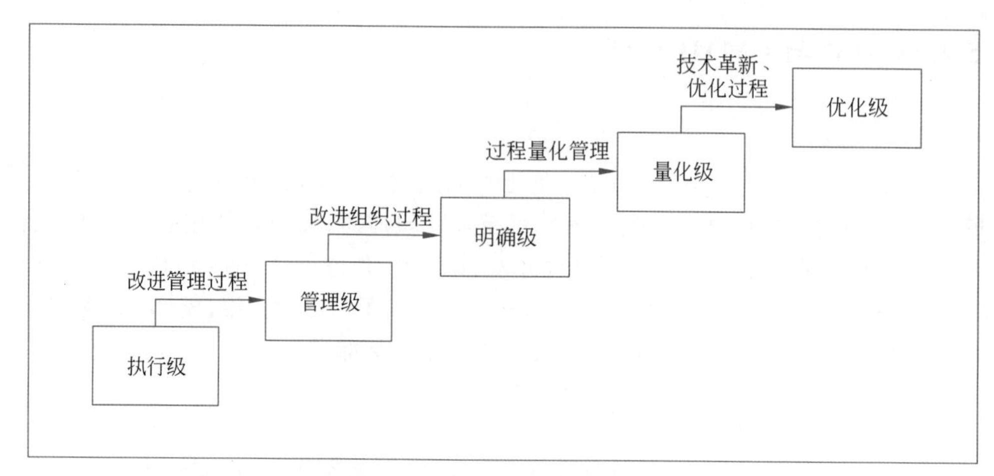

图 1.5　CMMI 阶段式成熟度级别

(1) 执行级。软件实施组织对软件项目的开发有清晰的目标,但由于项目进行过程中存在的偶然性,该组织无法保证在实施同类项目时能够完成任务,项目成功与否在很大程度上取决于实施人员的资质、技术水平等不确定因素。

(2) 管理级。在达到执行级的基础上,软件实施组织对既定的目标有较强的执行能力,资源准备充足,能明确相关执行人员执行责任,对项目流程有清晰的认识,并能对整个流程进行监测与控制。上级单位对项目与流程进行审查。在降低软件项目实施过程中出现的偶然性上,二级组织需加强对项目的管理,保证软件组织实施项目的成功率。

(3) 明确级。软件组织结合自身情况与标准流程,将管理体系制度化与科学化,使其不仅可以应用于同类项目上,也可以应用于其他项目上。

(4) 量化级。软件组织的管理不仅实现了制度化,而且实现了数字化。能够通过量化管理使用数字化技术保证软件项目流程能够稳定进行,提高管理的准确性,降低项目在质量上的波动风险。

(5) 优化级。软件组织能够充分利用信息资料对其在项目实施的过程中可能出现的次品予以预防,能够主动地改善流程,运用新技术,实现流程的优化。

CMMI 中每个更高成熟度级别都覆盖其下一层级别,即层层递进,只有通过低级别的阶段才能进入到高级别的阶段。阶段式模型为软件组织的过程改进提供了一个明确的、有效的发展途径,确定了最佳的发展次序,通过这个模型可使软件组织逐渐趋于成熟。同时,成熟度级别的应用也便于对多个组织进行差异化比较,因为每个组织的开发过程都将被划分到 5 个级别中的某一级。但同时组织多个改进的过程也会加大工作量,提高改进的成本。

2) 连续式

连续性模型是对每个个别的过程进行单独的评定,给出个别过程域的等级能力特征图。应用连续式模型,软件实施组织可以根据自身的目的来选择过程改进的次序,自定义组织的成熟度级别,不必遵循阶段式层层递进的原则。区别于阶段式模型,连续式模型更具有灵活性,其评估结果也具有更好的可预见性。但是无序的执行需要过程改进专家的指导，并且难以进行多组织之间的差异比较。

1.6 习　　题

1. 写出软件测试的定义。
2. 整个软件生命周期中，需要进行哪几项测试？
3. 软件测试需要遵循哪些原则？
4. 简述软件缺陷的含义。
5. 简述软件是如何失效的？软件失效要经历的过程有哪些？
6. 什么是测试用例？
7. 软件测试的目的是寻找程序的错误，这种说法对吗？
8. 写出 CMM 与 CMMI 的级别划分。
9. 简述 CMMI 的两种表示方式及其特点。

第2章

软件测试方法

本章介绍了3种软件测试方法，分别是白盒测试法、黑盒测试法与灰盒测试法。通过案例，重点介绍了如何使用黑盒测试法与白盒测试法构建测试用例，完成程序测试的过程。

2.1 软件测试方法概述

通过第1章介绍可知，软件测试并不能发现系统中的所有错误，随着被测试系统复杂性的提升，测试人员也不可能穷尽所有的数据进行测试。一种可行的方法是测试人员根据一定的策略设计测试用例，通过较少的测试用例获得尽可能好的测试效果。

下面对白盒测试、黑盒测试和灰盒测试这3种测试方法进行简单的介绍。

1. 白盒测试

白盒测试也称结构测试或逻辑驱动测试，是一种十分重要的测试策略。如图2.1所示，白盒测试就像剖析一个透明的盒子，可以看到系统内部的逻辑结构并对其进行检查。白盒测试主要根据程序的控制结构来设计测试用例，其常用于软件或程序的验证。

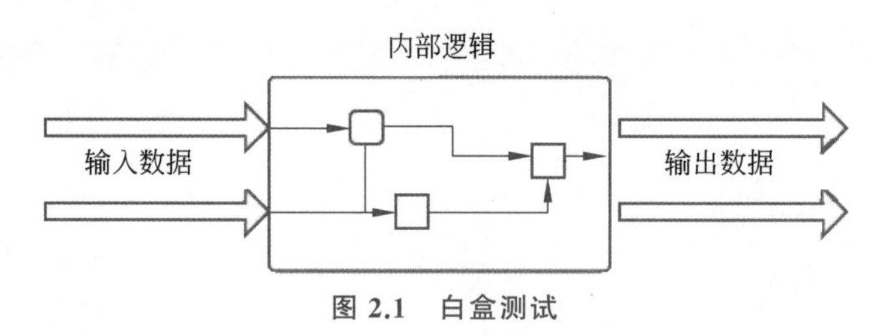

图2.1　白盒测试

在设计白盒测试的测试用例时，需要遵循以下原则。

(1) 确保一个模块中的所有独立路径都至少被测试一次。

(2) 所有逻辑值均需要测试真和假两种情况。

(3) 检查程序的内部数据结构，保证其结构的有效性。

(4) 在上下边界及可操作范围内运行所有循环。

白盒测试法根据测试过程中是否需要运行程序又可分为静态测试和动态测试。静态测试不需要运行程序，测试内容主要包括代码检查、静态结构分析、代码质量度量、文档测试等，其既可以通过人工实施，充分发挥人的逻辑思维优势来发现问题，也可以借助白盒测试工具自动进行与动态测试是白盒测试中运用最多的测试方法，该方法需要执行代码，通过运行程序来确定问题所在，其测试内容一般包括功能确认与接口测试、覆盖率分析、性能分析以及内存分析等。

白盒测试是针对软件内部结构的测试，主要采用覆盖的方式对程序代码进行测试，常用的测试方法有语句覆盖、判定覆盖、条件覆盖、条件判定覆盖、条件组合覆盖和路径覆盖等。

2. 黑盒测试

黑盒测试也称功能测试，主要用来检测系统功能是否按照软件需求规格说明书的规定能够被正常使用。如图 2.2 所示，在黑盒测试中，程序可以被看作是一个不透明的黑盒子，在完全不考虑程序内部结构和内部特性的情况下在程序接口处进行测试。黑盒测试只检查程序功能是否能够被正常使用，程序是否能适当地接收输入数据而产生正确的输出信息。黑盒测试注重的是外部结构，不考虑内部逻辑，主要针对软件界面和软件功能进行测试。

图 2.2　黑盒测试

从理论上讲，黑盒测试的测试人员应该按照软件需求规格说明书上的功能要求穷举所有可能的数据对系统的功能进行测试，以输出最终的结果，发现系统的错误所在。但事实上这并不可能实现，面对一个复杂的系统，是无法穷尽所有输入的。因此需要有效的策略来指导测试的实施，以保证测试有组织、有计划地进行。黑盒测试可适合大部分的软件测试，如确认测试以及系统测试等。常用的黑盒测试法有等价类划分法、边界值分析法、错误推测法、因果图法等。

3. 灰盒测试

灰盒测试是介于白盒测试与黑盒测试之间的一种测试方法。灰盒测试不仅像黑盒测试一样关注系统输入以及输出的正确性，同时也像白盒测试一样需要了解程序内部的情况，其常常是通过一些表征性的现象、事件、标志来判断程序内部的运行状态。灰盒测试常应用于集成测试。

软件测试与软件开发过程紧密相连，它贯穿了软件的整个生命周期。单元测试可应用白盒测试法，集成测试主要应用灰盒测试法，而系统测试和确认测试则主要应用黑盒测试法。

2.2 白盒测试

白盒测试面向系统的逻辑和代码进行分析，需要测试人员有一定的编程经验。关于白盒测试，测试人员要熟悉并理解系统的源代码，通过对源代码的分析，采用合适的方法来设计测试用例，完成最终的测试。在测试程序逻辑结构时，通常需要使用控制流覆盖准则来度量测试的进行程度，这些准则主要是描述判定与条件之间逻辑关系的法则，其在软件结构测试过程中具有重要的作用。

控制流是计算机从主函数开始从前至后执行程序语句的次序结构。一般情况下程序的控制流有 3 种：顺序结构、选择结构、循环结构。

顺序结构是指程序按照语句的先后次序执行，是一种最简单的控制结构，如图 2.3 所示。

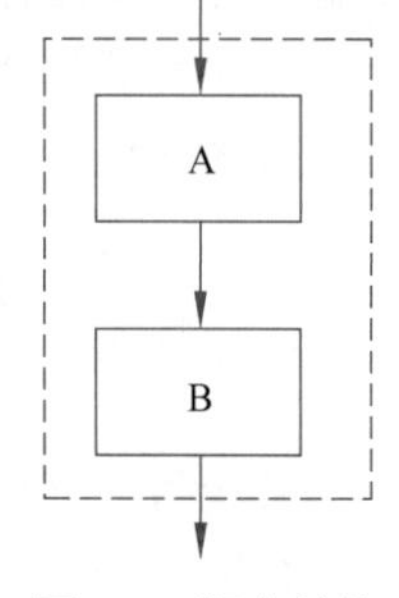

图 2.3 顺序结构

选择结构又称分支结构，其往往含有一个或者多个条件判断，根据条件判定来选择要执行的语句路径，如图 2.4 所示。这种选择结构一般又可分为单分支结构、双分支结构和多分支结构 3 种。

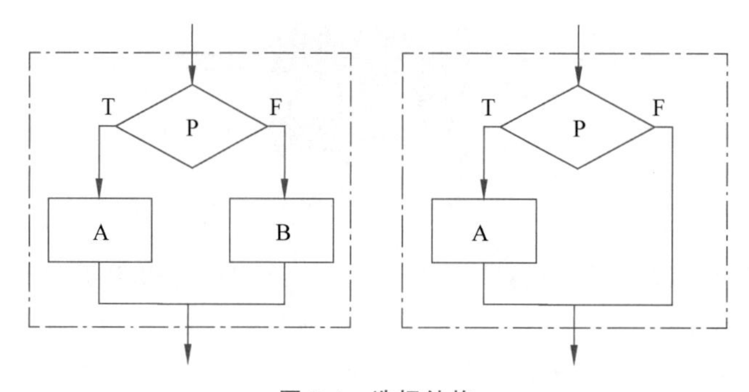

图 2.4 选择结构

循环结构是给定条件成立时执行某一循环体，直到条件不满足时终止执行的结构，如图 2.5 所示。如果无法满足终止条件，则其会陷入死循环中。

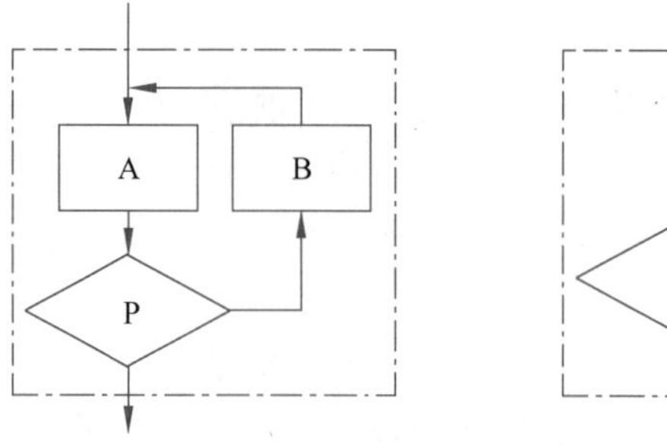

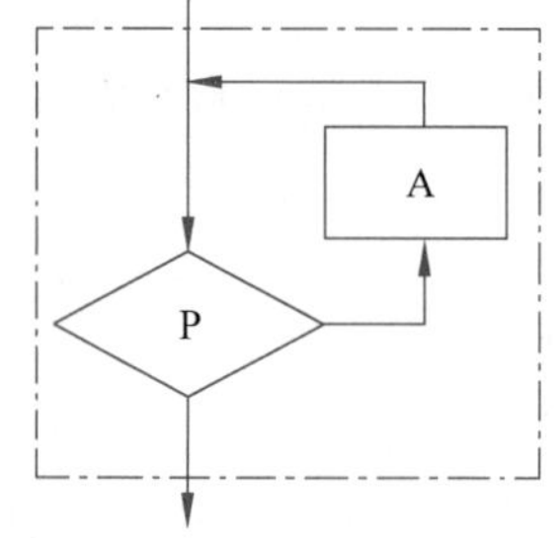

图 2.5 循环结构

导致程序结构复杂以及控制程序流程发生变化的主要因素是控制流结构中的判定节点。判定节点越多，判定表达式越复杂，程序也就越复杂，针对控制流的测试实际上就是对判定节点展开测试。

常见的白盒测试用例设计方法有代码检查法、静态结构分析法、逻辑覆盖法、基本路径测试法、域测试法等。针对判定表达式，关注判定节点的固有复杂度，可使用逻辑覆盖法进行有效的测试；针对控制流中的路径，关注判定结构与循环结构对执行路径产生的影响，可使用基本路径测试法；关注循环结构本身的复杂性，可以对循环体进行静态结构分析。下面将详细介绍这 5 种白盒测试法。

2.2.1　代码检查法

代码检查法是一种典型的静态白盒测试法，其包括桌面检查、代码审查和走查等形式。

1. 桌面检查

桌面检查是一种传统的检查方法，按照一般软件的开发步骤，程序员编写代码，通过编译器编译之后要对自己编写的代码进行分析、检验，并且补充相关开发文档。桌面检查有显然的优点，因为程序员对自己编写的代码以及编程风格很熟悉，在自行检查时可以节省很多的时间。但是，也正是因为如此，桌面检查的缺点也同样很明显，程序员在检查过程中会无可避免地进行主观性判断，这样将导致检查结果的片面性，也就往往无法发现程序的更多深层次的错误。而且桌面检查违背了测试者不能够测试自己的代码这一原则，因此在实际进行开发的过程中，桌面检查仅仅作为一个形式化的项目参与其中，对于完整的测试，这显然是不够的。

2. 代码审查

代码审查是由若干程序员和测试员组成一个审查小组，通过阅读、讨论，对程序进行静态分析的一个过程，审查小组一般为 4 人，包括测试协调员，程序编码人员，程序设计员，以及测试专家。在进行正式的代码审查会议之前，为了会议高效地进行，可由测试协调员提前给其他人员发放程序清单、软件需求规格说明书等有关材料，以此作为代码审查的依据。小组成员在充分阅读这些材料后召开代码审查会议，会议中首先由程序编码人员介绍系统程序的逻辑，在这个过程中，其他小组人员可以合理地提出问题，并进行分析，讨论，确定是否存在错误并记录。审查会议的关键在于程序员与测试员之间的讨论，即所谓“头脑风暴”。在这个过程中，程序员会发现很多自己没有发现但实际存在的错误，这也会提升程序员对需求设计的理解，在一定程度上保证了软件质量。

如上面所讲，在会议前测试协调员会给小组成员提前发放一份审查相关的文档，其包含程序清单和设计规格说明。除此之外，协调员会准备一份错误清单，该错误清单包含了常见的程序错误，供小组成员对比检查，以此提高审查的效率，程序清单如下：

(1) 数据引用错误。例如,数据是否被初始化,是否被赋值,数组是否存在下标越界错误等引用错误。

(2) 数据声明错误。例如,是否所有变量都已声明,数据默认值是否正确,是否存在相似名称的变量等声明错误。

(3) 运算错误。例如,是否存在除零、是否存在混合模式的运算等。

(4) 比较错误。例如,不同类型的数据之间的比较,布尔表达式发生的错误等。

(5) 控制流程错误。是否存在循环不能终止,if…else 是否匹配的错误等。

(6) 接口错误。例如,形式参数与实际参数的数量,类型是否匹配的问题等。

(7) 输入输出错误。例如,文件的打开与关闭、输出的文本信息是否存在语法错误等。

(8) 其他检查。例如,程序是否遗漏某些功能等其他错误。

3. 走查

走查与代码审查类似,在开始会议之前,应由测试协调员分发测试材料给小组成员,在正式会议时,小组成员需要模拟计算机将每个测试用例按照程序的逻辑运行一遍,随时记录程序运行的状态。人们将借助测试用例的媒介作用对程序的逻辑和功能提出各种疑问,结合问题开展热烈的讨论和争议,其目的就在于发现更多的问题。

代码检查应在编译和动态测试之前进行,在检查前,应准备好需求描述文档、程序设计文档、程序的源代码、代码编译标准和代码缺陷检查表等测试相关文档。在实际测试中,代码检查往往能够快速地找到缺陷,发现 30%~70%的逻辑设计和编码缺陷。但是代码检查需要耗费大量的时间,并且需要测试人员有一定的知识和经验积累。

2.2.2 静态结构分析法

系统程序之间往往存在着复杂的联系,功能与功能之间,模块与模块之间相互调用、交叉,这将导致白盒测试的测试人员难以阅读代码,仅仅在理解系统上就会花费大量的时间。静态结构分析法能够通过程序的结构生成函数调用关系图、模块控制流图、内部文件调用关系图、子程序表、宏和函数参数表等各类图形图表,使系统的组成结构一目了然。通过分析这些系统结构、数据结构、内部控制逻辑等图表,可以发现系统存在的缺陷和错误。

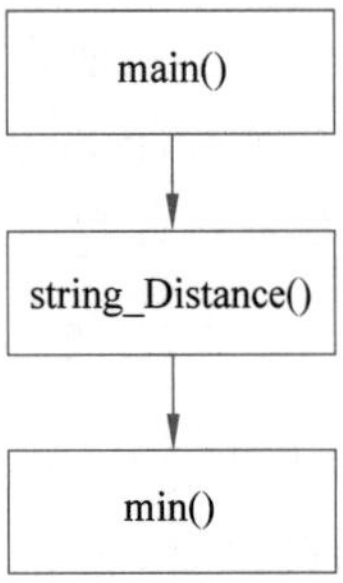

main()

string_Distance()

min()

图 2.6 函数调用关系图

在实际测试中,通过分析系统各模块、各函数之间的调用关系,可以分层画出系统结构图,展示系统的整体逻辑结构。例如,图 2.6 中给出了一个编辑距离的函数调用关系图,程序中将通过 min()函数实现编辑距离的操作,通过 string_Distance()函数得出字符串之间的编辑距离,并在 main()主函数中直接或间接调用这两个函数。

函数调用关系图能够通过各函数之间的调用关系展示系统的结构。通过查看函数调用关系图,可以检查函数之间的调用关系是否符合设计需求,是否被正确调用,是否存在递归调用,程序中有没有存在独立的没有被调用的函数等问题，从而可以发现系统存在的结构缺陷。从图中可以看到这个程序调用关系很简单，并且每个函数都被单次调用。事实上一个复杂的系统中的函数会有很多，这些函数会被不同模块重复调用。通过函数调用关系图，可以看出哪些函数被重复调用，即哪些函数是核心代码，进而可以决定对这些函数使用什么级别的覆盖要求。

2.2.3　逻辑覆盖法

逻辑覆盖法是以程序内部逻辑结构为基础的设计测试用例的方法，原则上在测试时程序代码中所有的逻辑值都要测试真值和假值这两种情况。根据覆盖目标的不同和覆盖源程序语句的详尽程度，逻辑覆盖又可分为语句覆盖、判定覆盖、条件覆盖、条件/判定覆盖、条件组合覆盖、修正的条件/判定覆盖、增强条件/判定覆盖等 7 种具体的覆盖方法。下面将通过分析示例，详细讲述逻辑覆盖准则在血糖判定测试中的应用。

表 2.1 是世界卫生组织判定的血糖测量标准，其用于判断血糖是否异常，首先需要对表格进行分析，确定结构流程，以更好地选择测试用例。测量血糖一般有测量空腹血糖以及餐后两小时血糖两种，两种时间段的有效测量综合起来能够更全面地展示血糖情况，方便开展治疗。因此理解了这一点，就可以根据表 2.1 设计判断血糖的程序以及流程图，如图 2.7 所示。

表 2.1　血糖测量标准　（单位：mmol/L）

代谢分类	空腹血糖	餐后两小时血糖
正常血糖(NGR)	＜6.1	＜7.8
空腹血糖受损(IFG)	6.1～7.0	＜7.8
糖耐量减低(IGT)	＜7.0	7.8～11.1
糖尿病(DM)	＞7.0	＞11.1

对表 2.1 和图 2.7 中的信息解释如下。

(1) 根据测试的时间和血糖值来判断病人的代谢分类情况，其程序输入包含两个参数，num1 表示空腹时的血糖值，num2 表示餐后两小时的血糖值。

(2) 对表中范围符号“～”的约束：如 6.1～7.0 表示为空腹血糖值满足[6.1，7.0]。

(3) 输出情况为表 2.1 中圆括号里的英文简写，另外还有无效数据(invalid data)。

1. 语句覆盖

语句覆盖可以设计足够的测试用例，满足程序中的每一条可执行语句至少被执行一次的测试需求。在控制流图中，可执行语句对应于节点，因此语句覆盖又称节点覆盖。根据上述例子可知，覆盖到所有可执行语句的测试用例设计如表 2.2 所示。

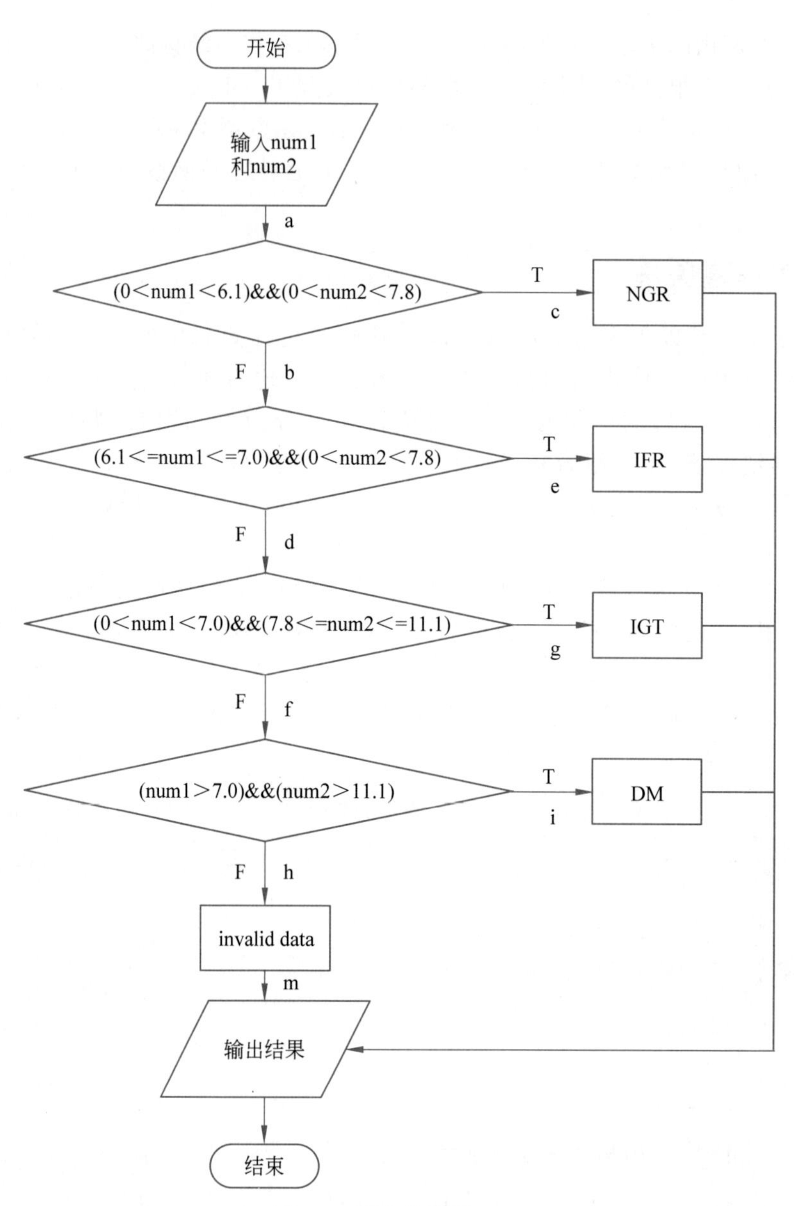

图 2.7 程序流程图(一)

表 2.2 语句覆盖的测试用例(一) (单位：mmol/L)

编 号	num1	num2	expect
1	0.0	6.9	invalid data
2	5.7	7.0	NGR
3	6.5	7.6	IFG
4	6.9	8.0	IGT
5	8.2	12.3	DM

从上面例子中可以发现,虽然程序代码的覆盖率可以达到 100%,对所有实数的输入数据都可以执行到对应的可执行语句中,但是当 num1&&num2 中的逻辑与 && 被误写为逻辑式 ‖ 时,仅通过输出结果是无法发现错误的。

例 2.1　对图 2.8 进行分析,并使用语句覆盖准则进行测试。

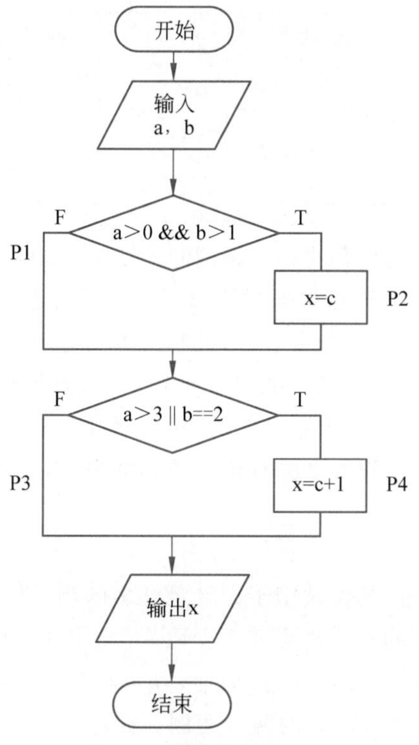

图 2.8　程序流程图(二)

假设以图 2.8 中的 P1、P2、P3、P4 为边,则 L14 代表执行路径 P1 与 P4。通过对程序流程图的分析可以看出该图中有两个判定节点,将判定节点中的条件作为输入数据则有以下 4 个输入路径,分别如下。

```
T1:a>0;
T2:b>1;
T3:a>3;
T4:b==2;
```

若需要满足语句覆盖,则应执行路径 L24。以此来设计以下测试用例,如表 2.3 所示。

表 2.3　语句覆盖的测试用例(二)

编　号	输入数据			预期输出	覆盖率/%
	a	b	c	x	
1	4	2	1	2	100
2	4	3	0	1	100

在表 2.3 的测试用例中，编号 1 满足 4 个输入条件均为真值，编号 2 不满足 T4 条件，但都执行路径 L24。假设程序出现错误，第二个判定节点中 ‖ 被写为 &&，则此语句覆盖准则是否可以将之发现呢？重新设计测试用例，如表 2.4 所示。

表 2.4　程序错误时的测试用例

编　　号	输入数据			预期输出	覆盖率/%
	a	b	c	x	
1	4	2	1	2	100
2	4	3	0	0	50

在相同的输入条件下，编号 2 的测试用例的预期输出 x 为 0，此时的执行路径为 L23，覆盖率为 50%，这证明测试人员可以通过输出结果以及覆盖率发现程序中存在错误。但是由于语句覆盖关注语句而不是判定节点，且其有可能对于程序中的一些隐形分支无效，即无可执行语句的路径。对应于选择结构中的 if 语句，语句覆盖并不能发现程序中的错误。语句覆盖的覆盖率是逻辑覆盖中最低的，通过优化测试用例数据以及使用更强的覆盖准则判定覆盖，可以在一定程度上弥补语句覆盖的弊端，达到更有效的测试效果。

2. 判定覆盖

判定覆盖也称分支覆盖，其可被用于设计足够多的测试用例，使得每个分支都至少被执行一次，即对于判定节点的真值与假值至少取一次。在控制流图中，判定覆盖可以从一条语句执行到下一条语句的路径对应边，因此，其也相当于边覆盖。针对判断语句，在设定案例的时候要设定 True 和 False 的两种案例。针对图 2.8，其中所有判定条件如下。

```
P1:(0<num1<6.1)&&(0<num2<7.8);
P2:(6.1<=num1<=7.0)&&(0<num2<7.8);
P3:(0<num1<7.0)&&(7.8<=num2<=11.1);
P4:(num1>7.0)&&(num2>11.1);
```

根据判定条件给出测试用例，如表 2.5 所示。

表 2.5　判定覆盖的测试用例(一)　　　　(单位：mmol/L)

编号	空腹血糖值 num1	餐后两小时血糖值 num2	P1	P2	P3	P4	路径	预期输出
1	1	1	T				ac	NGR
2	6.5	1	F	T			abe	IFG
3	1	10	F	F	T		abdg	IGT
4	8	12	F	F	F	T	abdfi	DM

在例 2.1 中，使用判定覆盖对图 2.8 进行测试，则需同时满足 L13 和 L24，或者同时满足 L14 和 L23。针对以上需求可以设计两组测试用例如表 2.6 所示。

表 2.6　判定覆盖的测试用例(二)

<table>
<tr><th rowspan="2">编号</th><th colspan="4">输入数据</th><th>预期输出</th><th rowspan="2">执行路径</th><th rowspan="2">判定覆盖率/%</th><th rowspan="2">语句覆盖率/%</th></tr>
<tr><th>a</th><th>b</th><th>c</th><th>x</th><th>x</th></tr>
<tr><td rowspan="2">1</td><td>2</td><td>1</td><td>1</td><td>0</td><td>0</td><td>L13</td><td rowspan="2">100</td><td rowspan="2">100</td></tr>
<tr><td>4</td><td>2</td><td>1</td><td>0</td><td>2</td><td>L24</td></tr>
<tr><td rowspan="2">2</td><td>0</td><td>2</td><td>1</td><td>0</td><td>2</td><td>L14</td><td rowspan="2">100</td><td rowspan="2">100</td></tr>
<tr><td>2</td><td>3</td><td>1</td><td>0</td><td>1</td><td>L23</td></tr>
</table>

如果程序中发生错误,如第二个判定节点中的‖被错写为 &&,则输出结果如表 2.7 所示。

表 2.7　程序错误时的测试用例

<table>
<tr><th rowspan="2">编号</th><th colspan="4">输入数据</th><th>预期输出</th><th rowspan="2">执行路径</th><th rowspan="2">判定覆盖率/%</th><th rowspan="2">语句覆盖率/%</th></tr>
<tr><th>a</th><th>b</th><th>c</th><th>x</th><th>x</th></tr>
<tr><td rowspan="2">1</td><td>2</td><td>1</td><td>1</td><td>0</td><td>0</td><td>L13</td><td rowspan="2">100</td><td rowspan="2">100</td></tr>
<tr><td>4</td><td>2</td><td>1</td><td>0</td><td>2</td><td>L24</td></tr>
<tr><td rowspan="2">2</td><td>0</td><td>2</td><td>1</td><td>0</td><td>0</td><td>L13</td><td rowspan="2">75</td><td rowspan="2">50</td></tr>
<tr><td>2</td><td>3</td><td>1</td><td>0</td><td>1</td><td>L23</td></tr>
</table>

从表 2.7 中可以看出,判定覆盖率比语句覆盖率稍强,但是编号 1 的测试用例依旧不能在程序出错时将错误及时发现,因为判定覆盖准则只能关注判定节点的真值与假值,无法对判定表达式中的条件进行判定,需要通过更强的覆盖准则来检验代码模块内部的判断。

3. 条件覆盖

条件覆盖要求设计足够多的测试用例,使得程序中每个复合判定表达式中每个条件的可能取值都至少被执行一次。

仍以测量血糖的例子来设计测试用例,其条件判断如表 2.8 所示。

```
C1:0<num1<6.1
C2:0<num2<7.8
C3:6.1<=num1<=7.0
C4:0<num2<7.8
C5:0<num1<7.0
C6:7.8<=num2<=11.1
C7:num1>7.0
C8:num2>11.1
```

根据上述条件,可以设计测试用例如表 2.8 所示。

表 2.8　条件覆盖的测试用例(一)　　　　(单位：mmol/L)

编号	空腹血糖值 num1	餐后两小时血糖值 num2	C1	C2	C3	C4	C5	C6	C7	C8	预期输出
1	5.4	7.0	T	T	F	T	T	F	F	F	NGR
2	6.0	10.3	T	F	F	F	T	T	F	F	IGT
3	6.3	7.5	F	T	T	T	T	F	F	F	IFG
4	6.5	13.1	F	F	T	F	T	F	F	T	invalid data
5	7.3	8.0	F	F	F	F	F	T	T	F	invalid data
6	8.1	13.1	F	F	F	F	F	F	T	T	DM

从表 2.8 中可以看出，每个判定条件的真值、假值都至少被取到一次，同时其他执行到了所有的可执行语句。

在例 2.1 中，使用条件覆盖准则进行测试。首先列出所有判定节点中的简单判定条件，分别如下。

```
T1:a>0;
T2:b>1;
T3:a>3;
T4:b==2;
```

若需要满足条件覆盖，则可根据表 2.9 的输入条件来设计测试用例。

表 2.9　测试用例组

输入条件	第一组		第二组	
T1：a>0	T	F	T	F
T2：b>1	T	F	F	T
T3：a>3	T	F	T	F
T4：b==2	T	F	F	T

以表 2.9 的条件，设计具体测试用例如表 2.10 所示。

表 2.10　条件覆盖的测试用例(二)

编号	输入条件				预期输出	覆盖路径	条件覆盖率/%	判定覆盖率/%
	a	b	c	x	x			
1	4	2	1	0	2	L24	100	100
	2	0	1	1	0	L13		
2	4	1	1	0	2	L14	100	50
	0	2	1	0	2	L14		

比较以上两组测试用例可以发现，优选测试数据可以使判定覆盖率达到 100%，例如，编号 1 的测试用例，但是其也存在判定覆盖率不足的情况，例如，编号 2 的测试用例就存在此问题。因此条件覆盖虽然能够深入检查每个判定节点中的判定子条件，但并不能保证所有分支都被覆盖，即不一定满足判定覆盖准则。依然假设第二个判定节点中的 ‖ 被错写为 &&，则测试结果如表 2.11 所示。

表 2.11 程序错误时的测试用例

<table>
<tr><th rowspan="2">编号</th><th colspan="4">输入条件</th><th>预期输出</th><th rowspan="2">覆盖路径</th><th rowspan="2">条件覆盖率/%</th><th rowspan="2">判定覆盖率/%</th></tr>
<tr><th>a</th><th>b</th><th>c</th><th>x</th><th>x</th></tr>
<tr><td rowspan="2">1</td><td>4</td><td>2</td><td>1</td><td>0</td><td>2</td><td>L24</td><td rowspan="2">100</td><td rowspan="2">100</td></tr>
<tr><td>2</td><td>0</td><td>1</td><td>1</td><td>0</td><td>L13</td></tr>
<tr><td rowspan="2">2</td><td>4</td><td>1</td><td>1</td><td>0</td><td>0</td><td>L13</td><td rowspan="2">100</td><td rowspan="2">50</td></tr>
<tr><td>0</td><td>2</td><td>1</td><td>0</td><td>0</td><td>L13</td></tr>
</table>

由上述可知判定覆盖关注判定节点的整体输出，而条件覆盖则关注判定节点的细节。通过比较，在程序有可能发生错误时，二者依旧无法通过覆盖率的变化清晰地知道程序是否存在错误，因此需要使用更强的覆盖准则来进行测试。

4. 条件/判定覆盖

条件/判定覆盖能够综合满足条件覆盖准则与判定覆盖准则，其可以设计足够多的测试用例，使得判断中每个条件的所有可能取值都至少被执行一次，同时令每个判断本身所有可能结果也都至少被执行一次。

下面针对判定中的条件取值给出相应的测试用例，如表 2.12 所示。

表 2.12 条件/判定覆盖的测试用例 （单位：mmol/L）

编号	空腹血糖值 num1	餐后两小时血糖值 num2	C1	C2	C3	C4	C5	C6	C7	C8	覆盖路径	预期输出
1	5.4	7.0	T	T	F	T	T	F	F	F	ac	NGR
2	6.0	10.3	T	F	F	F	T	T	F	F	abdg	IGT
3	6.3	7.5	F	T	T	T	T	F	F	F	abe	IFG
4	6.5	13.1	F	F	T	F	T	F	F	T	abdfhm	invalid data
5	7.3	8.0	F	F	F	F	F	T	T	F	abdfhm	invalid data
6	8.1	13.1	F	F	F	F	F	F	T	T	abdfi	DM

从表 2.12 的测试用例可以看到测试用例对条件判断进行了 100%覆盖。但是同时满足判定节点的输出与细节在一定程度上提高了测试的复杂性，增大了测试的难度。

5. 条件组合覆盖

条件组合覆盖可以设计足够多的测试用例，使判定条件的各种组合都至少被执行一次。条件组合覆盖应满足判定覆盖、条件覆盖、条件/判定覆盖，但是不一定会所有路径都可以被执行到。因此，其不一定能够满足路径覆盖。

以测试血糖为例，下面给出第一个判定条件的测试用例，请读者自行将其他用例补充完整。

判定条件组合与对应的测试用例的设计分别如表 2.13、表 2.14 所示。

表 2.13　判定条件组合　（单位：mmol/L）

编　号	数　据	逻　辑　值
1	0＜num1＜6.1 0＜num2＜7.8	T T
2	0＜num1＜6.1 num2＜＝0 or num2＞＝7.8	T F
3	num1＜＝0 or num1＞＝6.1 0＜num2＜7.8	F T
4	num1＜＝0 or num1＞＝6.1 num2＜＝0 or num2＞＝7.8	F F

表 2.14　条件组合覆盖的测试用例　（单位：mmol/L）

编号	空腹血糖值 num1	餐后两小时血糖值 num2	预 期 结 果
1	5.8	7.5	NGR
2	5.8	0	进行下一判定
3	0	7.5	进行下一判定
4	0	0	进行下一判定

条件组合覆盖集合了判定覆盖与条件覆盖，故其覆盖率很强，但是也不一定可以保证完全没有漏洞。使用该方法比较简单，其缺点在于测试用例冗余会比较高。为了减少冗余，一方面需要严格挑选测试用例；另一方面也可以使用修正的条件/判定覆盖地来减少冗余。

6. 修正的条件/判定覆盖

修正的条件/判定覆盖是建立在满足条件/判定覆盖基础上的，其每个简单判定条件都应该独立地影响整个判定条件的结果取值。从本质上来讲，修正的条件/判定覆盖即条件覆盖结合判定覆盖，并通过独立影响性因素来消除测试用例的冗余之后的结果。

首先写出满足条件覆盖以及判定覆盖的测试用例，如表 2.15 所示。

表 2.15　满足条件和判定的测试用例　（单位：mmol/L）

取　值	组合 1		组合 2		组合 3		组合 4	
num1	5.8	T	5.8	T	0	F	0	F
num2	7.5	T	0	F	7.5	T	0	F
num1>0&&num2>0	T		F		F		F	

根据结果选择为 T 的组合 1，并在结果为 F 的组合 2、组合 3、组合 4 中寻找存在判定条件独立影响的取值，例如，组合 2 中 num2 与组合 1 中的 num2 形成对比，而 num1 都保持为真，则 num2 构成独立影响结果。与之相同的是，组合 3 中 num1 与组合 1 中的 num1 构成独立判定。这里选择组合 2，因此最终的测试用例如表 2.16 所示。

表 2.16　修正的条件/判定覆盖的测试用例　（单位：mmol/L）

取　值	一		二		三	
num1	5.8	T	5.8	T	0	F
num2	7.5	T	0	F	7.5	T
num1>0&&num2>0	T		F		F	

综上所述，设计测试用例的步骤具体如下。

(1) 列出所有简单判定的条件。

(2) 构建真值表。

(3) 对每个简单判定条件都能够找到测试集合，对判定结果产生独立性影响。

(4) 抽取能够体现所有简单判定条件独立性影响的最少的集合，组成最终的测试用例。

例 2.2　A or B 其全部测试用例组合如表 2.17 所示。

表 2.17　测试用例组合

测试用例	A	B	结　果
1	T	T	T
2	T	F	T
3	F	T	T
4	F	F	F

表 2.17 所示，采用测试用例 2 和测试用例 3 表明条件 A 和 B 的 T 和 F 分别出现一次，满足条件覆盖准则。测试用例 2 或测试用例 3 加上测试用例 4 表明每个判断本身的 T 和 F 也分别出现了一次，满足判定覆盖。测试用例 2 和测试用例 4 对比说明条件 A 独立地影响测试结果，测试用例 3 和测试用例 4 对比说明条件 B 独立地影响测试结果，所以采用测试用例组合(2,3,4)进行测试，满足修正的条件/判定覆盖准则。

修正的条件/判定覆盖准则继承了语句覆盖准则、条件/判定覆盖准则等的判定条件，同时加入了新的判定条件。条件/判定覆盖准则并不能够保证在模型中所有的条件都被覆盖，因为一个判定中的某些条件会被其他的一些条件所掩盖，如任何一个条件与1进行逻辑或运算时，这个条件就不会起到任何作用。使用修正的条件/判定覆盖准则时在满足条件/判定覆盖准则的基础上，每个条件都必须在保持其他条件固定不变的情况下发生改变，独立地影响判定的输出结果，消除判定中某些条件会被其他条件所掩盖的问题，从而使得测试更加完备。

修正的条件/判定覆盖准则有效地综合了条件覆盖、判定覆盖的优点，覆盖率较强，测试强度较高，同时其又控制了测试用例的数量，消除了测试冗余，故其已被广泛应用于生命攸关的软件系统测试中。但是其对错误动作类型的软件失效仍难以发现，且随着程序结构的复杂性不断提高，其测试用例的设计也会变得较为困难。

7. 增强条件/判定覆盖

为了应对修正的条件/判定覆盖准则缺乏对错误动作类型软件失败的有效测试这一情况，增强条件/判定覆盖准则在继承前者的基础上增加了新的判定条件，当改变一个条件时，其将保持判定的值不变。

增强条件/判定覆盖在每个入口点和出口点至少要被唤醒一次，判定中每个条件的所有可能结果至少出现一次，每个判定本身的所有可能结果也至少出现一次。每个条件都能单独影响判定结果，并且每个条件都要单独地保持判定结果。也就是说，通过改变一个条件而保持其他条件不变，每个条件要独立地改变或保持一个判定的结果。

测试一个条件所需要的测试用例个数最少为2个，最多为6个。在这6个测试用例中，2个用于验证判定，2个用于保持判定结果为0，2个用于保持判定结果为1。假设一个判定有n个条件，那么其最少需要的测试用例个数是$n+1$个，最多需要的测试用例个数是$6\times n$个。

在表2.17中，测试用例1和测试用例2对比，说明条件B变化，判定结果保持不变；测试用例1和测试用例3对比，说明条件A变化，判定结果保持不变。因此，采用测试用例组合(1,2,3,4)进行测试，满足增强条件/判定覆盖准则。

为了更好地理解增强条件/判定覆盖准则，下面将给出例2.3。

例2.3 正确的规格说明：$R=A\wedge B\wedge C\wedge D$，首先设计测试用例组使其满足修正的条件/判定覆盖准则。如表2.18所示，其中，A、B、C、D为条件因子。

表2.18 满足修正的条件/判定覆盖准则的测试用例

编号	数值					验证			
	A	B	C	D	R	A	B	C	D
1	1	1	1	1	1	*	*	*	*
2	0	1	1	1	0	*			
3	1	0	1	1	0		*		
4	1	1	0	1	0			*	
5	1	1	1	0	0	*			

增加以下测试用例使其满足增强条件/判定覆盖准则，那么所有的测试用例都让 R 保持为 0 即可，如表 2.19 所示。

表 2.19　满足增强条件/判定覆盖增加的测试用例组表

编号	数　值					验　证			
	A	B	C	D	R	A	B	C	D
6	1	0	0	0	0	*			
7	0	1	0	0	0		*		
8	0	0	1	0	0			*	
9	0	0	0	1	0	*			
10	0	0	0	0	0	*	*	*	*

2.2.4　基本路径测试法

在实际出现的问题中，即使是一个不太复杂的程序，其路径的组合都是一个庞大的数字，因此要在测试中覆盖如此多的路径是不太现实的。为了解决这个问题，需要把覆盖的路径数压缩到一定范围内，如令程序中的循环体只执行一次。本节介绍的基本路径测试就是这样一种测试方法，其在白盒测试中使用最广泛，在画出程序控制流程图的基础上，其可以对流程图的环路进行分析，导出基本可执行路径的集合，根据该集合设计测试用例，对程序进行测试。基本路径测试法遵循以下步骤，保证程序的可执行语句至少都被执行一次。

（1）画出程序的控制流图。

（2）计算控制流图的环路复杂度。

（3）导出基本可执行路径的集合。

（4）根据基本路径设计测试用例。

在白盒测试中通常要求画出程序的流程图，而控制流图就是将流程图中的元素进行简化，以表示程序的控制流。流程图中执行语句、开始语句、结束语句、判定语句都被简化为节点，一般用圆圈表示，而流程线则被退化为从一个节点到另一个节点的带箭头的弧线。图 2.9 中给出了常用结构的流程图，图 2.10 中给出了对应流程图的控制流图：

图 2.10 中的圆圈表示控制流图的节点，其代表一条或者多条语句。在顺序结构中，节点可被合并，不影响程序的执行。黑色圆圈为判定节点，由判定节点发出的边必须终止于某个节点。带箭头的线称为边或者连接，由边和节点围成的范围叫作区域。需要注意的是，图形之外也被算为一个区域，例如选择结构中的区域 1 以及区域 2。

画出程序的控制流图后，就可以计算环路复杂度。环路复杂度用来表示程序的基本独立路径，度量程序逻辑的复杂性，确保所有的语句都能被执行一次，其通常有 3 种度量方法。

（1）控制流图的域的数量为程序的环路复杂度。

（2）控制流图 C 的环路复杂度 $L(C)$ 被定义为 $E-N+2$。其中，E 为边的数量，N

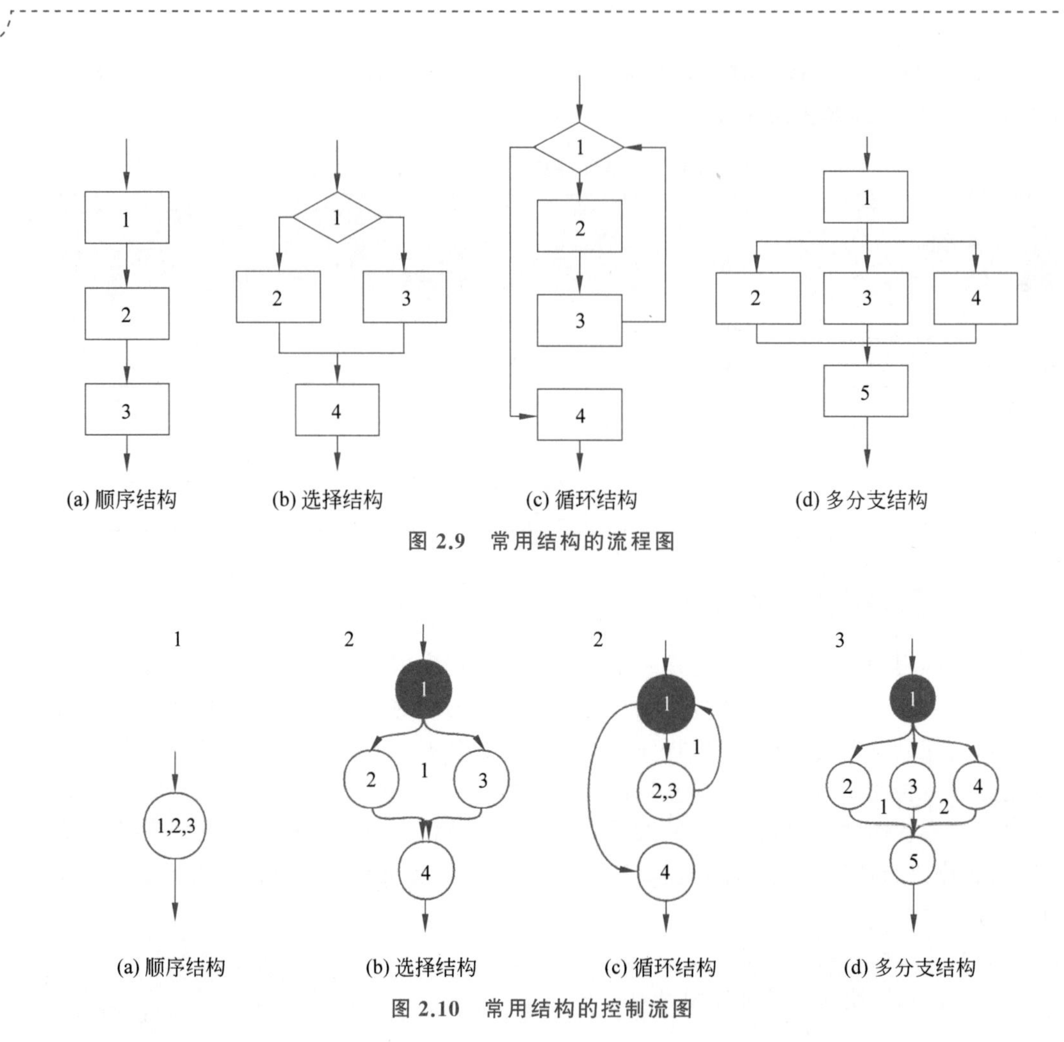

图 2.9 常用结构的流程图

(a) 顺序结构 (b) 选择结构 (c) 循环结构 (d) 多分支结构

图 2.10 常用结构的控制流图

为节点的数量。

(3) 控制流图 C 的环路复杂度 $L(C)$ 被定义为 $P+1$。其中，P 为判定节点的数量。此变量方法不可用于多分支结构中。

以图 2.9 中的选择结构为例，根据第一种度量方法可知其有两条基本路径，基本路径必须以开始节点为起点，以结束节点为终点。

路径 1：1→2→4。

路径 2：1→3→4。

最后，根据基本路径选择覆盖路径的测试用例，确保路径集合中的所有路径都被覆盖。

例 2.4 使用基本路径测试法设计测试用例，要求画出控制流图，并计算其环路复杂度，写出基本路径和测试用例。

```
public static void func(int numA, int numB){
    int x = 0;
```

```
    int y = 0;
    while(numA> 0){
    if(numB == 0)
        x = y -12;
    else{
        if(numB == 1)
            x = y + 5;
        else
            x = y +7;
        }
            }
                        }
```

程序的控制流图如图 2.11 所示。

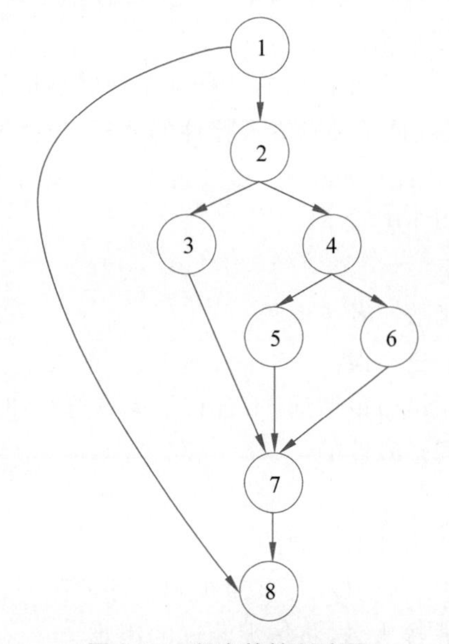

图 2.11　程序的控制流图

计算环路复杂度的 3 种方案如下。

(1) 域的数量。$L(C)=4$。

(2) $L(C)=E-N+2=10-8+2=4$。

(3) $L(C)=P+1=3+1=4$。

写出基本路径：

路径 1：1→8。

路径 2：1→2→3→7→8。

路径 3：1→2→4→5→7→8。

路径 4：1→2→4→6→7→8。

选择测试用例,覆盖基本路径,测试用例如表 2.20 所示。

表 2.20 测试用例

编号	numA	numB	预期结果	覆盖路径
1	−1	4	$X=0$	1→8
2	3	0	$X=-12$	1→2→3→7→8
3	5	1	$X=5$	1→2→4→5→7→8
4	7	2	$X=7$	1→2→4→6→7→8

2.2.5 域测试法

程序中的错误大体上可以分为 3 类：域错误、计算型错误和丢失路径错误。程序中每条路径都包含着一个输入域，如果对应路径的控制流发生错误，那么该输入所执行的就是一条错误路径，这种错误被称为路径错误或域错误；在特定输入执行路径正确的情况下，由于赋值语句的错误导致输出结果的错误称为计算型错误；当程序中某个路径缺失谓词而引起的错误称为丢失路径错误。

域测试就是主要针对域错误而提出的一种基于程序结构的测试方法。每个被测程序都有一个输入空间，域测试就是通过对输入控件的分析，选择测试点以进行程序测试。域测试最早由 L.J.White 和 E.K.Cohen 在 1997 年提出。对于域测试，L.J.White 和 E.K.Cohen 要求被测程序满足以下要求。

(1) 程序中不出现数组。

(2) 程序中不含有子函数或者子例程。

(3) 程序中没有输入输出错误。

(4) 程序中的分支谓词是简单谓词，不含布尔运算符与和与。

(5) 程序中的分支谓词是线性的。

(6) 程序输入域是连续的。

(7) 相邻两个域上的计算是不相同的。

显然，域测试存在一些明显的缺点，其对被测程序的限制过多，当程序的路径过多时，需要测试的点数量也会非常庞大，这将增大测试的困难。

2.3 黑盒测试

黑盒测试是把程序看作一个黑盒子，测试人员不需要考虑程序内部的逻辑结构和内部特性，只需要从接口进行测试，主要测试以下类型的错误。

(1) 功能是否有遗漏或者错误。

(2) 系统是否能够正常输入数据，并得出正确的结果。

(3) 是否能够发现系统的外部信息访问错误。

(4) 程序是否能够正常初始化以及终止。

常用的黑盒测试法有等价类划分法、边界值分析法、错误推测法、因果图法等。使用不同的策略来设计测试用例，可以为黑盒测试加以量化，很大程度上提高了黑盒测试的测试效率，使得测试有组织地进行，为项目系统的质量保证提高下限。下面本节将主要介绍黑盒测试的 4 种方法和设计测试用例的方法。

2.3.1　等价类划分法

等价类划分法是黑盒测试的一种常用策略。测试人员将输入域划分为不同的集合，每个集合中选取少数具有代表性的数据作为测试用例。因为相同集合中的数据对于揭露程序错误的作用是相同的，并且其在程序中运行的可能是同一条路径。在合理的假设下，相同的等价类中，那些具有代表性的值可以代替其他数据参与测试。采用代表性数据可以大大减少测试用例的数量，有效地减少测试冗余。

等价类的划分有两种形式：有效等价以及无效等价。有效等价是指对程序规格说明输入是合理的，有效的，用来检验程序是否符合预定的功能；而无效等价与有效等价相反，是指对程序规格说明输入是不合理的，无意义的，增加此类的测试可以检验程序是否能接受不合理的输入。在开发测试时，不仅要注重有效等价类的测试，也要注重无效等价类的测试，只有两种方式相结合，才能在测试程序是否符合用户需求的同时，使之能经受住意外输入的考验。特别是对一些安全性级别高的程序，可能一个不合理的输入会造成巨大的损误。

在划分等价类时需要考虑不同的情况，有效等价类和无效等价类的数量并不一定相同。在进行等价类划分时要分析程序，根据情况决定如何正确地划分，以保证测试的完备性与低冗余度。输入条件是一个范围或连续的 a 个范围时，可以确立有一个或者 a 个有效等价类以及两个无效等价类。例如，学生的考试成绩[0,60)为不及格，[60,80)为良好，[80,100)为优秀，则可以将之划分为 3 个有效等价类：不及格、良好、优秀，以及两个无效等价类，如图 2.12 所示。

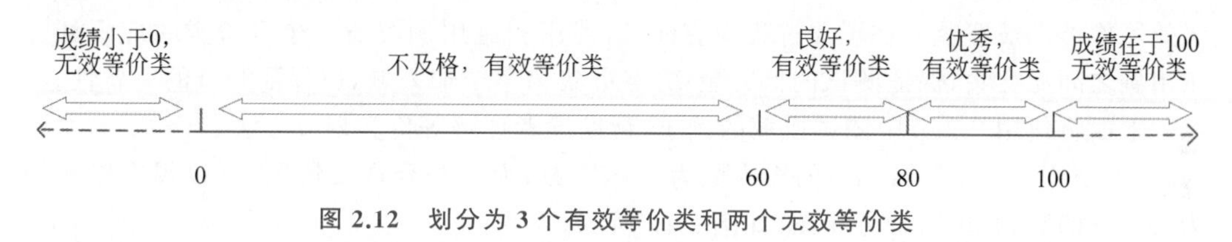

图 2.12　划分为 3 个有效等价类和两个无效等价类

如果输入条件为一个确定的值，则其可以有一个有效等价类与一个无效等价类，即该值为有效等价类，其他值为无效等价类，如图 2.13 所示。

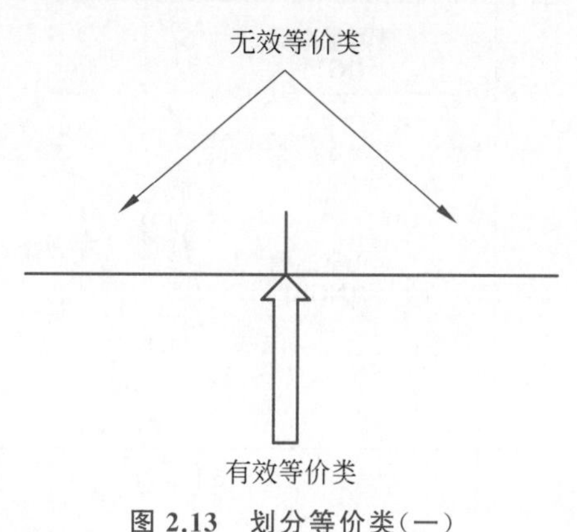

图 2.13　划分等价类(一)

输入条件是一个布尔值时，其会有一个有效等价类与一个无效等价类。例如，$a>b$，a 与 b 的输入为真时，取值集合为有效等价类；a 与 b 的输入为假时，取值集合为无效等价类。

如果输入条件是一组 n 个不相同的值，那么在对每个值进行处理时，其会有 n 个有效等价类，一个无效等价类。有效等价类为 n 个不相同的值，其余值为无效等价类，如图 2.14 所示。

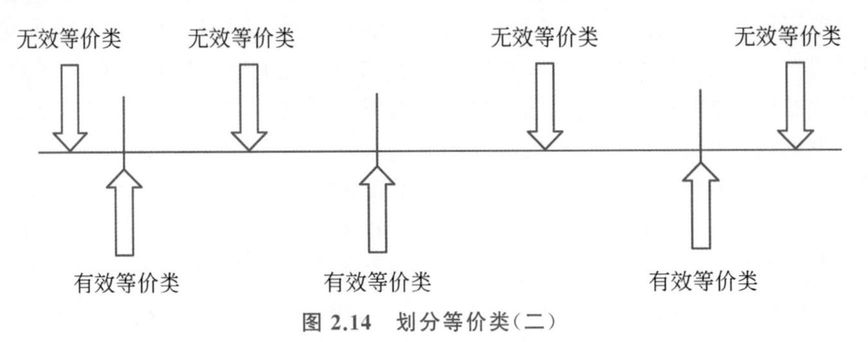

图 2.14 划分等价类(二)

在规定输入数据必须遵守的情况下，则其会有一个有效等价类，与 n 种违背规则的无效等价类。

如果已划分的有效等价类在处理方式上存在不同，则应该将之细化为更详细的有效等价类。

在分析并划分完等价类后，即可设计测试用例，包括输入数据以及预期输出等。在选择测试用例时，应保证尽可能多地覆盖那些尚未被覆盖的有效等价类，保证所有的有效等价类都能够被覆盖到，同时覆盖一个尚未被覆盖的无效等价类，重复步骤将会使得所有的无效等价类都被覆盖。在覆盖过程中应注意，使用测试用例覆盖一个等价类时应保证测试用例之间无交集，保证测试的低冗余，并且并集为整个输入域，以保证测试的完备性。

下面将使用 2.2 节中测试血糖的例子，帮助读者理解等价类划分方法。

2.2 节中 num1 和 num2 的输入域为全体实数，为了符合现实情况，可以规定输入域为大于 0 的数，画出数轴分布图，如图 2.15 所示。

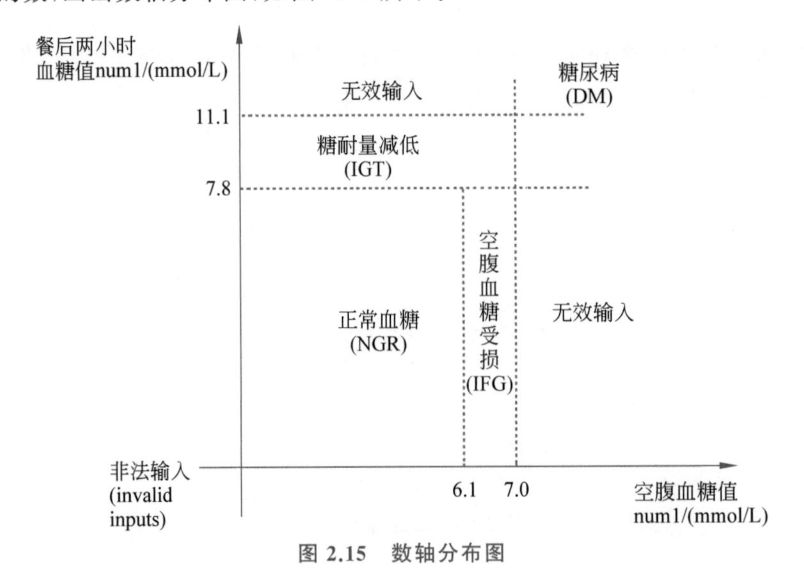

图 2.15 数轴分布图

对应图 2.15 中的测试用例设计如表 2.21 所示。

表 2.21　测试用例　（单位：mmol/L）

编　号	num1	num2	expect
1	0.0	6.9	非法输入
2	5.7	7.0	NGR
3	6.5	7.6	IFG
4	6.9	8.0	IGT
5	8.2	12.3	DM
6	7.4	7.5	无效输入
7	6.0	11.2	无效输入

2.3.2　边界值分析法

2.3.1 节介绍了等价类划分的黑盒测试，其是基于对有效输入数据与无效输入数据集合中选取代表值所进行的测试，但是实践表明，输入输出域的边界以及边界邻域会很容易出现较多错误，所以等价类划分法不一定可以发现边界错误，本节将介绍边界值分析法。边界值分析法倾向于对输入域的边界值进行测试，那么如何选择边界呢？输入域的边界在哪里？如何定义边界的邻域？如何使用边界分析来设计测试用例呢？

边界值分析法是对程序输入输出的边界值进行测试的一种黑盒测试策略，其通常作为等价类划分法的补充，是对程序边界进行的进一步测试，可用于弥补等价类划分法对等价集合中典型值或者任意值的空缺。在使用边界值分析法时，首先应确定边界情况，一般来讲，应着重于等价类输入输出的边界值，针对该值和小于或大于该值的邻近值设计测试用例。

在 2.3.1 节示例的基础上继续使用边界值分析法进行测试，通过图 2.15 可以发现，针对不同的等价类，可选择的边界不尽相同。表 2.22 给出了正常血糖的边界值分析法测试用例。

表 2.22　正常血糖边界值分析法测试用例

编　号	空腹血糖	餐后两小时血糖	预　期
1	−0.1	1	无效
2	0	1	正常血糖
3	0.1	1	正常血糖
4	6.0	1	正常血糖
5	6.1	1	正常血糖
6	6.2	1	空腹血糖受损
7	1	−0.1	无效

续表

编号	空腹血糖	餐后两小时血糖	预期
8	1	0	正常血糖
9	1	1	正常血糖
10	1	7.7	正常血糖
11	1	7.8	正常血糖
12	1	7.9	无效

以上案例对于等价类测试法一共有 4 个有效等价类，但如果对每个等价类边界进行测试，那么将需要 48 个测试用例，但是实际上需要这么多测试用例吗？这样的测试用例是否有冗余？读者可以思考如何设计测试用例以减少冗余，并补全其他用例。

2.3.3 错误推测法

在测试过程中，有经验的测试人员知道不同系统各种类型的常见错误，可以将这些常见错误列表并编写测试用例，也可以通过阅读软件需求规格说明书中开发时做的假设来设计测试用例，这种方法就是错误推测法。显而易见，错误推测法就是依靠测试人员的经验和直觉，快速地定位到可能出错的地方，有针对性地进行测试。

下面列举出一些常见的可能会发生错误的情况。

(1) 在涉及年、月、日的日期判断时，考虑平年、闰年的情况。

(2) 在模糊查询时，考虑“%”“.”等特殊字符的匹配问题。

(3) 在输入数值时考虑极端值，如最大、最小、为空等情况。

(4) 对并发需求数量大的系统考虑性能负载问题。

(5) 从安全的角度考虑系统是否用明文传输用户的隐私信息。

(6) 对一些隐含功能要捕捉并进行测试。

例 2.5 如图 2.16 所示，使用错误推测法对登录界面的账号输入进行测试，应该考虑以下 4 方面。

图 2.16 登录界面账号输入图

(1) 输入为空。

(2) 输入其他非数字。

(3) 输入 7 位数字、8 位数字、12 位数字、13 位数字。

(4) 输入字符中有空格等其他特殊字符。

使用错误推测法实质上就是在进行错误验证，故其要求测试人员的经验应比较丰富，要能以一个攻击者的角度对软件可能出错的地方进行探索。相比于使用测试工具进行测试，错误推测法能极大地发挥测试人员的思维，可以对一些常见错误密集的地方快速定位，并且能对一些隐含功能问题进行捕捉，快速地发现缺陷。例如，渲染信息页面中一些隐含的分页、跳转等功能。但是，错误推测法过度依赖测试人员的经验和直觉，并没有一定的规则可以遵循，也不能保证测试的完备性，只能作为测试的补充，不能进行单独的测试。

2.3.4 因果图法

2.3.1 节和 2.3.2 节介绍了等价类划分法以及边界值分析法。边界值分析法作为等价类划分法的补充，其可以在测试等价集合的基础上对边界值进行分析。但是，二者都是直接关注输入条件，而不考虑输入条件的组合以及它们之间的关联。如果测试的程序输入条件十分复杂，那么输入条件的组合也会非常多，测试用例的数量将会特别庞大。如何清晰、条理、直观地描述输入条件之间的组合性问题呢？这一节来学习因果图法。

因果图法又称因果分析图、特性要因图，其可以使用自然语言规格说明找到输入条件组合，以及它们之间的制约关联，并将之转化为形式语言规格说明的一种测试方法。因果图法可以帮助测试人员按照一定的步骤，快速高效地构建测试用例，同时还可以找出程序规范中存在的一些问题。

因果图法在构建测试用例时，首先分析软件规格说明中的输入条件与输出结果。输入条件即因，输出条件对应果，输入条件组合构成了中间状态，清晰地展现了输入条件之间的关系。在给每个因和果赋一个标识符后，便可通过标识符画出因果图。

因果图使用特定的符号表示标识符之间的关联，例如，约束或者限制条件的。分析因果图，将因果图转化为判定表，检查程序输入条件的各种组织情况，即可根据判定表设计测试用例。

通常在因果图中用 c_i 表示原因，用 e_i 表示结果。原因与结果之间的关系表示为恒等、非、与、或，如图 2.17 所示。

恒等关系表示，如果 c_1 为真，则 e_1 为真；反之 c_1 为假，e_1 为假。

非关系表示，如果 c_1 为真，则 e_1 为假；反之若 c_1 为假，e_1 为真。

与关系表示，若 c_1 和 c_2 都为真，则 e_1 为真；反之 e_1 为假。

或关系表示，若 c_1 或 c_2 为真，则 e_1 为真；c_1 和 c_2 均为假，则 e_1 为假。

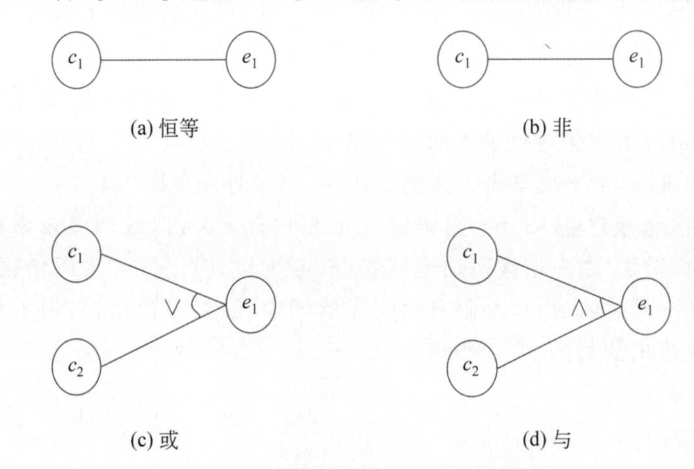

图 2.17　原因与结果之间的关系图

因果图除了能表达输入条件与输出结果之间的关系，也表现了输入条件之间的约束关系和输出结果之间的约束关系。输入条件之间的约束关系有 4 种，即互斥，包含、唯一、要求,如图 2.18 所示。输出结果之间的约束关系只有一种:屏蔽,如图 2.19 所示。

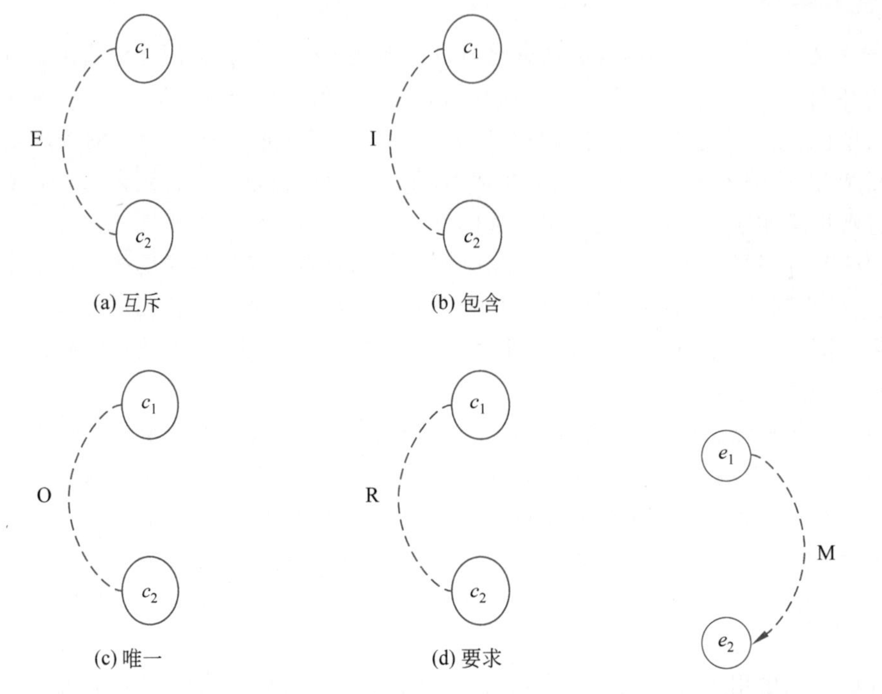

图 2.18　输入条件之间的约束关系图

图 2.19　输出结果之间的约束关系图——屏蔽

互斥关系表示输入条件 c_1 和 c_2 中,至多有一个原因为真,且 c_1 和 c_2 不能同时成立。

包含关系表示输入条件 c_1 和 c_2 中至少有一个为真。

唯一关系表示输入条件 c_1 和 c_2 必须有一个为真,有且仅有一个成立。

要求关系表示输入条件 c_1 成立时,c_2 同时也成立。

屏蔽关系表示输出结果中 e_1 为真时,e_2 一定为假,而当 e_1 为假时,e_2 既可为真也可为假。

例 2.6　使用因果图法对登录界面进行测试。

要求画出因果图,给出决策表以及测试用例,登录界面见图 1.4。

通过分析可知,账户输入 abc、密码输入 123 时有效,可以成功登录系统。当账户错误(包括为空)时,警告"账户错误";当密码错误(或为空)时,警告"密码错误"。在进行判断输入条件成立与否时,账户与密码有时间先后顺序,如果账户错误,则不再进行密码判断。输入条件和输出结果如下:

c_1:输入账户 abc。

c_2:输入密码 123。

e_1:账户错误。

e_2:密码错误。

e_3:成功登录。

画出因果图,如图 2.20 所示。

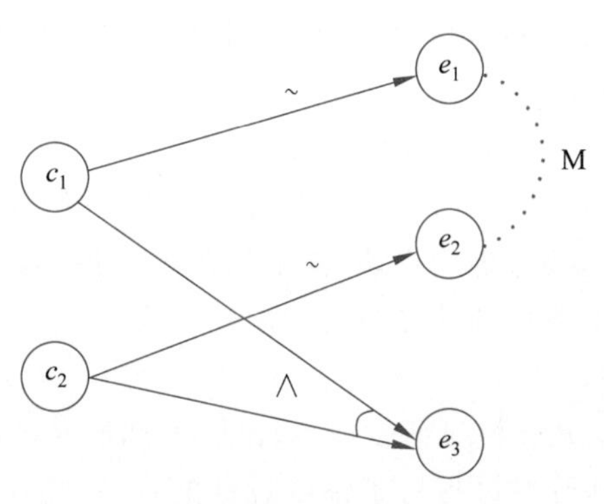

图 2.20　因果图

将因果图转化为决策表，如表 2.23 所示。

表 2.23　决策表

选　　项		1	2	3	4
输入	c_1	0	0	1	1
	c_2	0	1	0	1
输出	c_3	√	√		
	c_4			√	
	c_5				√

根据以上决策表的数据设计测试用例，如表 2.24 所示。

表 2.24　测试用例

编号	账　户　值	密　码　值	期望结果
1	×××	456	警告“账户错误”
2	×××	123	警告“账户错误”
3	abc	789	警告“密码错误”
4	abc	123	提示“登录成功”

2.4　灰盒测试

灰盒测试，也称灰盒分析，是一种介于白盒测试与黑盒测试之间的测试方法。灰盒测试结合了黑盒测试与白盒测试的一些优点，既可以关注程序内部情况，又可以关注程序输入输出的正确性，其常通过一些表征性的现象、特征、事件来判断程序运行是否正确，并提高测试过程中发现错误的效率，故适用系统的集成测试。

灰盒测试更接近黑盒测试，这意味着其更注重从功能上切入来分析程序的运行状态。测试人员对程序内部功能和结构的认知是有限的，可能仅仅了解系统内部组件之间的运作关系，而忽略了程序内部功能与结构的特点，同时灰盒测试相对于白盒测试而言，将更加难以发现程序中潜在的错误。

基于黑盒测试的特性，灰盒测试通常与 Web 应用相联系。虽然 Web 应用复杂多变，但是其往往可以提供稳定的接口，所以测试人员不需要接触系统的源程序。

简而言之，灰盒测试需要考虑用户端、特定的系统知识和系统环境，在结合系统组件之间协同环境的条件下，对程序的功能与设计进行评价。

灰盒测试的优点。

（1）相对于白盒测试，灰盒测试研发成本较低、内部技术培训周期短。

（2）强调开发文档，即开发过程有了系统设计的环节，便于防止返工浪费成本，并可使后期工作移交其他开发时能够有文档可以参考。

（3）自动化提高测试效率。灰盒测试过程中可以引入自动化的设计，以提高测试效率。

（4）缩短项目周期。灰盒测试既可以保证绝大部分功能质量又可以缩短开发周期。

灰盒测试的缺点。

（1）由于灰盒测试关注模块之间的交互，因此其不适用于简单系统。

（2）灰盒测试的要求比黑盒测试高，因此其提高了测试的成本与代价。

（3）相比于白盒测试，灰盒测试不够深入，不能够发现程序中潜在的错误。

2.5 习　　题

1. 什么是白盒测试？什么是黑盒测试？它们的区别是什么？

2. 简述代码检查的过程。

3. 如图 2.21 显示了某程序的逻辑结构，设计足够的测试用例分别实现对该程序的判定覆盖、条件覆盖和条件组合覆盖。

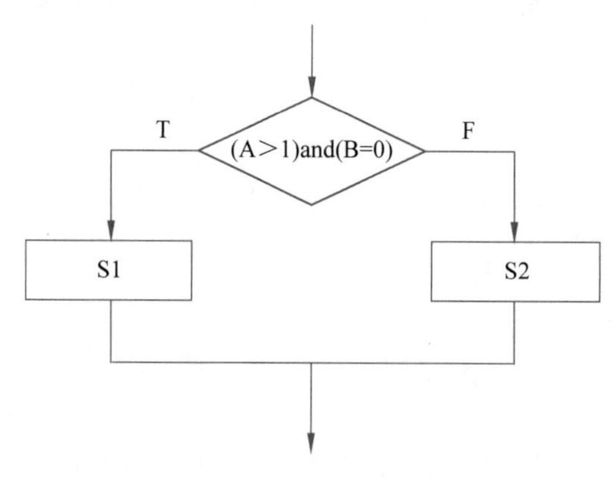

图 2.21　习题 3 流程图

4. 根据流程图 2.22 设计一组测试用例，要求满足语句覆盖、条件覆盖、判定覆盖、条件/判定覆盖、条件组合覆盖要求。

5. 设控制流图如图 2.23，给出其环路复杂度和基本路径。

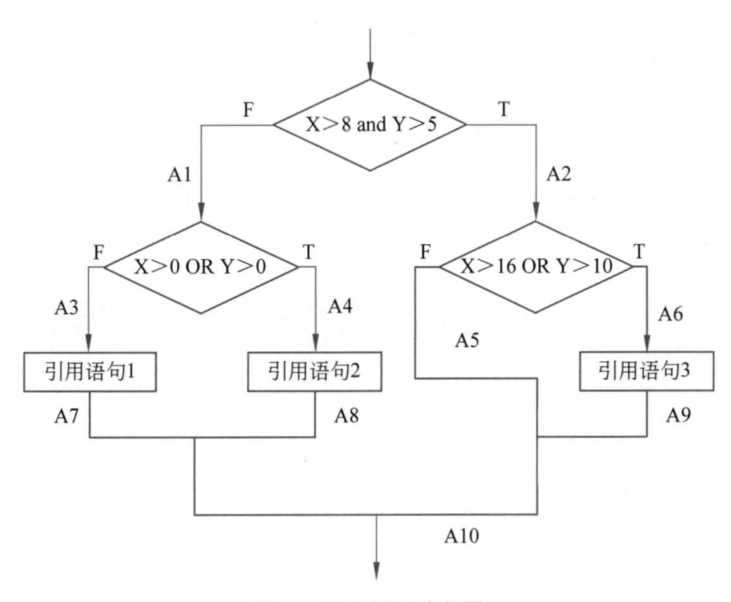

图 2.22　习题 4 流程图

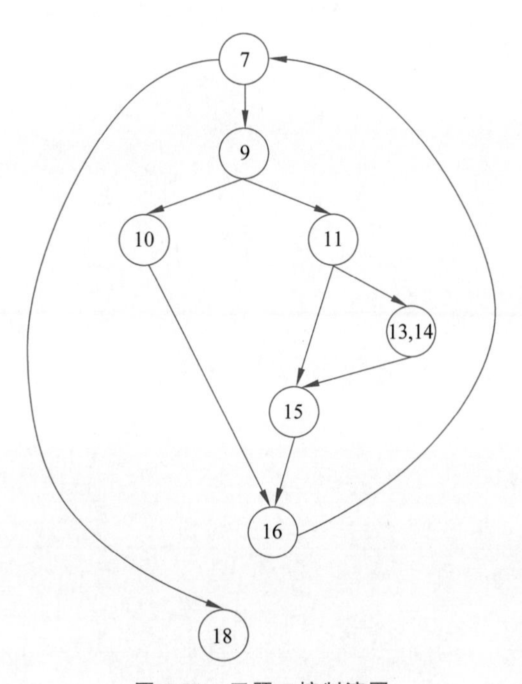

图 2.23　习题 5 控制流图

6. 设有一个档案管理系统，要求用户输入以年、月表示的日期。假设日期限定在 1990 年 1 月—2049 年 12 月，并规定日期由 6 位数字字符组成，前 4 位表示年，后 2 位表示月。用等价类划分法设计测试用例，测试程序的日期检查功能。

7. 现要对一个自动饮料售货机软件进行黑盒测试。该软件需求规格说明如下：“有一个处理产品平均单价为 1 元 5 角的自动售货机软件，若投入 1 元 5 角的硬币，按‘可乐’

'雪碧''红茶'当中任意一个按钮,相应的饮料就被送出。若投入的是两元硬币,在送出饮料的同时还会退还5角硬币。"

(1) 利用因果图法,建立该软件的因果图。

(2) 设计足够的测试用例。

8. 有二元函数 $f(x,y)$,其中 $x\in[1,12]$,$y\in[1,31]$,采用边界值分析法为其设计测试用例。

第3章

软件测试过程与管理

本章介绍了软件测试的过程，详细描述了测试执行的5个阶段，最后对软件过程管理、软件需求管理、软件配置管理和缺陷管理相关内容进行了介绍。

3.1 软件测试过程概述

3.1.1 软件测试阶段

软件测试贯穿于软件的整个生命周期，与软件开发各阶段的活动息息相关。与软件开发过程相对应，软件测试的过程包括测试计划、测试设计、测试执行、测试评估以及测试管理5个阶段，如图3.1所示。

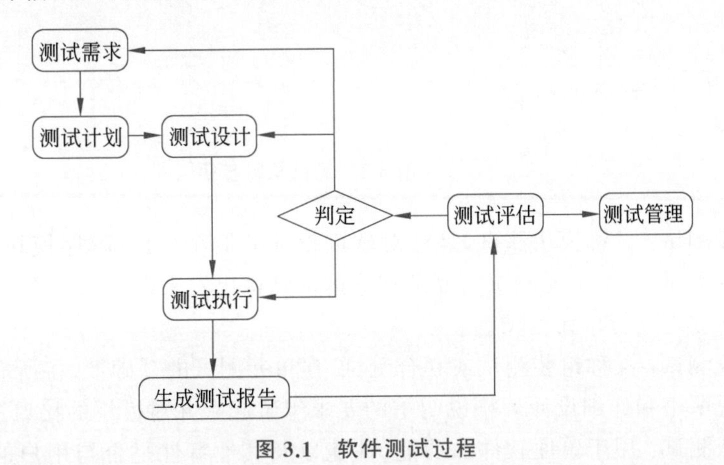

图3.1 软件测试过程

1. 测试计划

测试计划是规划所进行测试活动的范围、方法、资源和进度的文档。通过确定测试对象、测试特性、测试任务、对异常情况的处理方法等，有效预防软件测试的风险，保障计划的顺利实施。

2. 测试设计

测试设计文档是由测试人员负责编写的，将测试需求分析细化为若干可执行测试的过程，同时为每个测试过程选择适当的测试用例，来保证测试结果的有效性。测试设计用于确定各个阶段的目标，并明确每个阶段要完成的测试活动，此外还包括评估完成活动所需的时间和资源，进行活动安排和资源分配等过程。它的主要依据是软件需求文档、软件需求规格说明书、软件设计文档等。在制定测试计划的时候还要明确测试背景，包括项目的简单介绍、参与测试人员的介绍；明确测试资源，包括设备需求、人员需求、环境需求；明确测试策略，包括搭建测试环境、选取测试工具、对测试人员进行培训等。

3. 测试执行

测试执行过程一般分为 5 个阶段：单元测试、集成测试、确认测试、系统测试及验收测试，其具体执行步骤如图 3.2 所示。

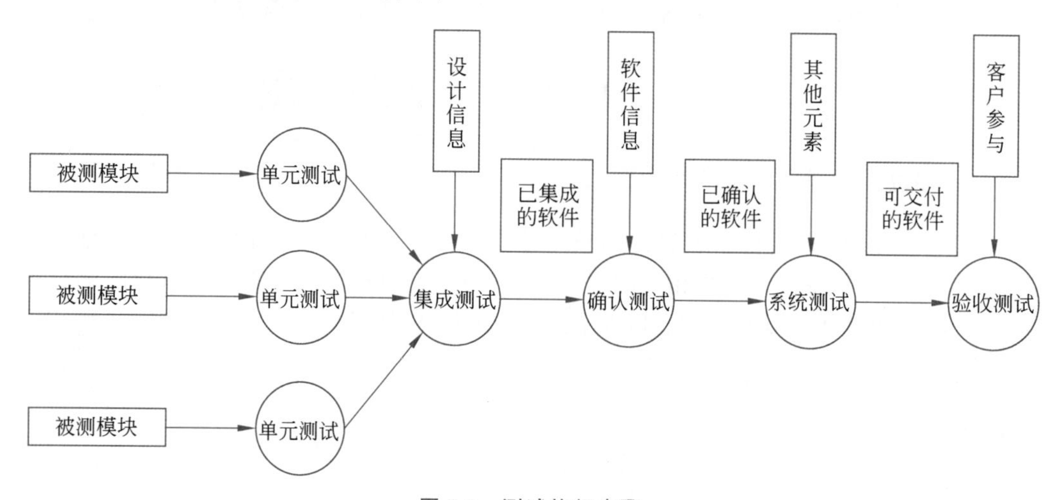

图 3.2　测试执行步骤

单元测试：又称模块测试，是针对软件设计的最小单位（程序模块）进行的针对正确性检查的测试工作，单元测试需要从程序内部结构出发来设计测试用例，所以多个模块可以并行独立地进行单元测试。

集成测试：又称组装测试或联合测试，在单元测试的基础上，将所有模块按照概要设计规格说明书和详细设计规格说明书的要求组装起来并对模块的接口进行测试。

确认测试：用于验证软件的功能、性能以及其他特性是否与用户的要求一致。确认测试一般包括有效性测试和软件配置复查，通常由第三方测试机构进行。

系统测试：测试软件系统能否投入使用，系统性能及表现是否和计算机硬件设备、外围设备兼容等。

验收测试：是测试执行的最后一步，主要是让用户对软件进行测试，确保用户的需求都被满足，并且没有新的错误产生。

4. 测试评估

测试评估是生成具有测试缺陷以及测试缺陷跟踪信息的报告，对应用软件的质量和开发团队的工作进度以及工作效率进行综合分析。

5. 测试管理

测试管理就是对每种具体测试任务、流程、体系、结果、工具等进行监督和管理，以此来促进和达到软件测试目标。

3.1.2　软件测试模型

软件测试的过程是一种抽象的模型，用于定义软件测试的流程和方法。开发过程的质量决定了软件的质量，测试过程的质量将直接影响测试结果的准确性和有效性。软件测试的过程和软件开发的过程一样，都需要遵循软件工程的原理。

随着测试过程不断规范化发展，软件测试专家通过实践总结出了一批测试过程模型，如 V 模型、W 模型、H 模型等。这些模型将测试过程抽象成为具体的流程，同时与开发过程的各个阶段进行融合，逐渐成为测试过程管理的重要依据。

1. V 模型

如图 3.3 所示，V 模型明确地标注了测试过程中存在着哪些测试活动阶段，并且清楚地表达了这些测试阶段和开发过程各阶段的对应关系。从图 3.3 中可以看到，单元测试和集成测试分别对应详细设计和概要设计，故这两个阶段应当检测程序的执行是否满足软件设计的要求；系统测试对应需求分析与系统分析，应检测系统功能、性能的质量特性是否达到系统要求的指标；验收测试对应用户需求阶段，其需要确定软件的实现是否满足用户的需要或者合同的要求。

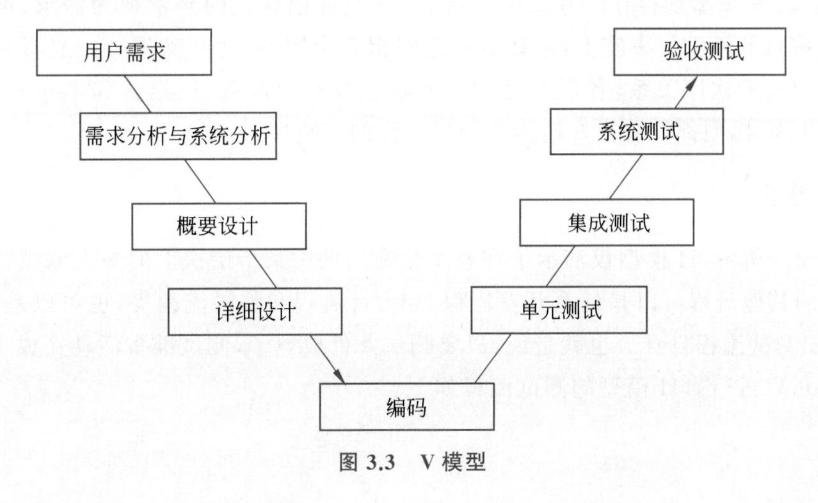

图 3.3　V 模型

但 V 模型也存在一定的局限性，它仅仅把测试作为编码之后的一个阶段，是针对程序进行的一种寻找错误的活动，并没有在需求开发阶段就开始测试，忽视了测试活动对需求分析、系统设计等活动的验证和确认功能。

2. W 模型

如图 3.4 所示，W 模型由两个 V 模型组成，其分别代表开发与测试过程。应用此模型的测试活动与软件开发同步进行，测试对象不仅有程序，还包括软件的需求和设计，尽早发现软件缺陷可降低软件开发的成本。

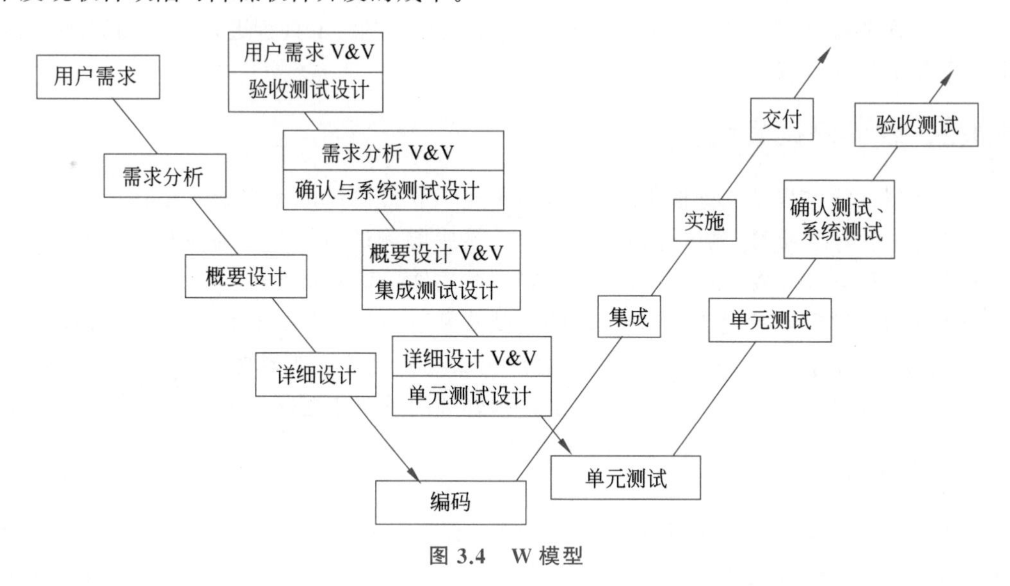

图 3.4　W 模型

在该模型中，需求、设计、编码等活动是串行的。同时，对于实际开发和测试活动而言，它们之间是线性关系，上一个阶段的活动结束，下一个阶段的活动才能开始，本身并不支持迭代。

V 模型、W 模型均存在一些缺陷。首先，它们都把软件的开发视为需求、设计、编码等一系列串行的活动。事实上，这些活动之间相互牵制，彼此交叉进行，相应的测试之间并不存在严格的次序关系，各层次之间的测试也存在反复触发、迭代和增量的关系。其次，V 模型、W 模型都没有很好地体现测试流程的完整性。

3. H 模型

如图 3.5 所示，H 模型仅演示了在整个生命周期中某个层次上的一次测试“微循环”。图 3.5 中的其他流程可以是任意开发流程，如设计流程和编码流程等，也可以是其他非开发流程，如测试流程自身。也就是说，只要测试条件成熟了，测试准备活动完成了，测试执行活动就可以进行。H 模型的测试流程如下。

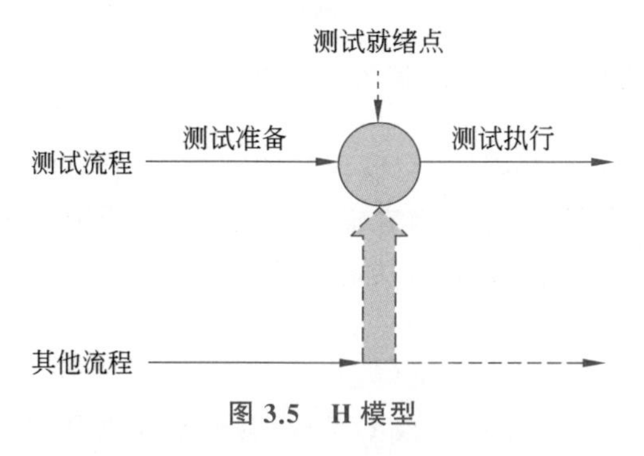

图 3.5　H 模型

测试准备：判断所有测试活动的准备是否到测试就绪点。

测试就绪点：测试准入准则，即是否可以开始执行测试的条件。

测试执行：具体的执行测试的程序。

H 模型揭示了以下内容。

(1) 软件测试不仅指测试的执行，还包括很多其他的活动。

(2) 软件测试是一个独立的流程，其贯穿产品整个生命周期，与其他流程并发地进行。当某个测试时间点就绪时，软件测试即从测试准备阶段进入测试执行阶段。

(3) 软件测试要尽早准备，尽早执行。

(4) 软件测试可以根据被测对象的不同而分层次、分阶段、分次序地执行，同时也是可以被迭代的。

3.2 单元测试

测试执行的第一步就是进行单元测试，它的具体工作就是对程序员的代码进行检查，负责检查的人最好就是程序员自己，在此阶段务必检查出每个小单元的错误。完成单元测试后，测试工作才可进行至下一阶段。

3.2.1 单元测试的定义

单元测试，又称模块测试，其是对程序中的单个模块、子程序、某一函数或者类进行正确性检验的测试工作。单元测试中的单元，一般来说要根据实际情况判定其具体含义，如 C 语言中的单元一般指一个函数，Java 里的单元通常指一个类，图形化的软件中可以指一个窗口或一个菜单等。总的来说，单元测试并不是对整个程序进行测试，而是首先将注意力集中在对构成程序的较小模块进行测试。

这样做的理由有以下 3 点：首先，由于单元测试的注意力一开始就集中在程序的较小单元上，因此它可以作为一种管理组合的测试元素手段；其次，单元测试减轻了调试（即准确定位并纠正某个已知错误过程）的难度；最后，单元测试通过提供同时测试多个软件模块的可能，将并行工程引入软件测试中。

3.2.2 单元测试的思路

在进行单元测试时，需要针对单元测试的程度、时机及对象这 3 个问题进行思考。

1. 单元测试的程度

极限编程、测试驱动开发、单元测试及 JUnit 的创造者 Kent Beck 曾经说过：“单元测试不是越多越好，而是越有效越好！”因此单元测试的程度并不是越细化越好，而是应关注哪些代码需要有单元测试的覆盖。下面给出一些示例。

(1) 逻辑复杂的代码。

(2) 容易出错的代码。

(3) 不易理解的代码，单元测试有助于理解代码的功能和需求。

(4) 公共代码,如自定义的所有超文本传送协议(Hypertext Transfer Protocol, HTTP)请求都会经过的拦截器、工具类等。

(5) 核心业务代码,一个产品里最核心最有业务价值的代码应该要有较高的单元测试覆盖率。

2. 单元测试的时机

单元测试的时机包括以下 3 种情况。

(1) 在具体实现代码之前,这是测试驱动开发所提倡的。

(2) 与具体实现代码同步进行,先写少量功能代码,紧接着写单元测试,重复这两个过程,直到完成功能代码开发。基本上功能代码开发完,单元测试也基本完成了。

(3) 编写完功能代码再写单元测试。一般来说,事后编写的单元测试粒度都比较粗。对同样的功能代码,采取前两种方案的结果可能是用 10 个较小的单元测试来覆盖,每个单元测试都比较简单易懂,具有良好的可读性和可维护性,在重构时单元测试的改动不大;而第三种方案写的单元测试,往往是用一个较大的单元测试来覆盖,这个单元测试的逻辑往往比较复杂,测试的内容较多,可读性和可维护性也会比较差。

在实际测试过程中,可以将单元测试与具体实现代码同步进行。只有对需求具备一定的理解,才能保证代码的正确性,才能写出有效的单元测试来验证程序的正确性。

3. 单元测试的对象

在结构化程序时代,单元测试所说的单元是指函数,在当今面向对象的时代,单元测试所说的单元是指类。但以类作为测试单位,复杂度高,可操作性较差,因此笔者仍然主张以函数作为单元测试的测试单位,但可以用一个测试类来组织某个类的所有测试函数。单元测试不应过分强调面向对象,因为局部代码依然是结构化的。

3.2.3 单元测试的实施者

1. 单元测试的实施

单元测试大部分使用白盒测试法,对测试用例的编写人员来说,被测试对象的内部结构和运行机制是完全透明的。因此,唯有开发人员(即类的实现者本人)最清楚类对象的结构、机制及局限性,并且明白在各种测试条件下测试用例的输出结果应该是怎么样的。毫无疑问,只有代码的编写人员(即开发者)才是进行单元测试最合适的人选。测试人员既不了解也不注重类的结构和机制,甚至不关心是否有这样一个类。测试人员唯一注重的是系统的功能和质量是否满足软件需求规格说明书或者用户的要求,因此并不是所有的测试都应该由测试人员来实现。

在开发人员编写单元测试用例的过程中,面对一些相似度较高的代码,如果每段代码都去编写单元测试用例,虽然这保证了测试用例的覆盖率,但其实对开发者来说也造成了额外的负担。这就要求开发者重新审视自己的代码,将一些重复的代码进行重构,把代码改得简洁明了。这样既提高了覆盖率,又减少了测试工作。

另外，由于单元测试中需要尝试覆盖一些异常分支，这通常是系统测试走不到的地方，那么就需要开发者仔细地思考，这个异常分支是否真的需要？是否真的会发生？对于一些实际上绝对不会出错的函数，进行异常分支处理是完全没有必要的。

2. 单元测试的标准

1）基础

单元测试的对象是程序中最基本的单元，在此基础上，可以测试系统中一些最基本的功能点，这些功能点往往由几个基本类组成。从面向对象的设计原理出发，系统中最基本的功能点也应该由一个类及其方法来表现。单元测试要测试应用程序接口中的每个方法及参数。

2）自动化

单元测试应该集成到自动测试的框架中，保证单元测试能够自动进行，无论是参数的输入输出还是检查结果的判定都不需要人工干预。

3）彻底

一个好的单元测试应该覆盖被测单元的每条分支语句，甚至每条可能抛出的异常。如果其中某个错误的处理路径很难达到，那么就要重新思考，软件是否需要处理这个错误，要注意的一点是 100％的代码覆盖率不等于 100％的正确率。

4）独立

一般来说，系统中的各个模块都是互相依赖的，这个模块需要上一个模块的输出作为输入等。但是单元测试与单元测试之间应该是独立的、不存在顺序依赖关系的。对于每个单元测试来讲，其所需要的预设条件都应该包含在测试中。

5）可重复

单元测试必须是可重复的，并且不应受环境影响，也不应受上次测试结果的影响。这就要求测试执行时不能使用共享资源或者随机数据，如共享数据库等。一旦别人进行了别的操作，则势必会影响测试结果。

3.2.4　单元测试的内容

单元测试一般包括 5 方面的内容，分别是模块接口测试、局部数据结构测试、边界条件测试、模块中所有独立路径测试和各种错误处理测试，如图 3.6 所示。

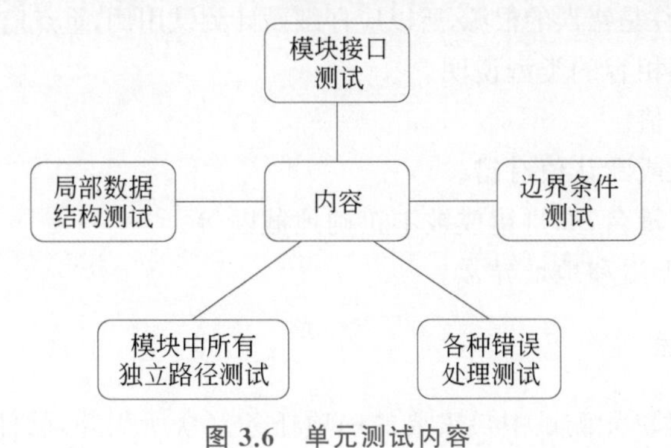

图 3.6　单元测试内容

1. 模块接口测试

模块接口测试是单元测试的基础，只有在数据能正确流入、流出的前提下，其他测试才有意义。模块接口测试同时也是集成测试的重点，其可以为后面进行的测试过程打好基础。判断测试接口是否正确应该考虑下列因素。

(1) 输入的实际参数与形式参数的个数是否相同。

(2) 输入的实际参数与形式参数的属性是否匹配。

(3) 输入的实际参数与形式参数的量纲是否一致。

(4) 调用其他模块时所给实际参数的个数是否与被调模块的形式参数个数相同。

(5) 调用其他模块时所给实际参数的属性是否与被调模块的形式参数属性匹配。

(6) 调用其他模块时所给实际参数的量纲是否与被调模块的形式参数量纲一致。

(7) 调用预定义函数时所用参数的个数、属性和次序是否正确。

(8) 是否存在与当前入口点无关的参数引用。

(9) 是否修改了只读型参数。

(10) 各模块对全局变量的定义是否一致。

(11) 是否曾把某些约束作为参数传递。

如果模块功能包括外部输入输出，那么还应该考虑下列因素。

(1) 文件属性是否正确。

(2) open/close 语句是否正确。

(3) 格式说明与输入输出语句是否匹配。

(4) 缓冲区大小与记录长度是否匹配。

(5) 文件使用前是否已经被打开。

(6) 是否处理了文件尾。

(7) 是否处理了输入输出错误。

(8) 输出信息中是否有文字性错误。

2. 局部数据结构测试

检查局部数据结构是为了保证临时存储在模块内的数据在程序执行过程中的完整性、正确性。局部功能是整个功能运行的基础，重点是一些函数是否被正确执行，内部是否运行正确。局部数据结构往往是错误的根源，所以应仔细设计测试用例，重点监测下面 5 类错误。

(1) 不合适或不相容的类型说明。

(2) 变量无初始值。

(3) 变量初始化或默认值有错。

(4) 不正确的变量名，如拼错或被不正确地截断等。

(5) 出现上溢、下溢和地址异常。

3. 边界条件测试

边界条件测试是单元测试中最重要的一项任务。众所周知，软件经常在边界上失效，采用边界值分析技术，针对边界值及其左、右设计测试用例，很有可能会发现新的错误。边界条件测试是一项基础测试，也是后面系统测试中功能测试的重点，边界条件测试执行得较好，可以大大提高程序的稳健性。

4. 模块中所有独立路径测试

在模块中应对每条独立执行路径进行测试，单元测试的基本任务是保证模块中每条语句至少被执行一次。测试目的主要是发现因错误计算、不正确的比较和不适当的控制流所造成的错误。具体做法就是程序员逐条调试语句，同时进行比较判断。常见的错误包括以下 9 种：

(1) 不同数据类型的对象之间进行了比较运算。

(2) 错误地使用逻辑运算符或优先级错误。

(3) 变量初始值错误。

(4) 表达式符号错误。

(5) 因计算机表示的局限性，将理论上相等而实际上不相等的两个量视为相等。

(6) 比较运算符或变量出错。

(7) 循环终止条件或不可能成立。

(8) 迭代发散时不能退出。

(9) 错误地修改了循环变量。

5. 各种错误处理测试

程序在遇到异常情况时不应该退出，好的程序应能预见各种出错条件，并预设各种出错处理通路。如果用户不按照正常流程操作，程序就退出或者停止工作，这实际上也是一种缺陷，因此单元测试要测试各种错误处理路径。一般这种测试着重检查下列问题。

(1) 输出的出错信息难以被用户理解。

(2) 记录的错误与实际遇到的错误不相符。

(3) 在程序自定义的出错处理段运行之前，系统已介入并处理了错误(如崩溃)。

(4) 异常处理不当。

(5) 错误陈述中未能提供足够的可用于定位出错的信息。

3.2.5　单元测试的特点

单元测试具有以下特点。

1. 独立性

单元测试是针对代码单元的独立测试。因为其独立性，所以可以做到针对代码单元设计完整的测试数据，覆盖代码单元的所有功能逻辑，从而在根本上保证代码单元的质量。

正因为它的独立性，所以每个程序员都可以在编写或修改代码的同时进行单元测试。即使项目刚刚开始编码，或者当前代码所依赖的其他代码还不存在，甚至项目所依赖的软硬件环境都不完整时，仍然可以进行单元测试。

2. 查找低级错误

基本的单元测试可以在系统测试之前把大部分比较低级的错误都排除，减少系统测试过程中的问题，同时也减少了在系统测试中定位和解决问题的时间成本。

3. 找出潜在的缺陷

一些缺陷靠系统测试是很难找到的，例如，一些代码分支平时99%的场景基本上都运行不到，但一旦运行到了，如果没有提前测试好，那么可能就是一个灾难。

4. 提供验证的功能

程序中的每项功能都需要测试来验证它的正确性，为以后的开发提供支持，使项目即使进行到开发后期，也可以轻松地增加功能或更改程序结构，而不用担心这个过程中会破坏重要内容，这便需要单元测试为代码的重构提供保障。在此基础上，开发人员可以更自由地对程序进行改进。

5. 设计文档

编写单元测试将要求测试人员从调用者的角度观察、思考。特别是先写测试用例，将迫使开发者把程序设计成易于调用和可测试的，即迫使开发者解除软件中的耦合。同时，单元测试是一种无价的文档，是展示函数或类如何使用的最佳文档。这份文档是可编译、可运行的，并且它保持最新，永远与代码同步。

6. 具有可回归性

自动化的单元测试避免了代码出现回归，在编写完成之后，可以随时随地快速地运行测试。

3.3 集成测试

在完成每个模块的单元测试之后，接下来的集成测试就将各个模块结合起来，初步地将之组成一个完整的系统，在全局的基础上对整个系统进行下一步的测试。

3.3.1 集成测试的定义

集成测试也称组装测试或联合测试。在单元测试的基础上，将所有模块按照设计要求（如根据结构图）组装成为子系统或系统进行集成测试。集成测试最简单的形式是把两个已经测试过的单元组合成一个组件，测试它们之间的接口。从这一层意义上讲，组件是指多个单元的集成聚合。在现实方案中，许多单元组合成组件，而这些组件又聚合为程序的更大部分。集成测试的基本方法是测试片段的组合，并最终扩展成进程，将模块与其他组的模块一起测试。最后，将构成进程的所有模块一起测试。此外，如果程序由多个进程组成，那么应该成对地测试它们，而不是同时测试所有进程。

实践表明，一些模块虽然能够单独工作，但并不能保证它们连接起来也能正常工作。一些局部反映不出来的问题，很可能会暴露在全局中。

3.3.2　集成测试和单元测试的关系

单元测试用例通常是由开发者编写的，目的是验证一段相对较小的代码是做什么的，它们的范围狭窄，易于编写和执行，其有效性取决于开发者认为有用的东西。集成测试可以覆盖整个应用程序，将各个模块组合在一起，证明系统的不同部分可以协同工作。与一组单元测试相比，在集成测试环境的范围内，如生产环境中，集成测试在证明系统工作上更具说服力。实际上，集成测试可以用于各种各样的环境，从针对类似生产环境进行的全面系统测试，到使用数据库或队列的任何测试。集成测试既可以是一个 JUnit 测试，针对内存数据库对存储库进行测试；也可以是一个系统测试，验证应用程序可以交换消息。

单元测试具有集成测试没有的独立性优势。与此同时，单元测试是针对彼此分开的模块单元单独进行测试，这样会难于测试与其他代码和依赖环境之间的相互关系。单元测试与集成测试形成了互补关系。不同阶段进行的测试使得软件系统更加趋于完善，符合用户的需求。

表 3.1 中给出了单元测试和集成测试的具体区别。

表 3.1　单元测试和集成测试区别

项　　目	单 元 测 试	集 成 测 试
测试对象	模块	单元
测试时间	开发开始	开发过程
测试方法	黑盒、白盒	黑盒、白盒、灰盒
测试内容	具体模块	模块间接口
测试目的	检查代码错误	发现接口错误
测试角度	开发人员	测试人员

3.3.3　集成测试的目标

集成测试的目标是确保各模块组装在一起后能够正常地协作运行。一个或者多个模块运行良好并不足以保证整个系统的质量，因为有许多隐蔽的失效是在高质量模块间发生非预期交互而产生的。集成测试主要有两个目的。

1. 验证接口是否与设计相符

(1) 在把各个模块连接起来的时候，验证穿越模块接口的数据是否会丢失。

(2) 验证全局数据结构是否有问题，会不会被异常修改，还需要使用黑盒测试技术针对被测模块的接口规格说明进行测试。

2. 验证集成后的功能

(1) 将各个子功能组合起来,验证其能否达到预期要求的父功能。

(2) 验证一个模块的功能是否会对另一个模块的功能产生不利的影响。

(3) 验证单个模块的误差积累起来是否会被放大,从而达到不可接受的程度。

集成测试的必要性在于一些模块虽然能够单独工作,但并不能保证其在该连接起来也能正常工作。程序在进行单元测试时表现良好,并不代表在进行集成测试时一定能够全部运行通过,也许其可能暴露出更多的问题。此外,在某些开发模式中(如迭代式开发),设计和实现是迭代进行的,在这种情况下,集成测试的意义还在于它能间接地验证概要设计是否具有可行性。

3.3.4 集成测试的方法

进行集成测试通常有以下两种方法：非渐增式集成和渐增式集成。非渐增式集成测试是先分别测试每个模块,再把所有模块按照设计要求放在一起结合成所需要的程序并予以测试的方法。渐增式集成测试则是把下一个要测试的模块和已经测试好的模块结合起来进行测试,同时完成单元测试和集成测试。

1. 集成测试的辅助模块

要想进行集成测试,必须知道辅助模块的概念。辅助模块分为驱动模块和桩模块,表3.2 中给出了驱动模块和桩模块的概念和功能。

表 3.2 辅助模块

名 称	概 念	功 能
驱动模块	用以模拟待测模块的上级模块	在集成测试中接受测试数据,把相关的数据传送给待测模块,启动待测模块,并输出相应的结果
桩模块	存根程序,用以模拟待测模块工作过程中所调用的模块	由待测模块调用,它们一般只进行很少的数据处理,以便于检验待测模块与其下级模块的接口

2. 非渐增式集成

非渐增式集成又称一次性集成,其首先对每个子模块进行单元测试,然后将所有的模块全部集成起来进行一次性测试。图 3.7 是非渐增式集成测试的过程,图 3.8 是非渐增式集成测试的程序结构图。

非渐增式集成测试可以并行地测试所有的模块,需要的测试用例少,并且测试的方法简单易行。但是由于其不可避免地存在模块间接口、全局数据结构等方面的问题,因此一次运行成功的可能性不大,即使集成测试通过,其也会出现很多的遗漏。如果一次集成的模块数量过多,集成后可能会出现大量的错误。另外,修改了一处错误后很有可能会新增更多的错误,新旧错误混杂,会给程序带来更大的麻烦。

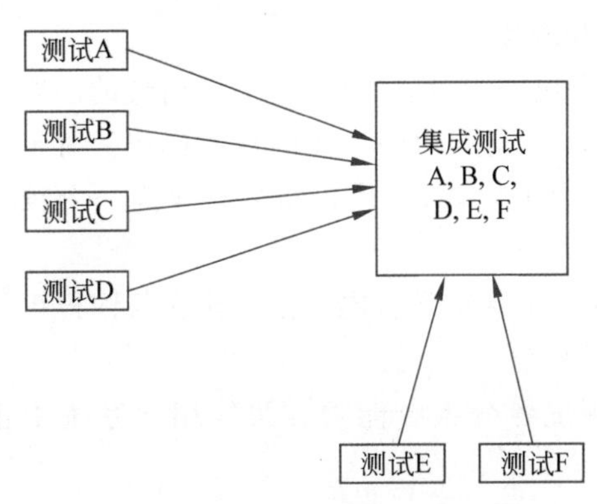

图 3.7　非渐增式集成测试的过程

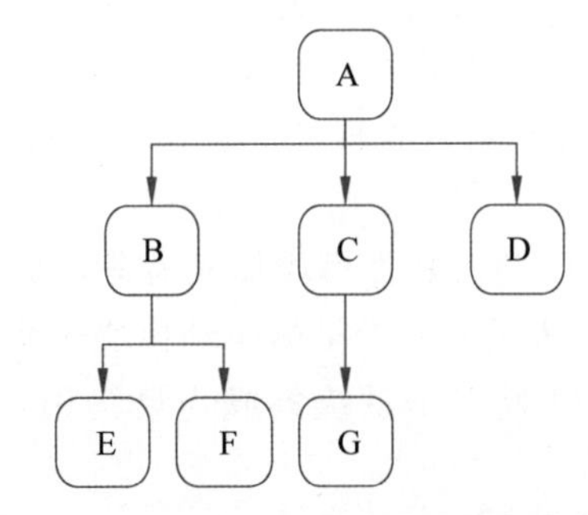

图 3.8　非渐增式集成测试的程序结构图

大爆炸集成方式是一种典型的非渐增式集成测试，也称一次性组装或者整体拼装。该集成正是把所有系统组件一次性集合到被测系统中的集成方式，其并不考虑组件之间的相互依赖性以及可能存在的风险，目的就是在最短的时间内把系统组装起来，并且通过最少的测试用例来验证整个系统。在有利的情况下，大爆炸集成可以迅速地完成集成测试，并且只需要极少数的驱动模块和桩模块以及最少的测试用例，同时其可以并行开展测试，对人力、物力的资源利用率较高。

这种在单元测试的基础上将所有组件一次性进行组装，不考虑组件之间的依赖性的集成方式虽然简单，但是在系统规模较大、模块间接口复杂的情况下会造成错误集中爆发，同时在发现错误时问题定位和修改都比较困难。即使被测系统能够被一次性集成，但仍会存在一部分接口问题可以躲过集成测试而进入系统测试。

3. 渐增式集成

渐增式集成测试一般包括自底向上集成测试、自顶向下集成测试、三明治集成测试等，下面进行简单介绍。

1）自底向上集成测试

自底向上集成测试是使用最广泛的集成方法。该方法是从软件程序结构中最底层、最基础的模块开始组装和测试，如图 3.9 所示。正是由于这种组装方式是由底向上进行的，所以对于一定高度和层次的模块来说，其下层模块（即子模块）包括子模块的下层模块已经经过组装和测试，因此其不再需要桩模块（即模拟被测试的模块所调用的模块）了，仅需要调用这些模块的驱动模块。

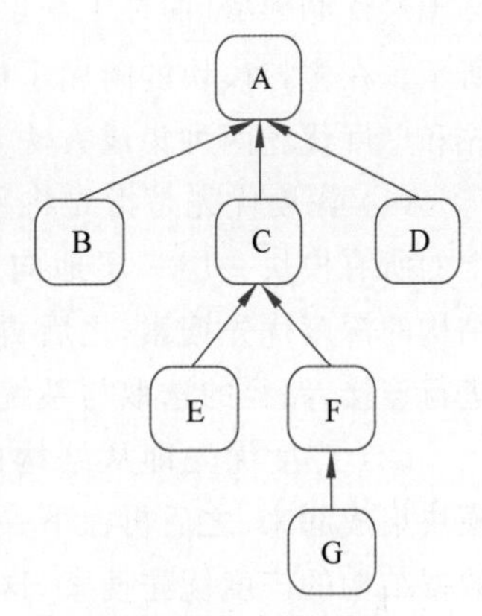

图 3.9　自底向上集成测试的程序结构图

自底向上集成测试的步骤大致如下。

(1) 按照概要设计规格说明书进行规划，明确有哪些被测模块。在熟悉被测模块性质的基础上对被测模块进行分层，然后排列出测试活动的先后关系，制订测试的进度计划。根据各项测试工作之间的时间序列关系可以发现，处于同一层次的测试工作可以同时进行，而不会相互影响。

(2) 按时间线序关系，将软件单元集成为模块，并在集成过程中测试出现的问题。这里，可能需要测试人员开发一些驱动模块来驱动集成活动中形成的被测模块。对于比较大的模块，可以先将其中的几个软件单元集成为子模块，然后再将之集成为一个较大的模块。

(3) 将各软件模块集成为子系统。检测各自子系统是否能正常工作。这同样可能需要测试人员开发少量的驱动模块来驱动被测子系统。

(4) 将各子系统集成为最终用户系统，测试各分系统能否在最终用户系统中正常工作。

如图 3.10 所示，d1、d2、d3、d4、d5、d6 为桩模块，其可被用于从每层最底部模块进行测试，然后一步一步向上集成，直至完成测试。

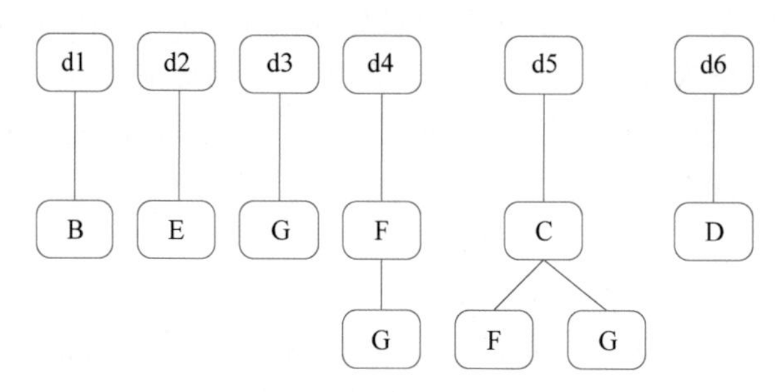

图 3.10 自底向上集成测试流程

自底向上集成支持对底层模块的早期验证，可在任何一个叶节点就绪的情况下进行集成测试。其可以并行集成，对被测模块可测性要求比自顶向下集成略低，减少了开发桩模块的工作量，同时支持故障隔离。自底向上集成的缺点是驱动模块开发量大，其针对高层的测试被推迟到最后，整体设计的错误被发现得比较晚，集成到顶层时将变得越来越复杂。

2) 自顶向下集成测试

自顶向下集成测试是一个递增的组装软件结构的方法。按照控制的结构来说，其将从主要控制模块(简称主控模块)开始沿控制层向下移动，把模块一一组合起来，如图 3.11 所示。在主控模块的附属子模块进行集成时主要有深度优先和广度优先两种集成方法。

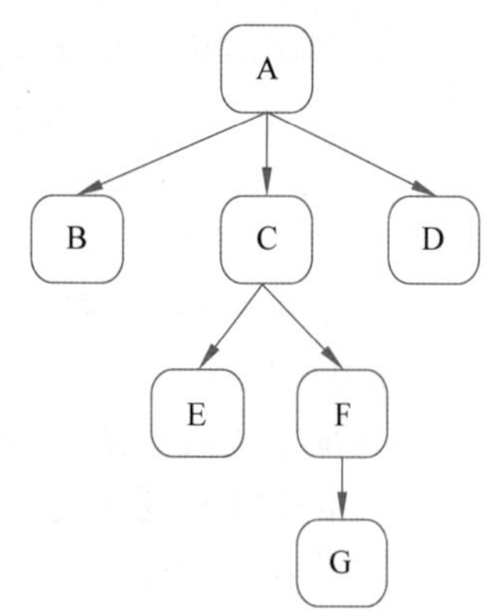

图 3.11 自顶向下集成测试的程序结构图

(1) 深度优先是指先将程序结构中一条主要控制路径上的所有模块一层一层地向下集成起来，类似于树状数据结构的深度优先搜索，之后再将其他路径的模块集成起来，进行连接，路径的选取与系统应用的特性有关。

(2) 广度优先即从结构的顶层开始，将这一层的所有模块集成起来，之后再往下一层继续进行集成，类似于树状数据结构的广度优先搜索，这样逐层集成直至结束。

自顶向下集成方式的组装过程分以下 5 个步骤。

(1) 用主控模块作为测试驱动程序，其直接下属模块用承接模块来代替。

(2) 根据所选择的集成测试方法,每次用实际模块代替下属的承接模块。

(3) 在组合每个实际模块时都要进行测试。

(4) 完成一组测试后再用一个实际模块代替另一个承接模块。

(5) 可以进行回归测试,即重新再进行所有的或者部分已做过的测试,以保证不引入新的错误。

例 3.1　分别以广度优先方法和深度优先方法实现自顶向下集成测试,程序结构如图 3.11 所示。

(1) 广度优先方法。

特点:从上到下分层,从左到右排序。

首先对图 3.11 分层并且从上到下排序。

第 1 层:A。

第 2 层:B,C,D。

第 3 层:E,F。

第 4 层:G。

其次对每层进行细分,从左到右排序。

第 1 层排序后:A。

第 2 层排序后:B,C,D。

第 3 层排序后:E,F。

第 4 层排序后:G。

最后经过整合,得出以广度优先方的自顶向下集成测试方法的测试次序,其先从主控模块 A 开始,沿着最后的排序结果(即 A,B,C,D,E,F,G 的次序)向下移动,逐步把各个模块组合起来进行测试。

(2) 深度优先方法。

特点:从左到右分支,从上到下排序。

首先对图 3.11 进行从左到右分支。

第 1 分支:A→B 分支。

第 2 分支:A→C→E 分支。

第 3 分支:A→C→F→G 分支。

第 4 分支:A→D 分支。

其次对各分支进行从上到下排序。

第 1 分支排序后:A,B,E。

第 2 分支排序后:A,B,F。

第 3 分支排序后:A,C,G。

第 4 分支排序后:A,D。

最后经过整合,遵循先左右,后上下的原则,最终的测试顺序为 A,B,E,F,C,G,D。

自顶向下集成测试方法能够在测试的早期对主控模块进行检验,深度优先的结合策略可以在早期实现验证软件的一个完整功能。其缺点是没有底层返回来的真实数据流,需要推迟许多需要真实数据支持的测试。

3）三明治集成测试

三明治集成也称混合式集成，是把系统划分为 3 层，中间层为目标层。测试时对目标层的上一层使用自顶向下的集成策略，对目标层的下一层使用自底向上的集成策略，最后测试在目标层会合。图 3.12 展示了三明治集成测试的测试步骤，该测试的程序结构图如图 3.13 所示。

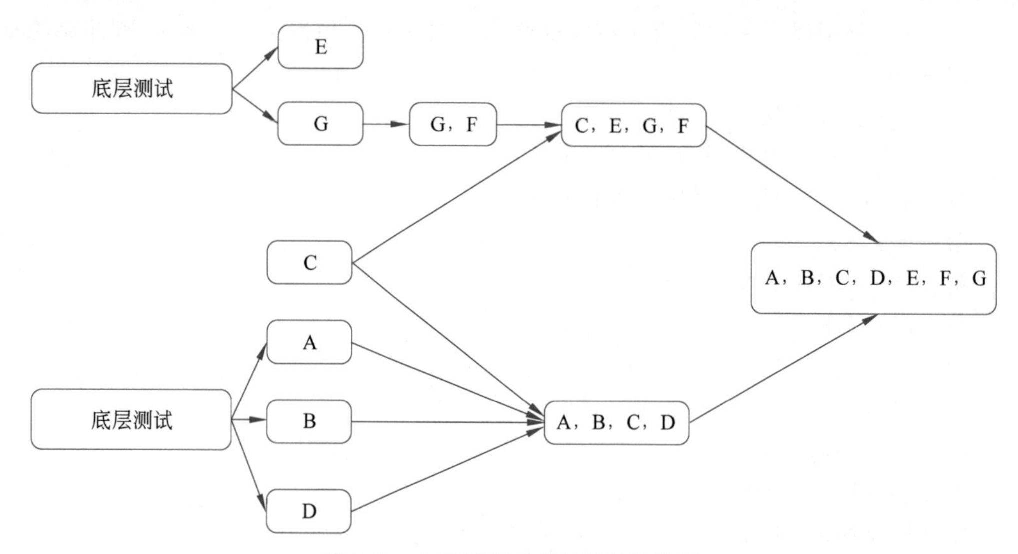

图 3.12 三明治集成测试的测试步骤

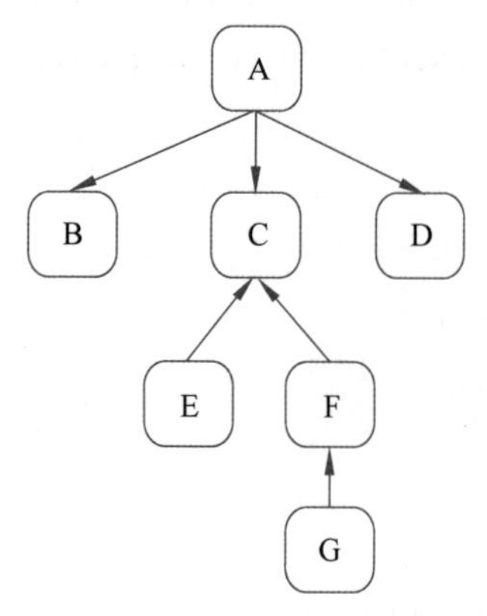

图 3.13 三明治集成测试集成的程序结构图

首先选择分界模块，在此选择以 C 模块为界，对模块 C 层（即 BCD 层）上面使用自顶向下集成测试，模块 C 层下面则使用自底向上集成测试，对 C 层使用独立测试。

这种集成方式综合了自顶向下集成测试和自底向上集成测试的优点。但是，其存在的问题是中间层选择困难，如果中间层在被集成前测试不充分，则其将影响最终的测试结果。但目前这种集成测试方法仍然适用于大部分软件开发项目。

3 种集成测试方式的比较结果如表 3.3 所示。

表 3.3　3 种集成测试方法的比较

项　　目	自顶向下集成测试	自底向上集成测试	三明治集成测试
主要程序工作时间	早	晚	早
是否需要驱动模块	否	是	是
是否需要桩模块	是	否	是
工作并行性	差	良好	良好
特殊路径测试	难	容易	中等
计划和控制	难	容易	难

3.3.5　集成测试的过程

根据 IEEE 标准，集成测试可被划分为 5 个阶段，即计划阶段、设计阶段、实施阶段、执行阶段和评估阶段。集成测试的过程如图 3.14 所示。

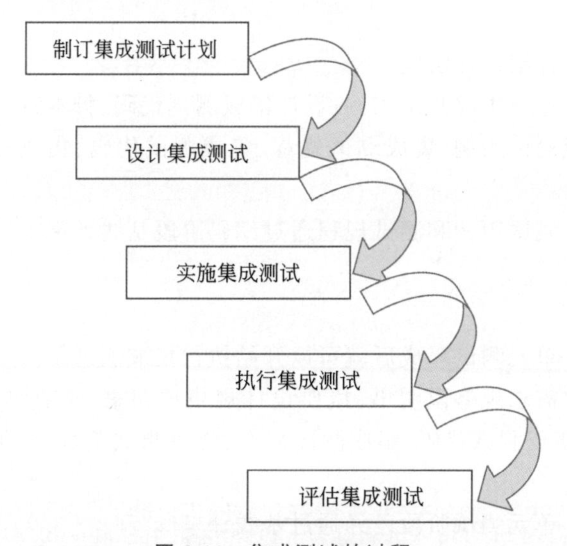

图 3.14　集成测试的过程

1. 计划阶段

(1) 时间安排：概要设计完成评审后大约一个星期。

(2) 输入：软件需求规格说明书、概要设计规格说明书、产品开发计划路标。

(3) 实施条件：概要设计规格说明书已经通过评审。

(4) 活动步骤：确定被测试对象和测试范围；评估集成测试中被测试对象的数量及难度，即工作量；确定角色分工和任务；标识测试各阶段的时间、任务和约束等条件；考虑一定的风险分析和应急计划；考虑和准备集成测试需要的测试工具、测试仪器和测试环境等资源；考虑外部技术支援的力度和深度，以及相关培训安排；定义测试完成的判定标准。

(5) 输出：集成测试计划。

（6）完成条件：集成测试计划通过概要设计阶段基线评审。

2. 设计阶段

（1）时间安排：从详细设计阶段开始。

（2）输入：软件需求规格说明书、概要设计规格说明书以及集成测试计划。

（3）实施条件：概要设计阶段基线通过评审。

（4）活动步骤：分析被测对象的结构；分析集成测试模块；分析集成测试接口；分析集成测试策略；分析集成测试工具；分析集成测试环境；评估和安排集成测试的工作量。

（5）输出：集成测试设计。

（6）完成条件：集成测试设计通过详细设计阶段基线评审。

3. 实施阶段

（1）时间安排：在编码阶段开始后进行。

（2）输入：软件需求规格说明书、概要设计规格说明书、集成测试计划以及集成测试设计。

（3）实施条件：详细设计阶段。

（4）活动步骤：设计集成测试用例；设计集成测试代码、脚本；设计集成测试工具。

（5）输出：集成测试用例、集成测试规程、集成测试代码、集成测试脚本和集成测试工具。

（6）完成条件：测试用例和测试规程通过编码阶段基线评审。

4. 执行阶段

（1）时间安排：单元测试完成后就可以开始执行集成测试了。

（2）输入：软件需求规格说明书、概要设计规格说明书、集成测试计划、集成测试用例、集成测试规程、集成测试代码、集成测试脚本、集成测试工具、详细设计代码以及单元测试报告。

（3）实施条件：单元测试阶段已经通过基线评审。

（4）活动步骤：执行集成测试用例，回归集成测试用例，进行集成测试报告的撰写。

（5）输出：集成测试报告。

（6）完成条件：集成测试报告通过集成测试阶段基线评审。

5. 评估阶段

（1）时间安排：集成测试计划测试结果。

（2）阶段条件：集成测试计划测试结果等。

（3）行动指南：相关人员包括测试设计人员、编码人员、系统设计人员等对测试结果进行评估，确定是否通过测试。

（4）阶段成果：测试评估摘要。

3.4 确认测试

集成测试完成以后,分散开发的模块已经按照设计要求组装成了一个完整的软件系统,各模块之间存在的种种问题都已基本排除。为进一步验证软件的有效性,对其在功能、性能、接口以及限制条件等方面做出更切实的评价,需要进行确认测试。

3.4.1 确认测试的定义

确认测试是检验组合测试的软件是否严格遵循有关标准的一种符合性测试,其需要确定软件产品是否满足所规定的要求,确保这些软件能够正常运行在系统目标设备的介质上。如果能够达到这一要求,则可以认为开发的软件是合格的。因而可将确认测试称为合格性测试或者有效性测试。

测试工作要从用户观点出发,由一个独立的组织执行。图3.15给出了确认测试的体系结构。

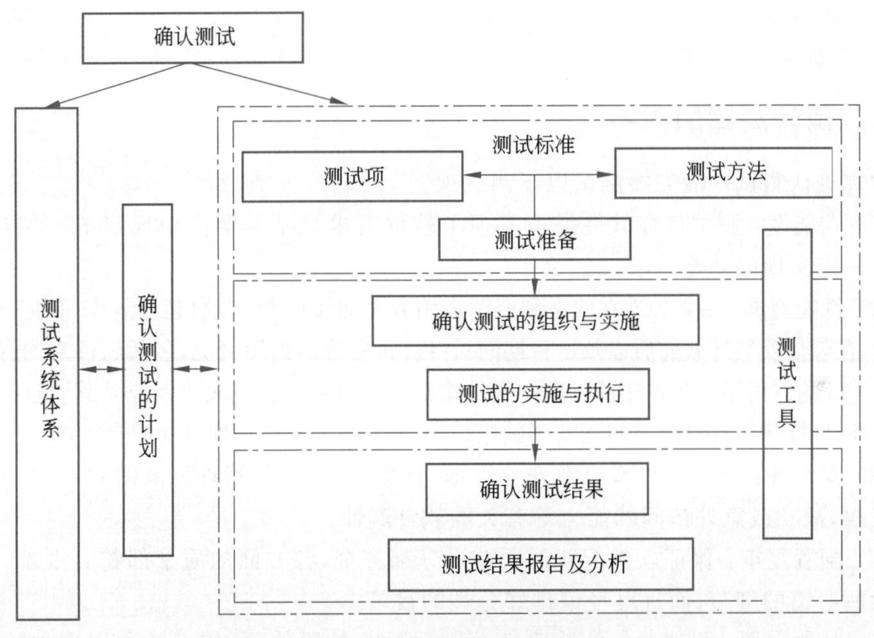

图3.15 确认测试的体系结构

从阶段上来说,确认测试是在完成集成测试之后,即分散开发的模块被连接起来,已经构成完整的程序,其中各模块之间接口存在的问题都已消除后进行的。此时需要根据确认测试准则,针对软件需求规格说明来进行测试,以确认所开发的软件系统满足规定的功能和性能需求。

软件确认测试通常采用黑盒测试法,其测试内容主要包括功能测试、性能测试、可靠性测试等。同时由于确认测试针对的是用户的直接需求,所以其应该在尽可能真实的环境中进行,目前大部分确认测试都是在开发场景下进行的。

3.4.2 确认测试基本方法

实现软件确认测试要通过一系列黑盒测试，验证被测软件是否满足软件需求规格说明书列出的要求。常用的方法有以下 6 种。

(1) 等价类划分：把程序的输入域划分成数据类，据此可以导出测试用例，一个理想的测试用例应该能独自发现一类错误。

(2) 边界值分析：确定程序处理的边界情况，设计使程序运行在边界情况附近的测试方案，如下标、纯量、数据结构和循环等边界附近。

(3) 错误猜测：在很大程度上靠直觉运行，其基本想法是列举出程序中可能有的错误和容易发生错误的特殊情况，并据此选择测试用例。

(4) 因果图：是一种通过基于多种条件组合的图形来产生相应测试用例的方法。

(5) 状态转换测试：是利用状态转换图来描述系统设计，指导测试人员设计测试用例的方法。其特点是先前输入的结果在接收当前输入的情况下，发生状态转换。

(6) 判定表：列举所有可能的条件(即输入)和所有可能的活动(即输出)的表格。将表中每个条件组合都视为一个规则，通过对规则的查找，最终定位到规则列所指示的活动，此活动就是所需实施的行为。

3.4.3 确认测试的内容

常规确认测试一般需要测试以下测试项。

(1) 功能度：测试目标软件是否实现了软件需求规格说明书中规定的一切功能，并找出其尚未实现的功能需求。

(2) 性能测试：主要表现在效率和资源占用方面，例如，测试软件运行效率、数据处理的响应时间，在软件安装卸载前后以及运行期间对计算机资源的占用情况，包括软件对内存的占用率、对 CPU 的占用率以及占用的硬盘空间等指标。实时系统和嵌入式系统尤其要进行性能测试。另外，性能测试有时需要与强度测试相结合，经常需要其他软硬件的配套支持。

(3) 安全性：测试软件系统在安全管理、数据安全、权限管理以及防止对程序和数据的非授权，故意或意外访问的能力等有关的软件属性。

(4) 配置复审：保证软件配置的所有成分都齐全，各方面的质量都符合要求，具有维护阶段所必需的细节，而且已经编排好分类的目录。

(5) 其他方面：测试软件的兼容性、可移植性、易用性、可扩充性和用户文档完备性等。具体考察系统在软件、硬件及数据格式的兼容性方面的应用表现；考察移植程序至另一个硬件配置或软件系统环境需要付出的成本；考察评定软件的易学易用性，各个功能是否易于完成，软件界面是否友好等；测试软件产品是否留有与异种数据的接口，是否满足业务模块的扩充需求；考察软件用户文档是否齐全，着重测试软件相关文档的文字描述与软件实际功能的一致性程度和文档的易理解程度等。

3.4.4 确认测试过程

确认测试的具体工作和步骤如图 3.16 所示，其包括有效性测试以及软件配置复审两个具体步骤,在经过管理机构的裁决和专家们集体鉴定后,才可以进行下一步测试。

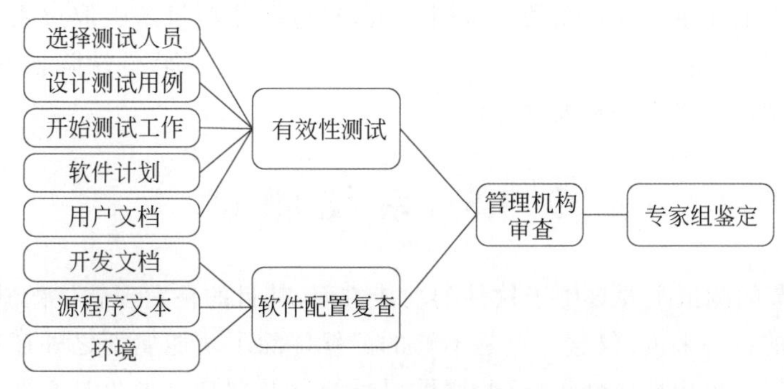

图 3.16 确认测试的具体工作和步骤

1. 有效性测试

有效性测试是在模拟的环境下运用黑盒测试的方法验证被测软件是否满足软件需求规格说明书所列出的需求。进行有效性测试时首先需要根据要求制订测试计划,规定要做测试的种类外,还需制定一组测试步骤,描述具体的测试用例,通过实施预定的测试计划和测试步骤来确定软件的特性与需求是否相符,确保软件满足所有的功能需求,并且确保所有的文档都是正确且便于使用的。另外,对其他的软件需求,如兼容性、可移植性、可维护性、故障后自动恢复能力等也要进行测试,确认这些性质已得到满足。

2. 软件配置复查

确认测试的另一个重要环节是配置复审。复审的目的是保证软件的配置齐全、分类有序,具有软件维护所必需的细节。

除了按照合同规定的内容和要求由人工进行软件配置复查外,在确认测试的过程中,应当严格遵守用户手册和操作手册中规定的使用步骤,以便检查相关文档资料的正确性和完整性,并仔细记录发现的错误和遗漏,适当地进行补充和改正。

3.4.5 确认测试结果

在全部确认测试的测试用例执行完后,就可以对软件系统的测试结果进行确认了,软件确认测试的结果有两种可能。

(1) 测试结果与预期的结果相符,这说明软件的这部分功能和性能指标满足软件需求规格说明书的要求,用户可以接受。

(2) 测试结果与预期的结果不符,这说明软件的这部分功能或性能特征不满足软件需求规格说明书的要求,用户无法接受。此时,需要开列一张包含软件各项缺陷的表或一份软件问题分析报告,通过与用户的协商,解决所发现的缺陷和错误。

确认测试的结果需要文档化,该报告应包括软件版本说明、测试结果总结、质量度量与评价,以及对所执行的测试用例和提交的软件问题报告的说明等内容。

对确认测试结果报告的分析有利于软件开发者了解产品在用户使用方面存在的差距

或某些过程存在的不足之处，其一般可以从项目事后剖析和根本原因分析等方面进行。项目事后剖析一般在主要项目阶段完成时开展，它可以使项目组吸取过去的经验教训并改进项目过程，从而避免重复错误；根本原因分析是一种揭示软件缺陷根本原因的工具，它提供用于推动过程改进的重要信息。

3.5 系统测试

3.2～3.4节的测试主要集中于软件的功能方面，其目的是发现软件的缺陷或故障，但对于一个完整的系统来说，仅这一点是不够的。软件除了功能属性之外还有很多非功能属性，如性能属性、可用性属性等，这些属性对系统以及用户来说也是必要的。当软件和硬件集成在一起时才能发挥整个系统的效能，而这也往往会带来一些新的问题，对于这些问题的测试都可以称为系统测试。

3.5.1 系统测试的定义

系统测试是将已经集成好的软件系统整体作为计算机系统的一个元素，与计算机硬件、网络、各种外接设备、某些支持软件、数据以及人员等其他系统元素结合起来，在实际的使用环境中对该软件系统进行一系列的测试。

系统测试通常采用黑盒测试技术，用于评估整个系统是否符合指定要求。系统测试将从端到端的角度测试系统的功能，其通常由非开发团队执行，以便公正地测量系统质量。系统测试是在功能需求规范或系统需求规范二者中对整个系统执行的，它不仅测试设计，还测试用户的行为，甚至是客户的期望。

3.5.2 系统测试的目标和原则

系统测试的对象不仅仅是源程序，而是整个软件系统。它把需求分析、概要设计、详细设计以及伴随开发过程中所产生的各种文档都作为被测试的对象。

系统测试的目的在于从整体上检测软件的具体业务以及操作流程，从而发现错误，将软件系统与软件需求规格说明书的内容进行对比，验证所开发系统是否满足各项需求，以此来提出更加完善的改进方案。

在系统测试中发现的错误可能是多种多样的，可以简单将之划分为以下5类。

(1) 功能错误：由于软件需求规格说明书描述不清晰或者不够完整，导致在开发过程中开发团队对功能认识不正确而产生的错误。

(2) 系统错误：包括外部接口错误、参数调用错误、子程序调用错误、输入输出错误及资源管理错误等。

(3) 过程错误：主要指算术错误、初始过程错误、逻辑错误等。

(4) 数据错误：数据结构、内容和属性错误，动态数据和静态数据混淆，参数和控制数据混淆。

(5) 编码错误：语法错误、变量名错误、公有变量和私有变量混淆、程序逻辑错误及编码书写错误等。

在进行系统测试时，应遵循以下原则。

(1) 测试工作应该避免由原开发个人或者小组承担，最好交由第三方进行测试。

(2) 测试方案不仅要包括确定的输入数据，而且要包括从系统功能预期出发的输出结果。

(3) 测试用例在包括有效的、合理的输入数据的同时，还要包括无效的或者偶然的甚至错误的输入数据。

(4) 在考虑系统是否完成软件需求规格说明书中的各项需求的同时，还要检查系统是否做了不该做的事。

(5) 保留测试用例，将之作为软件文档的一部分。

3.5.3　系统测试的过程

系统测试的过程分为 4 个阶段，即测试计划阶段、测试设计阶段、测试实施阶段、测试执行阶段。

1. 测试计划阶段

系统测试计划的好坏将直接影响后续的工作。从最开始接触的需求文档开始，对需求的审查主要是根据对需求文档的理解，将需求规约和系统需求分析规约结合来制订计划，并熟悉整个系统的每个功能和流程，为后期所有的测试建立思路，后续的工作基本依照需求进行操作，所以需求审查是很重要的一步。

提取测试的需求，依据每个测试阶段的测试输入文档(即需求分析)，结合前面需求分析的审查，覆盖测试需求和隐藏的业务需求。后期的测试都建立在提取的测试点之上，可以说测试点提取是后续工作进展的必由之路，其主要步骤是将每个模块可能存在的问题全部罗列出来，并根据最初输入或者流程路径的不同，将每个测试点细分，写成文档。

2. 测试设计阶段

测试设计阶段主要是完成测试方案，当测试计划和软件需求规格说明书完成评审后即可开始设计测试方案。测试方案主要包括功能、性能或自动化测试的策略、测试环境的搭建、测试数据的准备、测试工具的使用、优先级等信息。测试方案的核心是测试策略的设计，其将为测试用例的设计做准备。

3. 测试实施阶段

测试实施阶段主要是完成测试用例、测试规程、测试的预测事项。该阶段最主要的任务是完成测试用例的设计与测试用例的评审。

4. 测试执行阶段

测试执行阶段主要是执行系统测试预测事项、系统测试用例，修改发现的问题并进行回归测试，提交系统预测试报告、系统测试报告、缺陷统计分析报告。

系统测试的流程如图 3.17 所示。在系统测试过程中，输入、输出和准入、准出是很重要的，这将直接影响测试质量。

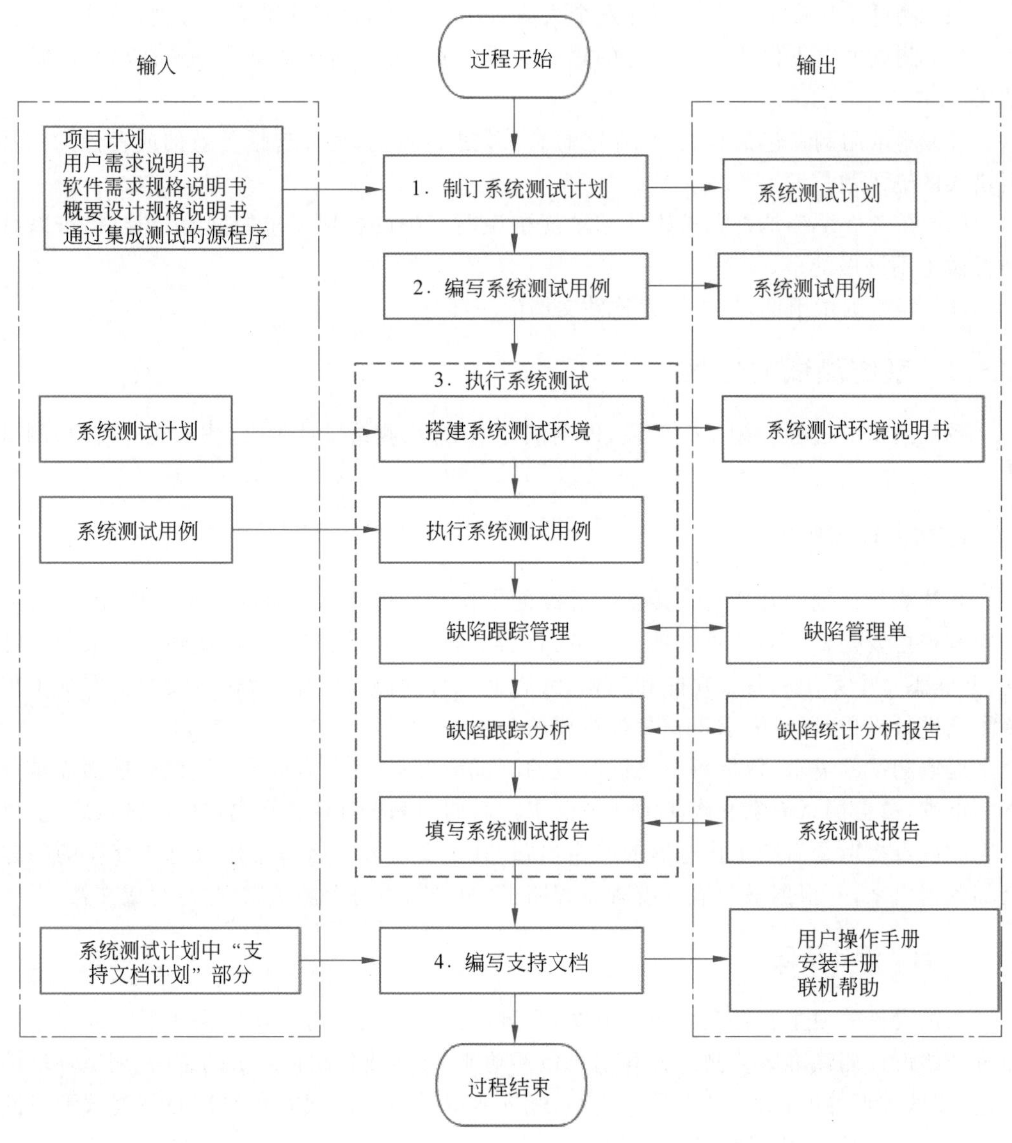

图 3.17 系统测试的流程图

3.5.4 系统测试的内容

系统不仅仅包括软件本身，而且还包括承载系统的计算机硬件及其相关的外围设备、实际运行时的大批量数据等。系统测试分为很多种，是软件产品测试中应用最广泛的测试方法，因为它是直接在产品上线或者交付给客户使用前的把关测试。一般可以将系统测试分为性能测试、负载测试、压力测试、安全测试、可靠性测试、并发测试、兼容性测试、配置测试以及用户界面测试。性能测试是对软件系统的时间特性和资源特性的评估；负载测试是检查软件在不断增加负载情况下的运行能力；压力测试测试软件系统在极限情况下是否能正常运行;安全测试指集成在软件系统内的安全策略是否能够抵挡实际环境中各种黑客对软件的攻击;可靠性测试是评估软件各单元的可靠性;并发测试是评估多用户同时访问被测试系统时是否会产生问题;兼容性测试主要检查软硬件之间能否兼容;配置测试是调整软硬件环境,找到软件最佳性能配置;用户界面测试也就是图形用户界面测试,是测试软件系统界面的功能是否正确,包括对简单的界面元素、组合的界面元素和完整界面等的测试。系统测试的方法如表3.4所示。

表3.4　系统测试的方法

名　称	含　义	侧　重　点
性能测试	检验软件是否达到软件需求规格说明书的指标	响应时间、吞吐量、并发性
负载测试	检查软件在不断增加负载情况下的运行能力	在负载递增情况下的软件性能
压力测试	测试系统可承载处理任务的极限	在高负载下的软件性能
安全测试	验证系统的安全性,判断其是否存在漏洞	系统抵御危险的能力
可靠性测试	评估软件各单元的可靠性	在规定条件下完成功能的能力
并发测试	评估多用户同时访问被测试系统时是否会产生问题	由于并发所产生的问题
兼容性测试	检查软硬件之间能否兼容	在不同的软硬件条件下系统的工作能力
配置测试	调整软硬件环境,找到软件最佳性能配置	主要针对硬件的环境
用户界面测试	图形用户界面测试	软件的界面设计

1. 性能测试

性能测试是指在自动化的测试工具模拟的正常、峰值以及负载的情况下,对系统的各种性能指标进行测试。性能测试的主要目的是测试系统能否达到设计的性能指标,发现系统中存在的性能瓶颈,其结果将对软件系统起到优化的作用。性能测试评估系统能力,通过测试中的负荷和响应时间数据来评估系统的性能。性能测试过程中可以发现系统的弱点,通过增加负荷到一个极端的水平,优化系统突破极限,从而改进系统薄弱的地方。性能测试通常还要检查系统的稳定性与可靠性,让系统在一个生产负荷下执行测试一定的时间,检测系统是否可以稳定正常地运行,是否会发生宕机等重大问题。

衡量一个系统性能的常见指标如下。

(1) 响应时间。响应时间是指客户端发出请求,到系统将服务器端返回的数据完全显示到页面上所用的时间。这个过程包括网络传输时间、Web服务器处理时间、数据库服务器处理时间以及呈现时间等。

响应时间作为用户视角评判一个系统性能好坏的主要体现,其可以通过采用一些技术在客户端还没有完全接收到返回的数据时对其进行局部呈现,从而减小用户感受到的响应时间,如AJAX,在不需要重新加载整个网页的情况下能够更新部分网页。

(2) 吞吐量。吞吐量是指系统在单位时间内处理请求的数量,其能够说明系统级别的负载能力。一般来说，吞吐量用每秒请求数或每秒页面数来衡量。

（3）并发用户数。并发用户数是指系统可以同时承载的正常使用系统功能的用户的数量。与吞吐量相比，并发用户数是一个更直观的性能指标。实际上并发用户数是一个非常不准确的指标，因为用户进行不同的操作，会在单位时间内发出不同数量的请求。一个错误的观点是把并发用户数理解为使用系统的全部用户数，以为这些用户可能同时使用该系统。实际上，在线用户不一定会和其他用户发生并发，在线用户的操作也不一定会对服务器产生影响。

吞吐量与并发用户数之间存在一定的联系，其计算公式为

$$F=\frac{N_{\mathrm{VU}}\times R}{T}$$

其中，F 为吞吐量；N_{VU} 为并发虚拟用户数；R 为每个并发虚拟用户发出的请求数；T 为性能测试所用的时间。

（4）性能计数器。性能计数器是描述服务器或操作系统性能的数据指标，具有监控和分析的作用。例如，Windows 的使用内存数、CPU 使用率、进程时间等都是常见的性能计数器。

（5）每秒点击次数。每秒点击次数是指每秒用户向 Web 服务器提交的 HTTP 请求数，这是 Web 应用特有的一个指标。网站的点击率是某个内容被点击的次数在网站被浏览次数中所占用户比例，事实上用户每次单击页面的行为往往是由若干请求数组成的，其中包含页面 HTML、CSS、图片等。但是很多人把点击率的概念与点击量混淆，其实前者是指来访用户点击页面的次数，而后者是衡量网站流量的一个指标。

（6）资源利用率。资源利用率反映的是在一段时间内资源平均被占用的情况。对于数量为 1 的资源，资源利用率可以表示为资源被占用的时间与整段时间的比值；对于数量不为 1 的资源，资源利用率可以表示为在该段时间内平均被占用的资源数与总资源数的比值。

性能测试阶段主要分为 5 个阶段：前期准备阶段、测试计划阶段、设计阶段、实施阶段和结果分析阶段。性能测试阶段的划分是为了让测试人员清晰地了解性能测试的过程，充分做好性能测试前的准备工作，方便测试的顺利进行。

1）前期准备阶段

前期准备阶段测试者需要了解公司的技术架构、业务特点以及用户需求等与性能测试计划相关的内容，具体包括以下活动。

（1）系统基础功能测试验证：只有在系统基础功能测试验证完成的情况下，才能进行性能测试。

（2）组建测试团队：需要根据项目的大致情况确定人员并组织成立测试组。

（3）测试工具需求确认：根据被测系统核对测试过程的初步规划，选择合适的测试工具。

2）测试计划阶段

测试计划阶段主要是分析用户场景，确定系统的性能指标。

（1）性能测试领域分析。

(2) 用户场景剖析和业务建模。

(3) 确定性能目标。

(4) 制订测试计划实施时间。

3) 设计阶段

在设计阶段中主要工作为测试环境设计、测试场景设计、测试用例设计以及开发脚本和辅助工具。该阶段是性能测试阶段的主要阶段,在该阶段中测试人员要完成性能测试的整个过程并记录好测试结果数据。

性能测试除了要验证系统在实际运行环境中的性能外,还需要考虑到不同的硬件配置,因此在测试过程中需要部署多个不同的测试环境,需要在不同的硬件配置上检查系统的性能,并对不同配置下系统运行的测试结果进行分析,得出最优结果。

在执行性能测试时,还需要根据用户的操作习惯来确定用户的操作习惯模式,以及不同场景的用户数量、操作次数、测试指标和要监控的性能。性能测试的测试用例设计只对每个测试场景规划出相应的工具部署、应用部署、测试方法和步骤。按照用例描述可以利用工具进行录制或者自行写脚本来实现业务操作场景,然后在脚本中进行修改,如参数化、关联、插入检查点等。

4) 实施阶段

性能测试实施阶段的主要工作包括以下两步。

(1) 建立测试环境。根据已经设计好的计划部署对应的测试环境,并且在测试的过程中根据测试需求不断调整。

(2) 执行测试和记录结果。在部署好的测试环境中按照业务场景和编号次序执行已经设计好的测试脚本。

5) 结果分析阶段

性能测试的结果分析阶段主要工作包括对测试结果以及记录的性能指标值等进行分析,同时与预定的性能指标进行对比,确定是否达到所需要的结果。如果达不到要求则需要查看具体的瓶颈点,然后根据瓶颈点的具体数据分析可能的影响因素。

在确定瓶颈点时通常使用的方法是拐点分析法,这是一种利用性能计数器曲线图上的拐点进行性能分析的方法。因为性能瓶颈是由于某个资源的使用达到了极限而造成的,随着系统压力的增大,系统性能也会有所下降,因此关注性能表现上的拐点,查看拐点附近的资源使用情况,就能够定位系统的性能瓶颈。

影响系统性能的因素还有很多,从用户能感受到的场景对系统响应时间进行分析,可以发现网络带宽、操作动作、存储池、线程实现、服务器处理机制等因素都会对系统性能造成影响。在性能测试的过程中,多次执行测试可能会发现某些功能上的不足或存在的缺陷,并发现需要优化的地方。

性能测试结果分析阶段也是性能测试阶段中较为重要的阶段。在该阶段,测试人员要对测试结果进行详细记录以及分析,分析系统的瓶颈所在,并给出对应的优化建议,以此来提高系统性能。如果有以往测试结果,则要将其与这些测试结果进行分析对比,对系统进行总结评价,以便实现之后系统的优化完善。

2. 负载测试

负载测试是在测试过程中不断增加系统负担，从而发现系统所能承受负载极限的过程。例如，响应时间超过预定指标或某种资源已经达到饱和状态等。其测试的是在一定负载情况下的系统性能，并不关注系统是否能够长时间运行，只为得到不同负载下的相关性能指标。这种测试通常从比较小的负载开始，会逐渐增加模拟用户数，观察不同负载下系统的响应时间、资源利用率等指标。

负载测试同时需要找到在特定的环境下系统处理能力的极限，确保系统在超出最大预期工作量的情况下仍能正常运行。此外，负载测试还要评估系统性能特征。

负载测试的目的可以概括为以下 3 方面。

(1) 在真实的环境中监测系统性能，评估系统性能情况。这里着重强调要在真实环境下检测系统性能，但是在实施的过程中可能会遇到很多问题，例如，系统上线运行后会产生大量的垃圾数据，测试数据与真实的业务数据混在一起可能会导致无法控制的测试结果，因此需要一种模拟出来的、与真实应用环境基本保持一致的测试环境。

(2) 预见系统负载，在应用实际部署之前评估系统性能。目前大多数系统都需要承载成千上万个用户同时进行操作，但是由于不同的供应商原件之间存在差异和各种不同的应用环境，需求方和开发方可能难以预估用户负载增大导致的系统性能损耗、用户体验降低、系统崩溃等问题，所以需要提前评估系统当前的性能。通过评估，可以在实际部署之前预见系统的负载能力，避免浪费不必要的人力、物力和财力。

(3) 分析系统瓶颈、优化系统。瓶颈是应用系统中导致系统性能大幅下降的主要原因，但是如何定位系统的瓶颈呢？瓶颈可能定位在硬件中，也有可能定位在软件中。对于软件来说，瓶颈有可能存在于开发的应用程序中，也有可能在操作系统或者数据库内部。相对于硬件瓶颈，软件开发者更容易解决的是软件瓶颈，这是因为软件瓶颈往往导致系统性能衰减过快，如果消除了软件瓶颈，系统性能可能提升得更快。人为因素更容易导致软件瓶颈的产生，同时开发人员解决软件瓶颈可以节省资源。盲目地增加硬件则会在无形之中增加维护费用，不一定会解决问题还有可能在将来导致软硬件不匹配问题。

3. 压力测试

压力测试是在大数据量并发用户的状态下，查看应用系统峰值的性能、容错能力和可恢复能力等。压力测试的关注点在于系统在峰值负载或最大载荷情况下的处理能力。在压力级别逐渐增加时，系统性能应该按照预期缓慢下降，但是不应该崩溃。这个负载并不一定是系统本身造成的，如在测试时通常会用脚本先吃掉服务器端一部分内存或带宽，模拟一定的负载环境并测试系统在这样环境下的事务处理能力、响应时间等指标。压力测试通常包括两种情况：稳定性压力测试和破坏性压力测试。

(1) 稳定性压力测试是指系统在选定的压力值下长时间运行时的压力测试。通过这类压力测试，可以查看系统的各项性能指标是否在指定范围内，是否存在内存泄漏、功能性故障等问题。例如，一个日常业务负载并不大的系统，正常情况下每天持续运行 7 小时，但是对于某些系统而言，24 小时运转是常态，这类系统能否在正常负载的情况下长时间运行？测试这样的系统性能就是稳定性压力测试。

(2) 在稳定性压力测试中可能存在一些问题，如系统性能明显降低，但很难找到其真正的原因。破坏性压力测试就是破坏性地不断加压，快速地将造成系统崩溃的问题暴露出来。

4. 安全测试

软件安全是一个广泛而复杂的主题，每个新的软件总可能有完全不符合所有已知模式的新型安全性缺陷出现。在实际使用过程中要避免安全性缺陷导致的问题，以及各种可能类型的攻击是不切实际的。软件安全测试主要包括程序、数据库的安全测试等，系统安全指标不同，其测试策略也不同。

安全测试是在IT软件产品生命周期中(特别是产品开发基本完成到发布阶段)对产品进行检验，以验证产品符合安全需求定义和产品质量标准的过程。

安全测试的主要目的是尽量在软件发布前找到软件系统的安全问题予以修补和降低维护成本，度量软件环境的安全性，提升软件产品的安全质量。

目前安全测试存在一些困境，例如基础理论薄弱，当前测试方法缺少理论指导，也缺乏技术产品工具支持等。安全问题的本质是权限或能力约束的突破，从系统角度分析，安全问题必须从外部和内部权限对象的角度实施威胁风险建模，通过完备的分析攻击界面、数据流，细化漏洞形式来指导完备的安全测试。

系统自身的安全问题涵盖了3个不同的要点：安全功能、安全策略、安全实现。对威胁风险建模的不同过程可以逐步指导这3个层面，最后进行反馈并予以实施。但是安全也是一种成本，在对威胁进行建模的需求分析阶段，必须根据系统保护的资产、环境、受影响的范围等角度制定系统自身要达到的安全要求和等级，一起对系统安全测试的项目进行筛选，在成本和安全防护能力之间寻求平衡，在此基础上实施安全测试。

安全测试工作主要包括以下5项。

(1) 全面检验软件在软件需求规格说明书中规定的防止危险状态措施的有效性和在每个危险状态下的处理反应情况。

(2) 对软件设计中用于提高安全性的逻辑结构、处理方案等进行针对性测试。

(3) 在异常条件下测试软件，以表明其不会因可能的单个或多个输入错误而导致进行风险状态。

(4) 用错误的安全性关键操作进行测试，以验证系统对这些操作错误的反应。

(5) 单独对安全性关键的软件单元功能模块进行加强测试，以确认其满足安全性需求。

安全测试主要分为5个模块：应用程序安全测试、操作系统安全测试、数据库安全测试、服务器安全测试以及网络环境安全测试。当然，由于每个系统功能各不相同，所关注的侧重点也有所不同，不同系统的安全测试也不尽相同，此时就需要结合系统本身的情况以及用户使用环境来进一步确定安全测试具体的内容。

应用程序安全测试主要是测试用户是否只能访问其自身已被授权的那些功能或数据，即预期安全情况下，用户只能访问其已被授权的部分应用功能或数据。在测试过程中，需要系统包含有不同权限的用户类型，创建各用户类型并用各用户类型所持有的权限来操作不同的功能，以核实其权限是否正确合理。例如，在线考试系统中教师可以出题、组织试卷、组织考试、批改试卷，而学生不可以；同样学生可以进行考试，而教师不可以。

应用程序所运行的操作系统安全测试是为了确保只有具备系统访问权限的用户才能访问，并且用户必须通过相应的网关来访问，包括对系统的登录或者远程访问等。该测试主要是为了保证系统安全，以免系统遭到破坏。系统开发人员或者管理人员可以通过一些简单的操作来加强操作系统安全。例如，增加口令复杂度，防止其被恶意破解；检查系统中可疑的账户；关闭主机中不必要的共享或系统默认共享服务；检查系统备份恢复服务等。

数据库安全测试是较为重要的安全测试，因为数据库是系统的核心部分，同时数据库的安全也保障了用户信息的安全，可以防止用户信息被恶意盗取、泄露、删除等。在管理和维护数据库的过程中为了保障数据库安全，可以从以下 4 方面限制对数据库的访问。

（1）限制能访问数据库的客户端，设置指定的 IP 才具有访问数据库的权限。

（2）增强账户密码或采用其他登录策略，防止恶意的用户登录。

（3）为登录账户设置合适的权限，执行更改或删除数据等重要操作时必须得到管理员授权。

（4）启用数据库定期自动备份服务，防止系统被恶意攻击后数据无法被修复。

服务器安全测试的目的在于确保软件系统的安全运行，数据处于安全的网络环境下，受到应有的保护。测试过程通常以手工测试及专业测试工具辅助进行，尽可能地找到服务器中存在的漏洞。

网络环境安全测试主要检测的是系统所在局域网内网络环境的安全设置。在系统实际使用过程中，可以根据具体情况选择是否忽略这部分测试。网络环境安全测试的主要测试内容包括备份和升级情况、访问控制情况、网络服务情况以及路由协议情况针对网络环境的安全测试主要有功能验证、漏洞扫描、模拟攻击等方法。

1）功能验证

功能验证通常采用黑盒测试法，其无须了解程序内部处理逻辑，直接依照需求对涉及安全的软件功能进行测试。例如，在一个在线考试系统中识别学生信息是否已验证通过，对于无效账户或密码是否进行提醒，防作弊功能是否正常运行，考试过程是否平稳运行等。

2）漏洞扫描

漏洞扫描主要是借助特定的漏洞扫描器来完成的。通过使用漏洞扫描器，系统管理员能够发现系统存在的安全漏洞，从而及时制定修补漏洞的措施和方法。

一般漏洞扫描分为两种类型：主机漏洞扫描器和网络漏洞扫描器。

主机漏洞扫描器是指在系统本地运行来检测系统安全漏洞的程序；网络漏洞扫描器是指基于网络来远程检测目标网络和目标主机系统安全漏洞的程序。二者的区别在于，网络漏洞扫描器的价格相对便宜，操作过程中不需要涉及目标系统的管理员，而且不需要在目标系统上安装和配置软件，易于维护。

3）模拟攻击

模拟攻击测试是一组特殊的黑盒测试案例，其通常被用来验证软件或信息系统的安全防护能力，包括重演、消息篡改、口令猜测、拒绝服务、陷阱、木马、内部攻击、外部攻击和结构查询语言（Structure Query Language，SQL）注入等。

SQL 注入攻击是黑客对数据库进行攻击的常用手段之一，是发生在应用程序的数据库层的安全漏洞。SQL 注入攻击是在输入的字符串中注入 SQL 命令，在一些忽略检查的程序中，这些插入的 SQL 命令就会被服务器误认为是正常的 SQL 命令而运行，最终欺骗服务器，破坏服务器的数据。

在测试中，需要先找到带有参数传递的统一资源定位等（Uniform Resource Locator，URL）页面，如登录页面、提交评论页面等，接着在 Web 表单提交或输入域名或页面请求的查询字符串中插入恶意的 SQL 命令，最后验证入侵成功或是出错的信息中是否包含关于数据库服务器的相关信息，如果能则说明存在 SQL 注入安全漏洞。

例如，在测试在线考试系统安全性的过程中，利用自动化工具模拟出 1000 个学生同时登录系统进行考试，而在现实生活中很少会有这么多数量的学生同时进行考试，即使数量达到了，所有学生也不可能在同一时刻做同一操作，这时就需要模拟攻击来模拟这种极端的情况，从而发现系统潜在的安全漏洞。

5. 可靠性测试

可靠性是软件的一个重要性能指标，指的是在规定时间内、规定条件下，软件不引起系统失效的能力，其概率度量称为软件可靠度。可靠性测试是根据软件系统的可靠性结构、寿命类型和各单元的可靠性实验信息，利用概率统计的方法来评估系统的可靠性能。

1）可靠性测试的目的

软件可靠性测试是指为了验证软件系统的可靠性是否满足用户要求而进行的测试，其主要目的如下。

（1）有效地发现程序中影响系统可靠性的缺陷，从而提升可靠性。软件的规定条件主要包括相对不变的条件和相对变化的条件，相对不变的条件如计算机及其操作系统，相对变化的条件是指输入的分布等。

（2）验证软件可靠性要满足一定的要求，通过对软件可靠性测试中观测到的失效情况进行分析，可以验证软件可靠性的定量要求是否得到满足。

（3）估计、预计软件可靠性水平。通过对软件可靠性测试中观测到的失效数据进行分析，可以评估当前软件的可靠性水平，预测未来可能达到的水平，从而为开发管理提供决策依据。软件可靠性测试中暴露的缺陷既可能是影响功能需求的缺陷也可能是影响性能需求的缺陷。

2）可靠性测试的步骤

可靠性测试的步骤如图 3.18 所示，其主要活动有构建运行剖面、生成测试用例、准备测试环境、执行测试、收集数据、可靠性数据分析以及失效修正。

（1）构建运行剖面：运行剖面指的是对软件使用条件的定义，系统的输入值是按时间分布或者可能的输入域内出现的概率分布来定义的，简单地说就是用来描述软件实际

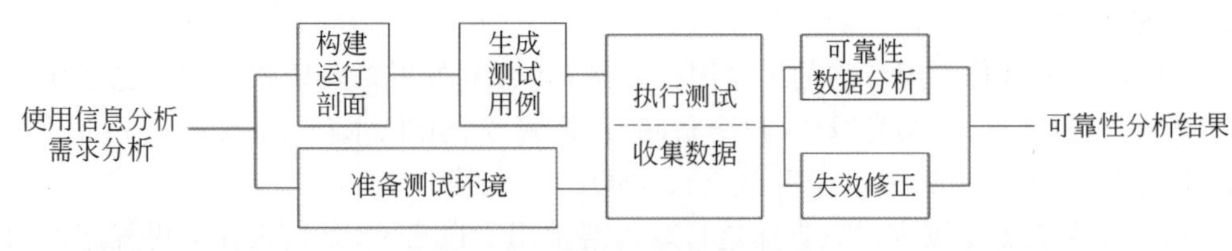

图 3.18 可靠性测试的步骤图

使用的情况。软件的运行剖面能否代表软件的实际使用情况，一方面取决于可靠性测试人员对软件的系统模式、功能、任务需求和输入的分析，另一方面取决于他们对用户使用的系统模式、功能、任务概率的了解。构建运行剖面的质量将直接影响后续测试过程以及测试结果的可信程度。

(2) 生成测试用例：可靠性测试是依照软件的运行剖面对软件进行测试的方法。因此测试用例也是根据运行剖面随机取得的。

(3) 准备测试环境：为了使可靠性测试的结果尽可能地真实准确，所以该测试应该尽可能地在真实环境下执行测试。但是，在实际条件下，有些系统会因为所需环境非常昂贵而不能大量执行，导致可靠性测试在真实测试环境下并不能实现，所以这时候就需要用到仿真测试环境。

(4) 执行测试：在真实测试环境或者仿真测试环境下，依据软件的运行剖面生成的测试用例对软件进行测试。

(5) 收集数据：在测试过程中，测试人员需要对测试过程中的所有数据进行收集整理，包括输入输出数据、运行时间数据、失效数据等。收集输入输出数据将便于进行后续的失效分析以及回归测试；运行时间数据可以是 CPU 运行时间、日历时间等；失效数据包括每次失效发生时或一段时间内产生的失效数据，其可以实时得到，也可以测试完成后分析得到。收集的数据质量将会对最后的可靠性分析结果产生重大影响，因此应该尽可能地采用自动化手段进行数据收集，以便提高收集效率以及准确性和完整性。

(6) 可靠性数据分析：主要包括失效分析和可靠性分析。失效分析是根据运行结果来判断软件是否失效以及失效的原因和后果等；可靠性分析是根据失效分析得到的失效数据等来评估软件的可靠性水平，预计软件可以达到的可靠性水平以及评估软件是否达到要求。

(7) 失效修正：如果软件的实际运行结果与需求不一致，则可以认为软件发生了失效。此时需要通过失效分析找到软件失效的原因并加以纠正，从而提高软件的可靠性。

6. 并发测试

并发测试的主要作用是当多用户同时访问同一应用、模块、功能时，测试系统是否存在内存泄漏、线程锁、资源争用等问题。并发测试与压力等测试有所不同，它的主要目的并不是为了测试系统性能如何，而是为了发现系统由于并发所引起的问题。并发测试往往是借助一些工具来模拟实现并发用户，因为在实际条件下实现多用户并发的测试环境要求很高，耗费的人力、物力等环境成本较高，测试所花费的时间也很长。

那如何确定用户并发数呢？要想知道用户并发数，首先必须知道系统能承载的在线用户数，如用户的总数、用户平均在线数量、用户最高峰在线数量等。

例如，在线考试系统总注册人数500人，最高峰在线人数200人，但是这200人并不是并发用户数，即并不是系统实际承载的压力。因为在同一时刻可能有20%的用户在查看考试列表，有20%的用户在审题，有40%的用户在单击“下一题”按钮或者“提交”按钮，有10%的用户在发呆，还有10%的用户因为作弊等情况已经交卷结束考试。在这种情况下，很可能只有40%的用户会对服务器造成真实的影响。

计算平均并发用户数的公式为

$$C = NL/T$$

其中，C 为平均并发用户数；N 为平均每天访问用户数；L 为一天内用户从登录到退出的平均时间；T 为考察的时间长度。

计算用户峰值数的公式为

$$C' \approx C + 3\sqrt{C}$$

其中，C'为并发用户的峰值数；C 为上一个公式中得到的平均并发用户数。

例如，在线考试系统总注册人数500人，平均每天有100个用户要访问该系统，对于一个典型用户来说，一天内用户从登录到退出系统的平均时间为4h，在一天的时间内，用户只在8h内使用该系统。

则根据上述公式，可以得到

$$C = 100 \times 4/8 = 50$$

$$C' \approx 50 + 3\sqrt{50} \approx 71$$

7. 兼容性测试

随着用户对来自各种类型软件之间共享数据能力和充分利用空间同时执行多个程序能力的要求逐步提高，软件之间的协作变得越来越重要。软件兼容性测试是指测试软件在特定的硬件平台上、不同的应用软件之间、不同的操作系统平台上、不同的网络环境中能否很好地运行。

1）兼容性指标

软件的兼容性是衡量软件好坏的一个重要指标，其具体可以分为以下6方面。

（1）操作系统兼容性。理想的软件运行应该与具体的平台无关。对于一些软件来说，针对不同的操作系统只需稍微改动或重新编译就可以使用，但是一些软件则可能需要做较大改动或重新编译才可以使用。对于两层体系结构和多层体系结构的软件，可能还要考虑前端和后端操作系统的可选择性。

（2）数据库兼容性。现在许多软件都需要数据库系统提供支持，这类软件在测试时要考虑其对不同数据库平台的支持能力，验证软件是否可以直接挂接不同数据库平台，或需提供相关的转换工具。

（3）新旧数据兼容性。新旧数据兼容性主要考察软件对新旧数据的兼容程度，或者是否提供新旧数据转换的功能。当软件升级后可能对一些数据格式或文件格式进行了重新定义，软件需要对原来的数据格式提供支持或更新，原来的用户数据要能够继承，在新的软件下依然可以使用。同时,在进行数据格式转换时要考虑数据的正确性和完整性。

(4) 异种数据兼容性。异种数据兼容性主要是考察软件是否支持其他常用的数据格式,支持程度如何,能否完整、准确地读取该格式下的数据或文件等。

(5) 应用软件兼容性。应用软件兼容性主要考察两方面:一是软件运行需要哪些其他应用软件的支持;二是判断是否可以同其他软件共同使用,是否会造成一些错误或数据文件丢失等情况。

(6) 硬件兼容性。硬件兼容性主要考察软件对运行的硬件环境有无特殊要求,如对计算机的型号、网卡的型号、声卡的型号、显卡的型号等有无特别声明,一些软件在不同的硬件环境中可能会出现不同的运行结果或者根本就不能执行。

不同类型的软件在测试其兼容性方面还有很多的评测指标,依据实际情况其侧重点也有所不同。总体来说,兼容性测试首先要确定运行环境,包括软硬件环境和同时安装的其他软件等,然后再根据环境制定相应的测试方案,最后进行测试。

2) 兼容性分类

软件兼容性测试主要是测试软件之间能否正确地进行交互和共享信息。随着用户对各种软件之间共享数据能力的需求越来越高,同时要求软件能够充分利用空间或者能够同时执行多个程序,测试软件之间能否协作变得极其重要。软件兼容性测试工作的主要目的就是保证软件能够按照用户期望的方式进行交互。

软件兼容性分类通常有 4 种:向前兼容与向后兼容、不同版本之间的兼容、标准和规范、数据共享兼容。

(1) 向前兼容和向后兼容。向前兼容指的是可以与软件的未来版本兼容,向后兼容指的是可以与软件的以前版本兼容。并不是所有的软件都要求向前兼容和向后兼容,这是由软件的设计者所决定的特性。

(2) 不同版本之间的兼容。不同版本之间的兼容是指测试平台和应用软件多个版本之间都能够正常工作。例如,现在要测试在线考试系统的新版操作系统,在当前的操作系统上存在着成千上万条程序,则新的操作系统需要跟这些程序百分之百地兼容。由于不可能在一个操作系统上测试所有的软件程序,因此需要有侧重点,决定哪些程序是最重要的、必须测试的。测试新的应用软件也一样,需要决定在哪个版本平台上测试,与其关联的应用程序也要一起测试。

(3) 标准和规范。适用于软件平台的标准和规范有两个级别:高级标准和低级标准。高级标准是软件产品应当普遍遵守的,若应用程序声明与某个平台兼容,就必须接受和满足关于该平台的标准和规范是低级标准是对软件产品开发细节的描述,从某种意义上说,低级标准比高级标准更加重要。

(4) 数据共享兼容。数据共享兼容是指要在应用程序之间可以共享数据,这要求软件支持并遵守公开的标准,允许用户与其他软件无障碍地传输数据。

3) 兼容性测试的内容

对于一个项目来说,兼容性测试主要测试以下 3 方面。

(1) 操作系统/平台的兼容性。

市场上有很多不同的操作系统,最常见的有 Windows、UNIX、macOS、Linux 等。因为无法知道软件的最终用户使用哪种操作系统，所以软件在发布后有可能发生兼容性问题。同一个软件在某些操作系统可以正常运行，但在其他操作系统就有可能运行失败。当然，有些软件是针对某一系列的操作系统平台来开发的，不存在跨平台的需求，但是同一操作系统也有很多个版本，不同版本之间有许多不同的组件和属性。因此，有些软件可能需要在不同的操作系统平台上重新编译才可以运行，有些软件则需要重新开发才能够在不同平台上运行。在软件上线之前，需要在各种操作系统对其进行兼容性测试。

(2) 浏览器之间的兼容性。

浏览器是Web系统的核心组成构件，不同厂家的浏览器对JavaScript、CSS或者HTML技术都有不同的支持，即使是同一厂家的浏览器也存在很多版本，这些版本之间也存在很多差异。不同的框架在各个浏览器中也有不同的显示，甚至有的还无法显示。所以，测试应用软件对不同厂商、不同版本浏览器的兼容性是非常有必要的。

在浏览器兼容性测试时需要关注以下4点。

① 界面：检查在不同浏览器上界面是否正常显示。

② 控件：检查在不同浏览器上能否正常运行。

③ 图片：图片的大小是否在不同浏览器上有变化。

④ 动画：检查在不同浏览器上能否正常播放。

在测试浏览器兼容性时，正确地使用一些工具可以大大地减轻测试的工作量。例如，Firebug是Firefox下的一个扩展，其能够调试所有网站语言，如HTML、CSS等，但Firebug最吸引人的就是JavaScript调试功能，该功能使用起来非常方便，而且在各种浏览器下都能使用。除此之外，Firebug还可以查看和调试HTML、CSS、DOM，并对网站进行整体分析等。

IE Tester是一个免费的Web浏览器调试工具，其可以在Windows 8、Windows 7、Windows Vista和Windows XP系统中模拟IE 5.5、IE 6、IE 7、IE 8、IE 9、IE 10、IE 11的渲染和对应版本的JavaScript引擎，可以模拟网页在IE 5.5、IE 6、IE 7、IE 8、IE 9以及IE 10等浏览器中的呈现效果，验证CSS样式或网站版面是否可以在各个主要浏览器正常显示。除此之外，IE Tester 5以分页标签的方式分别在不同的标签中显示所指定IE浏览器版本的网页渲染画面。

IE Collection是一个专为程序开发者与网页设计师制作的各版本Internet Explorer浏览器整合安装包，里面包含了IE 1.0、IE 1.5、IE 3.0、IE 5.5、IE 6.0、IE 7.0、IE 8.0等版本的IE网络浏览器，主要目的是让设计师在做好网页后在不同版本的IE浏览器里面测试版面样式与功能，看看是否版面混乱或功能不正常等问题。

(3) 分辨率兼容性测试。

分辨率兼容性测试是为了页面版式在不同的分辨率模式下能正常显示、字体能符合要求而进行的测试。最终软件的用户使用什么模式的分辨率是未知的，通常情况下，在软件需求规格说明书中会建议支持某些分辨率。对于测试，必须针对软件需求规格说明书中建议的分辨率进行专门的测试。现在常见的分辨率是1920×1080、1680×1050。对于软件需求规格说明书中规定的分辨率，测试时必须保证显示正常，但对于其他分辨率，原则上也应该尽量保证。对于软件需求规格说明书中没有规定分辨率的项目，测试应该在完成主流分辨率的兼容性测试的前提下，尽可能进行一些非主流分辨率的兼容性测试。

8. 配置测试

配置测试是通过对被测系统软硬件环境的调整，了解各种软硬件配置对软件系统性能影响的程度，从而找到系统各项资源的最优分配原则。配置测试主要是针对硬件，测试目的在于发现在硬件配置中可能出现的问题。

1）配置测试的内容

配置测试的内容包括个人计算机、部件(磁盘驱动器、声卡、网卡等)、外围设备(打印机、扫描仪、鼠标、键盘等)、接口(ISA、PCI、USB 等)、可移动外围设备和内存等主要硬件。在配置测试的准备过程中，需要考虑哪些配置是与程序密切相关的，然后选择较为关键的部件进行优先测试。

判断软件缺陷是配置问题而不仅仅是普通缺陷，最可靠的解决方法就是在另一台拥有完全相同配置的计算机上一步步执行导致问题的相同操作。如果缺陷没有产生，就极有可能是特定配置的问题，这类问题往往需要在独特的硬件配置下才能暴露出来。

那么这些配置缺陷需要谁来修护呢？这通常是动态白盒测试员和程序员的工作。一个配置问题出现的原因有许多，这就要求在不同的配置中运行程序，仔细检查代码。

关于软件配置还有许多相关类型的问题。

(1) 软件可能包含在多种配置中都会出现的缺陷。

(2) 软件可能包含只在某个特殊配置中才会出现的缺陷。

(3) 硬件设备或者其他设备驱动程序可能包含的软件缺陷。

(4) 硬件设备或者其他设备驱动程序可能包含一个借助其他软件才能看出来的软件缺陷。

前两种情况需要项目小组负责修复缺陷，后两种情况的责任就不是特别明确。如果该硬件设备被广泛应用，属于流行产品，则需要开发小组针对该缺陷对软件进行修改。其实，归根结底，解决问题的主要责任还是在开发小组。

有时，配置测试的工作量可能巨大。假如是一款新的 3D 游戏，其画面十分丰富，具有多种音效，允许多个用户联机对战等，这时需要考虑针对各种显卡、声卡、网卡等进行配置测试。如果进行完整全面的配置测试，检查所有可能的配置组合会面临巨大的工作量。市场上现存的显卡、声卡、网卡的种类成百上千，测试所有可能的组合规模之大难以想象。对此来说，一个比较好的办法就是等价划分，将巨大无比的配置可能性减少到一个可控制的较小范围内。

2）配置测试的特点

(1) 配置测试的主要目的是了解各种不同因素对系统性能影响的程度，从而判断最值得进行的调优操作。

(2) 配置测试一般在对系统性能状况有初步了解后才进行。

(3) 配置测试一般用于性能调优和软件处理能力的规划。

也就是说，配置测试的关注点是微调，是通过对软硬件的不断调整，找出软件系统的最佳状态，使软件系统达到一个最稳定的状态。

3）配置测试的任务

配置测试的任务概括来说是确定采用哪些设备并决定如何进行测试的过程。

(1) 要确定所需要的硬件类型。与配置测试相关的硬件类型有很多种，因此在测试前需要确定本次配置测试所需的硬件有哪些，再按照它们对软件系统运行的影响程度依次进行配置测试。在选择用哪些硬件来测试时，最容易忽略一个特例就是联机注册。如果软件有联机注册功能，就需要在配置测试的过程中考虑调制解调器和网络通信。

(2) 确定硬件的厂商、型号和可用驱动程序。在硬件的厂商方面，要选择产品质量品质过关、信誉较高的正规品牌厂家，避免因为硬件产品的质量不过关而带来额外的问题。要确定硬件设备的基本型号，能支持软件运行的最低版本或者操作系统有哪些。确定要测试的设备驱动程序，一般选择操作系统附带的驱动程序、硬件附带的驱动程序或操作系统公司网站上提供的最新的驱动程序。

(3) 确定可能的硬件特性、模式和选项。确定好硬件设备的基本条件后，还需要确定这些硬件设备是否需要具备一些特性、模式和选项，了解硬件需求规格说明书的一些细节有助于后续做出更多清晰的等价划分决定。

(4) 将确定后硬件配置缩减为可控制的范围。目前，市场上的硬件类型有成百上千种，要将所有的配置组合全部进行测试是一件巨大的工程，会浪费大量的人力和物力，几乎是不可能实现的，因此就需要将成千上万种可能的配置缩减到可以接受的范围，即要测试的范围。一种常用的方法是将所有配置信息放在电子表格中，列出其生产厂家、型号、驱动程序版本和可选项。软件测试人员和开发小组人员都可以审查这张表，确定要测试哪些配置，用于把众多配置等价划分为较小范围，最终决定取决于软件测试人员和开发小组人员。由于每个项目功能各不相同，所以标准也各不相同，但是一定要保证项目小组中的每个人都清楚配置重点测试部分与非重点测试部分、不同部分测试引起的变化等。

(5) 明确与硬件配置有关的软件唯一特性。在真实的测试过程中不应该也没必要在每种配置中测试软件，只需测试与硬件交互时互不相同的特性即可。选择唯一特性进行测试并非那么容易，首先应该进行黑盒测试，通过查看产品找出明显的特性，然后再了解其内部的白盒情况，才会发现这些特性与配置可能存在紧密关联。

(6) 设计在每种配置中执行的测试用例，并执行测试。在执行测试用例时，要仔细记录并向开发小组报告测试结果，必要时还要向硬件生产厂商报告关于其硬件产品的相关问题，反复进行测试直到对测试结果满意为止。

配置测试一般不会贯穿整个项目期间，最初可能会尝试一些配置，接着整个测试通过，然后逐渐缩小范围确认缺陷的修复状况，最后达到没有未解决的缺陷或缺陷仅限于不常见或不可能的配置上。

4）配置测试和兼容性测试的区别

配置测试的目的是保证软件在其相关的硬件上能够正常运行，而兼容性测试主要是测试软件能否与不同的软件正确协作。配置测试的核心内容就是使用各种硬件来测试软件的运行情况，一般包括以下内容。

(1) 软件在不同的主机上的运行情况。

(2) 软件在不同的组件和不同的外围设备上的运行情况。

(3) 不同的接口。

(4) 不同的可选项,例如不同的内存大小。

而兼容性测试的核心内容包括以下内容。

(1) 测试软件是否能与不同的操作系统平台兼容。

(2) 测试软件是否能与同一操作系统平台的不同版本兼容。

(3) 软件本身能否向前或者向后兼容。

(4) 测试软件能否与其他相关的软件兼容。

(5) 数据兼容性测试,主要是测试数据能否共享。

配置测试和兼容性测试通常对开发系统类软件比较重要,如驱动程序、操作系统、数据库管理系统等,在具体进行时仍然需要按照测试用例来执行。

9. 用户界面测试

用户界面测试主要用于核实用户与软件之间的交互,验证用户界面中的对象是否按照预期的方式运行并符合行业标准。绝大多数软件拥有图形用户界面,图形用户界面测试和评估的重点是正确性、易用性和视觉效果。设计优良的界面能够引导用户自己完成相应的操作,起到向导的作用。设计合理的界面能够给用户带来轻松愉悦的感受;相反,失败的界面设计会让用户有厌倦的感觉。

界面测试中的工作主观性比较强,没有一个固定的标准,因此在测试的过程中要依赖测试人员的主观判断。在评价易用性和视觉效果时主观性非常强,对于同一软件的评价是因人而异的,不同的用户对同一软件会得出不同的感受。界面测试的一个缺点就是测试人员在整个测试过程中很难保持身心一致,这在一定程度上会影响测试结果的准确性。所以在用户界面的测试与评估过程中,需要以用户为中心,从用户角度出发。

用户界面测试可以分为整体界面测试和界面中的元素测试。界面中的元素测试主要包括窗口、菜单、图标、文字、鼠标等。

1) 用户界面测试的目的和方法

用户界面测试简称UI(User Interface)测试,主要是测试用户界面的功能模块布局是否合理;各个控件的摆放位置是否操作便捷,是否符合客户使用习惯;界面导航栏是否简单易懂,分类是否准确;界面的文字是否正确,命名是否统一;界面是否美观,文字图片搭配是否完美;等等。

进行用户界面测试,一方面是为了确保用户界面会通过测试对象来提供给客户相应的浏览和访问功能,同时要确保用户界面设计符合公司或行业标准;另一方面还可以用来核实用户与软件之间的交互是否正确,以确保用户界面向用户提供了正确的访问和浏览功能。除此之外,用户界面测试还要确保用户界面功能内部的对象符合预期要求,符合公司或行业标准。

用户界面测试的方法包括静态测试和动态测试。

(1) 静态测试主要是用来测试用户界面的布局、风格、字体、图片以及控件摆放位置等用户视觉效果方面的部分。例如,采用点检表测试,即将测试的项目用点检表一条一条列举出来,然后观察每项是否通过。

(2) 动态测试主要是对各个类别控件的功能等方面进行测试。利用编写测试用例或者点检表的方式,对每个按钮的响应情况进行测试,查看其是否符合概要设计所规定的条件要求,同时还可以测试用户界面在不同环境下的显示效果。

2) 界面整体测试

界面整体测试是指对界面的规范性、一致性、合理性等进行测试和评估,其一般包括规范性测试、一致性测试以及合理性测试 3 种。

规范性测试是指软件的界面要尽量符合现行的标准和行业规范,并在应用软件中保持一致。在软件开发时要充分考虑软件界面的规范性,最好的办法是采取一套行业标准或企业标准。对于操作系统平台,有自己的标准和规范,如微软的 Windows,对于测试工作来说,就是要根据这些标准和规范设计测试用例,毕竟这些标准和规范是经过各种类型的测试与评估,不断总结经验积累而来的成果。

好的软件界面都具有相似的界面外观、布局、交互方式以及信息显示。一致性包括使用标准的控件和相同的信息表现方法,如在字体、标签风格、颜色、显示错误信息等方面保持一致。界面保持高度一致,使用户形成一定的使用习惯后,可以减少过多的学习和记忆时间,降低培训成本。如果操作方式不同,会给用户在使用上造成不便。

在测试界面一致性时应该注意以下 5 点。

(1) 布局是否一致,所有窗口的按钮位置和对齐方式要尽量保持一致。

(2) 颜色是否一致,同一系统、同一模块中各种页面和控件应保持主体风格一致。

(3) 标签的措辞是否一致,如在提示、菜单和帮助中使用相同的术语。

(4) 操作方法是否一致,单击相同按钮触发的行为应相同。

(5) 快捷键在各个配置项上语义是否保持一致。

合理性测试主要测试界面是否与软件功能相符,界面的颜色和布局是否协调、风格是否统一等。如果一个界面上有太多杂乱无章的控件,会给用户寻找组件和控件带来很大的不便和困难。一般软件界面测试需要考虑以下内容的合理性。

(1) 界面中的元素大小和布局是否协调。

(2) 常用功能是否突出,最常用的按钮或菜单应放在界面显著的位置,使用颜色或者亮度差别突出显示。

(3) 是否具有灵活的功能跳转和状态跳转,同一任务可用多个路径或者方式完成,对于常用任务同时应提供最简捷的路径使之能够直接完成。

(4) 用户的输入应该具备确认过程。

(5) 错误处理。程序应该在用户执行非法操作或者不合理操作之前提出警告,并且允许用户恢复由于错误操作导致丢失的数据。

(6) 界面上首先输入的和重要信息的控件在顺序中应当靠前,位置也应该放在窗口中比较醒目的位置。

(7) 显示多个窗口时活动窗口适当加亮。

(8) 如果使用多任务,所有的窗口应实时更新。

(9) 菜单条应当显示在合适的语境中,名字应具有自解释性。

(10) 对于无关的菜单,最好用屏蔽方式处理,如果采用动态加载方式,只有需要的菜单才应被显示。

(11) 菜单前的图标应能直观地代表要完成的操作,尺寸不宜过大,最好与字体高度保持一致。

(12) 需要用户选择的列表越短越好,如果很长,应该适当将其分级显示。

3) 界面元素测试

一般情况下进行界面测试的直接依据是产品原型图以及UI图或者产品效果图,需要进行对比验证,确认是否一致。但是大多数软件开发时只有比较概要的界面设计文件,很多细节是程序员在代码编写过程中不断定义和完善的,所以在测试的时候可以参考市场上同类型的成熟产品来做界面对比,主要考虑以下3方面。

(1) 导航测试。

导航是用户在一个页面内,在不同的用户接口控制之间切换的一种方式,如按钮、对话框、列表等。通过以下3个问题,可以看出一个系统是否易于导航。

① 导航是否直观?

② 系统的主要部分是否可以通过主页到达或获取?

③ 系统是否需要站点、搜索引擎等其他导航的帮助?

但是,在设计导航时不可能将所有的功能和入口都放在主页上进行导航,因为页面上信息太多反而不利于用户查看,会引起与预期相反的效果。用户在使用系统时会快速浏览,查看是否有自己需要的信息,如果没有就会很快离开,很少有用户会花时间熟悉系统的结构等内容,因此系统的导航应尽量简洁准确,易于查找。

(2) 图形测试。

在系统界面中,适当的图片不仅有美化界面的功能而且还可以起到广告宣传的作用。图形包含的内容有很多,如图片、动画、颜色、背景等都属于图形的范畴。图形测试主要包括以下内容。

① 确保图片或动画有明确的用途,不可胡乱堆放在一起,也不是越多越好,图片或动画太多会浪费传输时间。

② 图片的尺寸要合理,如果有链接的页面,要能代表或表示出其链接的内容。

③ 验证所有页面字体风格是否一致。

④ 整体颜色搭配要协调合理,背景颜色要与字体的前景颜色相搭配。

⑤ 要检测图片的大小和质量,图片不宜过大。

⑥ 验证文字指向是否正确。如果说文字指向下方的图片,那就要保证图片出现在该文字下方。

(3) 表格测试。

表格经常和其他界面元素一起协同使用,主要承载数据的归纳、展示与对比等功能。表格测试需要验证表格是否设置正确,报表数据是否准确。表格测试主要包括以下内容。

① 界面表格布局、颜色、风格是否统一。

② 哪些字段是必填项,哪些字段不允许重复,每个字段的校验,翻页后新增、修改页面是否正常。

③ 筛选条件、搜索控件是否列于表格上方。

④ 日期筛选条件是否已单独处理并被展示出来。

⑤ 对于具备多个搜索条件的场景，是否已配置重置按钮，便于一键清空所有搜索条件。

⑥ 在数据显示超过多条、一屏无法完全显示、需要滚动查看时，如表格不能直观地展示出数据类型，则是否采用固定表头的形式，以便时刻显示数据类型？

⑦ 当字段数量过多、需要横向滚动表格，且需要对比数据时，是否采用固定属性列字段。

3.6 验收测试

验收测试是部署软件之前的最后一项测试，其目的是确保软件已准备就绪，可以交付用户使用。验收测试应该以用户为主，在测试过程中，除了要考虑软件的功能和性能以外，还应对软件的可移植性、兼容性、可维护性、错误的恢复功能等进行确认。

3.6.1 验收测试的定义

验收测试就是用户、验收人员、质量保证人员共同参与，让系统用户决定是否接收系统的测试工作。它是一项确定产品是否能够满足合同或用户所规定需求的测试。验收测试是系统开发生命周期的最后一个阶段，目的在于向用户表明所开发的软件系统可以像预期的那样完成工作。因为经过前面几步测试后，测试者和开发者已经按照设计把所有的模块组装成了一个完整的软件系统，接口等错误也已经基本排除了，接着就应该进一步验证软件的有效性，这就是验收测试的任务。验收测试的主要任务包括以下内容。

(1) 明确规定测试验收的标准。

(2) 确定验收测试的方法。

(3) 确定测试结果的分析方法。

(4) 制订验收测试计划，并进行评审。

(5) 设计验收的测试用例。

(6) 分析验收结果，决定是否通过验收。

3.6.2 验收测试的方法

在软件交付使用之后，用户将如何实际使用程序，对于开发者来说这是无法预测的。例如，用户可能错误地理解命令，或提供一些奇怪的数据组合，也可能对设计者自认明了的输出信息迷惑不解等。因此，软件是否真正能满足最终用户的要求，应由用户进行一系列验收测试。验收测试既可以是非正式的测试，也可以是有计划的系统性测试。但是一个软件产品可能拥有众多的用户，不可能让每个用户都来进行验收，因此，往往可以采用一些测试方法，包括α测试、β测试、λ测试，以发现可能只有最终用户才能发现的错误。

α测试是由用户在开发环境下进行的测试，也可以是公司内部的用户在模拟实际操作环境下进行的测试。α测试的目的是评价软件产品的功能、可用性、可靠性、性能和支持性，尤其注重测试产品的界面和特色。α测试可以从软件产品编码结束时开始，或在模块或者子系统测试完成之后开始，也可以在确认测试过程中产品达到一定可靠程度之后再开始。α测试是非正式验收测试，经过α测试调整的软件产品才可以进行下一步的测试。

β测试是由软件的多个用户在实际使用环境下进行的测试，这些用户将返回有关错误信息给开发者。测试时，开发者通常不在测试现场，因此β测试是在开发者无法控制的环境下进行的软件现场应用。在β测试中，需要由用户记录所遇到的所有问题，包括真实的以及主观认定的，然后定期向开发者报告。β测试主要着重产品的支持性，包括文档、客户培训和支持产品生产能力等。这一步结束后通常已经消除了软件中大部分的不完善之处。

λ测试是验收测试的第三个阶段，此时产品已经相当成熟，只需在个别地方做进一步的优化处理即可发行。

简单扼要地说，α测试的是软件的第一个版本，属于软件开发初期的版本，初具一定的规模；β测试的是软件的第二个版本，是网上所提供的一些软件测试版本；λ测试的是软件的第三个版本，即软件公司最终发布的版本。

如图3.19所示，验收测试的方法之间是递进的关系。只有当α测试达到一定的可靠程度时才能开始β测试，β测试后紧接着进行λ测试。同时，产品的所有手册文本也应该在验收测试这3步结束后完全定稿。

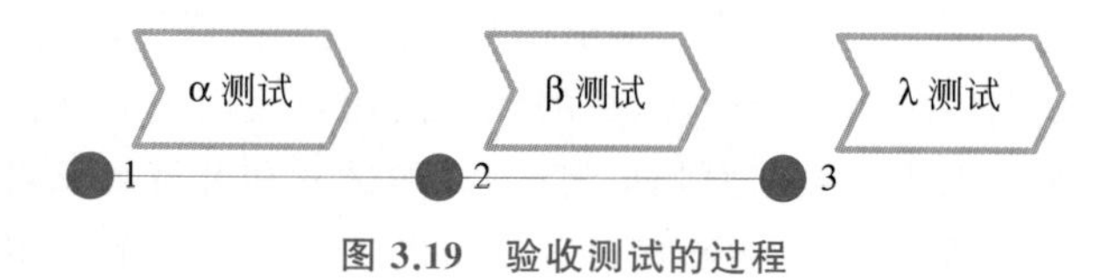

图3.19 验收测试的过程

3.7 测试管理

随着软件测试的不断进行，测试流程逐渐变得更加复杂，测试规模也更加庞大，测试工作变得越来越困难。为了更高效地找出软件的故障，必须将整个测试项目作为管理对象，建立起软件测试管理体系，从而对测试工作进行组织策划和有效管理，保障软件的质量。

3.7.1 软件测试过程管理

软件测试是一个复杂的系统工程，需要对软件测试的各部分分别进行识别和管理，从而确保软件能够正常运作。软件测试管理就是通过一定的管理方法和管理工具对每种具体的测试任务、流程、体系、结果、工具等进行监督和管理。

软件测试过程管理主要集中在软件的测试项目启动、测试计划制订、测试设计和开发、测试执行、测试总结及测试过程改进6个阶段。

1. 测试项目启动

启动测试的首要步骤就是考虑测试中涉及的人员的高级组织、其之间的相互关系以及如何将测试过程集成到现有的业务管理结构中。对软件测试工作来说，测试人员是最宝贵的财富，在挑选测试人员时，应该按照测试工作的不同种类和不同负荷选取合适的测试人员。

2. 测试计划制订

测试计划要针对测试目的来规定测试的任务、所需的各种资源投入、人员角色的安排，预见可能出现的问题和风险，以指导测试的执行，最终实现测试的目标，保证软件产品的质量。

编写测试计划的目的是以下 6 点。

(1) 为各项测试工作制订一个现实可行的、综合的计划，包括每项测试活动的对象、范围、方法、进度和预期结果。

(2) 为项目实施建立一个组织模型，并定义测试项目中每个角色的责任和工作内容。

(3) 开发有效的测试模型，使之能正确地验证正在开发的软件系统。

(4) 确定测试所需要的时间和资源，以保证其可获得性和有效性。

(5) 确立每个测试阶段测试完成以及测试成功的标准和要达到的目标。

(6) 识别测试活动中的各种风险，并消除可能存在的风险，降低那些不可能消除的风险所带来的损失。

3. 测试设计和开发

当测试计划制订完成之后，测试过程就要进入测试设计和开发阶段。软件测试设计是建立在测试计划书的基础上的，需要参与者认真理解测试计划的测试大纲、测试内容及测试的通过准则，通过测试用例完成测试内容与程序逻辑的转换，以之作为测试实施的依据，以实现所确定的测试目标。软件设计是将软件需求转换成为软件表示的过程，主要描绘出系统结构、详细的处理过程和数据库模式。软件测试设计则是将测试需求转换成测试用例的过程，它要描述测试环境、测试执行的范围、层次和用户的使用场景，以及测试输入和预期的测试输出等。所以测试设计和开发是软件测试过程中技术深、要求高的关键阶段。

4. 测试执行

当测试用例的设计和测试脚本开发完成之后，就可以开始执行测试了。测试执行有手工测试和自动化测试两种。手工测试指在合适的测试环境上，按照测试用例的条件、步骤要求准备测试数据，对系统进行操作，比较实际结果和测试用例所描述的期望结果，以确定系统是否正常运行或正常表现；自动化测试是通过测试工具运行测试脚本，并自动记录测试结果。

在测试执行阶段，需要测试人员针对每个测试阶段(代码审查、单元测试、集成测试、确认测试、系统测试和验收测试等)的结果进行分析，保证每个阶段的测试任务得到执行，并达到阶段性目标。

5. 测试总结

测试执行完成并不意味着测试项目的结束。测试项目结束的阶段性标志是将测试报告或质量报告发出后,得到测试经理或项目经理的认可。除了测试报告或质量报告的写作之外,还要对测试计划、测试设计和开发、测试执行等进行检查、分析,完成项目的总结,编写测试总结报告。

6. 测试过程改进

测试过程改进主要着眼于合理调整各项测试活动的时序关系,优化资源配置以及实现效果的最优化。在软件测试过程中,过程改进被赋予了举足轻重的地位,在测试计划、实施、检查、改进的循环中,过程改进既是一次质量活动的终点,又是下次质量活动的原点,起着承上启下的作用。

3.7.2 软件测试需求管理

1994—2001 年 Standish Group 的 CHAOS Reports 证实,导致项目失败的最重要的原因通常与需求有关。2001 年,Standish Group 的 CHAOS Reports 报道了该公司的一项研究,其对多个项目作调查后发现,74%的项目是失败的,即这些项目不能按时、按预算完成。其中,提到最多的导致项目失败的原因就是用户变更需求。可见混乱且无序的需求变更会导致严重的后果。需求管理就是将用户需求纳入统一的管理之下,每次变更需求都需要提出申请,交由评审人员审查,确认后才可变更需求。

软件测试中的需求分析需要参与者熟悉需求背景及商业目标,包括了解项目发起的原因是为了解决用户的什么问题,当前的解决方案是不是最优的以及为什么会这样做。

从业务模型角度看,需求分析要考虑本项目与外部系统的交互,并划分系统边界,确定测试范围和关注点,系统的边界是测试的重点,测试者尤其需要关注边界交互时的数据交互。

从业务场景角度看,要考虑测试用例的调用者,考虑每个测试用例提供的服务是供哪些外部用例或者系统调用的,找出所有的调用者,考虑调用的前提、约束,每个调用都可以被看作一个大的业务流程。除此之外,还要考虑系统内部各个用例之间的交互,分析每个用例之间的约束关系、执行条件,形成内部业务流程图。

从功能分解角度看,需要考虑以下 8 方面。

(1) 业务功能:与用户实际业务直接相关的功能或细节。

(2) 辅助功能:辅助完成业务的一些功能或细节,如设置过滤条件。

(3) 数据约束:主要用于控制在执行功能时数据的显示范围、数据之间的关系等。

(4) 易用性需求:产品中必须提供的、便于功能操作使用的一些细节,如快捷键就是典型的易用性需求。

(5) 编辑约束:在功能执行时,对输入数据项目设定一些约束性条件,如只能输入数字。

(6) 参数需求:在功能中,需要根据参数设置不同进行不同处理的细节。

(7) 权限需求：在功能的执行过程中根据不同的权限进行不同的处理，不包括直接限制某个功能的权限。

(8) 性能约束：执行功能时必须满足的性能要求。

3.7.3　软件配置管理

软件配置管理是一种标识、组织和控制修改的技术。其应用于整个软件工程过程，将在贯穿整个软件生命周期中建立和维护项目产品的完整性。

1. 基本目标

软件配置管理的基本目标包括以下 4 点。

(1) 软件配置管理的各项工作是有计划进行的。

(2) 被选择的项目产品得到识别、控制并且可以被相关人员获取。

(3) 已识别的项目产品更改得到控制。

(4) 使相关组别和个人及时了解软件基准的状态和内容。

2. 方针

为了达到上述目标，如下的方针应该得到贯彻执行。

(1) 技术部门经理和具体项目主管应该使用和遵循组织标准过程集(Organization's Set of Standard Process，OSSP)中所描述的软件配置管理的工作过程。

(2) 软件配置管理的职责应被明确分配，相关人员应得到软件配置管理方面的培训。

(3) 技术部门经理和具体项目主管应该明确其在相关项目中所担负的软件配置管理责任。

(4) 软件配置管理工作应该享有足够的资金支持，这需要在客户、技术部门经理和具体项目主管之间协商。

(5) 软件配置管理应该实施于对外交付的软件产品以及那些被选定的在项目中使用的支持类工具等。

(6) 软件配置的整体性在整个项目生命周期中得到控制。

(7) 软件质量保证人员应该定期审核各类软件基准以及软件配置管理工作。

(8) 软件基准的状态和内容能够及时通知给相关组别和个人。

3. 角色

对于任何一个管理流程来说，保证该流程正常运转的前提条件就是要有明确的角色、职责和权限的定义。特别是在引入了软件配置管理的工具之后，比较理想的状态就是组织内的所有人员按照不同的角色要求，根据系统赋予的权限来执行相应的动作。因此，在本书所介绍的软件配置管理过程中主要涉及项目经理、配置控制委员会和配置管理员这 3 种角色。

1) 项目经理

项目经理是整个软件开发活动的负责人，其根据软件配置控制委员会的建议，批准配置管理的各项活动并控制它们的进程。其具体职责为以下 4 项。

（1）制定和修改项目的组织结构和配置管理策略。

（2）批准、发布配置管理计划。

（3）决定项目起始基线和开发里程碑。

（4）接收并审阅配置控制委员会的报告。

2）配置控制委员会

配置控制委员会负责指导和控制配置管理的各项具体活动的进行，为项目经理的决策提供建议，其具体职责为以下 3 项。

（1）定制开发子系统，定制访问控制权限，制定常用策略。

（2）建立、更改基线的设置，审核变更申请。

（3）根据配置管理员的报告决定相应的对策。

3）配置管理员

配置管理员根据配置管理计划执行各项管理任务，定期向配置控制委员会提交报告并列席例会。具体职责为以下 7 项。

（1）软件配置管理工具的日常管理与维护。

（2）提交配置管理计划。

（3）各配置项的管理与维护。

（4）执行版本控制和变更控制方案。

（5）完成配置审计并提交报告。

（6）对开发人员进行相关的培训。

（7）识别软件开发过程中存在的问题并拟定解决方案。

3.7.4 软件缺陷管理

缺陷跟踪管理系统是用于集中管理软件测试过程中发现缺陷的数据库应用程序，其可以通过添加、修改、排序、查询、存储等操作来管理软件缺陷。

缺陷跟踪管理系统可以方便缺陷的查找和跟踪。对于大中型软件的测试过程，报告的缺陷总数可能多达成千上万个，如果没有缺陷跟踪管理系统的支持，要查找某个错误其难度和效率可想而知。它可以作为测试人员、开发人员、项目负责人、缺陷评审员协同工作的平台。此外，该系统可以保证测试工作的有效性，避免测试人员重复报错，也便于管理者及时掌握各缺陷的当前状态，进而完成对应状态的测试工作。最后，该系统还能跟踪和监控错误的处理过程，方便地检查处理方法是否正确；跟踪处理者的姓名和处理时间，以此作为工作量的统计和业绩考核的参考。

缺陷跟踪管理系统在实现技术层面上看是一个数据库应用程序，它包括前台用户界面、后台缺陷数据库以及中间数据处理层。

这类系统的用户界面所显示的信息一般应根据用户的角色不同（测试人员、开发人员、项目负责人、缺陷评审员等）而略有差异，因为各个角色使用该系统完成的任务各不相同。例如，测试人员用于报告缺陷或确认缺陷是否可以被关闭；开发人员用于了解哪些缺陷需要他去处理以及缺陷经过处理后是否被关闭；而项目负责人需要及时了解当前有哪些新的缺陷，哪些必须及时修正等。另外，不同角色所拥有的数据操作权限也不尽相同。例如，开发人员无权通过其用户界面向数据库中填写新的缺陷信息，也无权关闭某个已知缺陷；而测试人员无权决定分配谁去修正某个已知缺陷，也无权决定是否要修正某个缺陷。

3.8 习 题

1. 选择题

(1) 单元测试中用来模拟被测模块调用者的模块是(　　)。
A. 父模块　B. 子模块　C. 驱动模块　D. 桩模块

(2) 以下不属于单元测试内容的是(　　)。
A. 模块接口测试　B. 局部数据结构测试
C. 路径测试　D. 用户界面测试

(3) 集成测试计划应该在(　　)阶段末提交。
A. 需求分析　B. 概要设计
C. 详细设计　D. 单元测试完成

(4) 在软件底层进行的测试称为(　　)。
A. 系统测试　B. 集成测试
C. 单元测试　D. 功能测试

(5) 在自底向上测试中，要编写(　　)来测验正在测试的模块。
A. 测试存根　B. 测试驱动模块
C. 桩模块　D. 底层模块

2. 简答题

(1) 软件的测试过程包括哪几个阶段?
(2) 简述单元测试的主要任务。
(3) 简述单元测试的优缺点。
(4) 简述集成测试的自顶向下和自底向上两种测试方法。
(5) 简述集成测试和系统测试的关系。
(6) 软件性能测试包括哪些类型?
(7) 简述确认测试的内容。
(8) 如何理解系统测试? 它的测试流程是怎样的?
(9) 简述系统测试的类别。
(10) 软件验收测试包括哪几种类型?

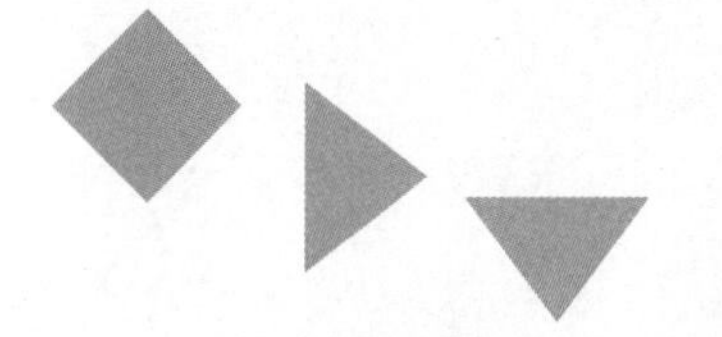

第二部分　发　展　篇

第4章 软件测试的发展

本章主要介绍软件测试中的云测试，包括云测试的定义、特点、方法等，还介绍移动应用软件测试中的Android系统、adb命令，嵌入式软件测试中嵌入式软件的开发，嵌入式的测试环境、策略和流程，以及自动化测试用例的生成等内容。

4.1 云 测 试

4.1.1 云

云从本质上来讲是一种网络，其用来描述布署在全球远程服务器上的服务资源。云是一个庞大的服务器生态系统，理论上云包含了所有联网状态的计算机，它们是云的一部分，用来存储数据、管理数据、运行应用程序、提供服务等。

区别于物理服务器，云技术将实体服务器变为虚拟化的"资源"，节省了成本，也便于管理，使资源共享极大化。云技术可以在计算机硬件限制的情况下提供快速响应变化需求的支持，实现即需即用，对于企业来说，云技术带来了极大的价值。在云模式下，云计算、云服务、云应用等应运而生。

在2012年3月，国务院政府工作报告中正式给出云计算的官方定义。

"云计算是基于互联网的服务的增加、使用和交付商业模式，通常涉及通过互联网来提供动态易扩展且经常是虚拟化的资源，是传统计算机和网络技术发展融合的产物，它意味着计算能力也可作为一种商品通过互联网进行流通。"

从定义中可以看出，云计算是一种商业模式。"商品"代表用户按需付费来获取可配置的计算资源。为了使计算资源能让用户按需使用，根据其使用的需求来动态扩展，最好的方法就是将计算资源虚拟化，通过虚拟化使物理的计算机能够更加灵活便捷地为用户提供服务，可以动态地按照需求进行变化。

云计算相比于传统的网络应用模式具有如下特点。

(1) 技术虚拟化。这是云计算最显著的一个特点，包括了资源与应用虚拟化。

(2) 动态可扩展。用户可以使用快速部署条件对已有业务或者新业务进行动态扩展。

（3）按需部署。可以根据用户需求快速部署计算机资源。

（4）高兼容性。对大多数的网络资源兼容，拥有高性能计算能力，灵活性强。

（5）安全可靠。在单个服务器出现问题时，可以利用云计算的虚拟化技术来从其他服务器上恢复以及管理数据。

（6）高性价比。用户不需要购买昂贵、存储能力大的主机，既优化了物理资源，又提高了计算能力。

用户在云平台上进行工作，在云计算模式下，云服务也是按需付费的。企业将数据上传到云平台上，通过不同的计算机设备相连接，达到数据存储、管理、计算的目的。

云服务有两种形式：公有云和私有云。公有云指在公网中的多个不同的用户共享一个系统资源，其成本较低，但是对于一些大企业来讲建立在公网的云服务无法保证数据安全。私有云与公有云运作模式相似，但是私有云建立在私有内网中，成本较高，需要企业自行设计和采购网络、数据、存储设备，并且需要其拥有专业的管理团队，但私有网络能大大提高数据安全性。

云应用是云计算在应用层的表述，其将云计算模式转化为具体的产品。与传统应用相比，云应用用户不需要在本地安装软件程序、占用本地计算机资源进行运算，只需要登录服务器端（即云端），通过互联网或者局域网连接使用远程集成服务器。基于远程的集成服务器具有强大的运算能力，可以进行业务逻辑以及运算。

随着云的发展，云应用已经渗透到人们的日常生活与工作之中，常见的一些云应用有在线文档编辑软件、云盘、电子日历、电子邮件等。云应用有着类似传统应用软件那样强大丰富的功能，即取即用，不仅能降低使用成本，而且大大提高了运算效率。

云应用是在云计算模式下的应用，其具有与云计算一样的特征，可总结为以下 3 点。

（1）跨平台性。

（2）易用性。

（3）轻量性。

4.1.2 云测试的特征

软件测试在云计算的背景下发生了很大变革，正在从使用桌面应用软件向在线软件服务过渡。云测试是一种建立在网络虚拟化的基础上，由用户提交自动化测试脚本给平台，通过平台提供的多种环境运行脚本所进行的测试。

软件应用通常需要测试其负载能力、稳定性、安全性、可适用性等多方面特性。如果在本地进行测试，需要耗费大量的硬件资源、软件资源、人力资源和时间资源。云计算是建立在网络化、虚拟化基础上的，有大量的计算机资源做支撑，因此云测试需要做的事情就是把测试的脚本、需要测试的类别（例如，SQL 注入测试、跨站点脚本问题等）、测试需要覆盖的硬件系统（例如，不同的 CPU）不同的内存需求、软件系统需求（例如不同操作系统、不同数据库、不同浏览器等范围）发送给云端，云端会快速地给出测试结果。

对于测试要求的不同硬件资源和软件资源，云端不仅能通过调用旗下不同计算机的资源来帮助测试，也能通过强大的虚拟化技术将之实现。

云测试具有如下特征。

(1) 测试资源的服务化。云测试实际上是一种在云平台上进行的云服务,用户不需要关注测试的方法、技术以及实现方式,只需要提交测试所需的代码、脚本、可执行文件或者系统,通过接口访问云测试平台进行测试,平台会很快给出测试结果。

(2) 测试资源的虚拟化。云测试建立在云计算的基础上,用户可以根据需求使用虚拟化的云计算测试资源。

云测试具有3种服务类型,分别为基础设施即服务、平台即服务、软件即服务。

(1) 基础设施即服务(infrastructure as a service,IaaS)是以服务形式向用户提供的服务器存储和网络架构,是云服务的最底层,由高度可扩展和自动化的资源组成。用户拥有使用基础设施进行项目开发与设计等工作的自主权。常见的IaaS应用有Amazon EC2、RackSpace Cloud等。

(2) 平台即服务(platform as a service,PaaS)是以服务形式提供给用户应用程序环境以及部署平台,向用户省略硬件操作以及操作系统细节,用户可以在此平台上部署开发和管理应用程序。一般情况下这些平台包括数据库、开发工具等。

(3) 软件即服务(software as a service,SaaS)指以服务形式通过浏览器提供给用户应用程序。用户不需要关心如何实现以及环境的部署等问题,因为软件的开发、部署、管理均由第三方控制,用户只需使用即可。常见的在线文档编辑软件、社交服务软件等都属于软件即服务应用。

4.1.3 云测试平台

云测试平台可以为用户提供一个方便、全面的测试环境,包括系统应用环境、测试工具等。用户不需要安装各种测试软件,也不需要搭建测试环境,只需要提供测试脚本或者可执行文件等测试原型并支付所需费用,即可享受测试平台的服务。云测试极大地节省了测试时间,提高了测试效率,并且能够提供强大的计算能力和存储能力,极大地改善了测试性能。

1. 云测试平台的需求

云测试平台的需求主要是测试自动化功能,包括以下3方面。

(1) 测试脚本复用。

(2) 测试过程记录。

(3) 测试结果记录。

云测试平台的基本要求如下。

(1) 软件系统需求应用在不同的环境下,云测试平台应该针对被测系统进行兼容性测试。例如,在一种浏览器下录制脚本后,采用不同的浏览器访问被测系统,或者测试应用软件在不同操作系统下的运行状态。

(2) 云测试平台应该记录被测软件系统的测试过程,自动化管理测试过程以及测试脚本,对开发过程中出现的质量问题进行跟踪,在系统部分功能被修改之后,被测系统仍应可以复用原有的测试脚本进行回归测试。

(3) 云测试平台应支持并发测试,并能按照依赖条件设置测试顺序。针对Web的自动化功能测试可能需要执行大量测试用例，如果按顺序测试将会消耗大量时间，且无法体现云测试平台的优势。

(4) 云测试平台应能针对虚拟机的资料利用情况进行自动化调度。测试脚本的执行势必会消耗虚拟机资源，云测试平台的后台管理应能自动进行虚拟机负载平衡，确保虚拟机任务的均匀分配。

(5) 云测试平台应可通过 Web 方式进行访问，具备简洁、友好的界面。

性能监控是云测试平台中的重要功能，其主要由测试任务调度引擎负责实现，可以实时地提供云测试平台各项性能的参数。虚拟机的调度和分配任务都要根据各项性能参数做出考量，从而发挥最大的测试效率。另外，通过各种性能参数也可以反映出云测试服务的整体性能，发现瓶颈并突破瓶颈。

2. 云测试平台的功能

云测试平台的需求决定了其应该具备以下功能。

(1) 具备 Web 访问门户，用户可以自主地选择虚拟机资源、自主地查看测试报告、自主地管理测试项目等。

(2) 虚拟机可以支持很多操作系统，也可以用多种浏览器测试脚本的运行效果，包括 IE、Chrome、Firefox 或者 Safari 等常见浏览器。

(3) 可执行的测试脚本支持 JUnit 和 TestNG 两种常见的开源测试框架，并可实现测试脚本的复用。

3. 云测试平台的特点

云测试平台的特点有以下 5 点。

(1) 新型的测试增值服务。云测试平台可以提供测试设备的设置、部署与维护服务，并以对云的用户收取服务费的模式盈利。

(2) 测试服务类型广泛。支持功能测试、性能测试、安全测试、验收测试、性能调优等。

(3) 云消费模式。用户按需支付实施以及服务费用来使用测试系统。

(4) 基础架构无关性。云用户不必再负担包括硬件设备、网络环境、操作系统、数据库、中间件等在内的基础结构，以及 IT 工作人员和诸如应用程序管理、监控、维护等操作性问题带来的成本。

(5) 高安全性。通过有效的技术措施保证云用户的数据获得高质量的安全性和保密性。

4. 云测试平台中用到的云计算技术

测试人员在测试过程中需要使用一些云计算技术，如虚拟化技术、分布式存储、海量数据管理和云平台管理。

4.1.4 云测试的优缺点

云测试作为一种云计算模式下的测试方法具有以下优缺点。

1. 优点

(1) 节约成本。在建设测试用基础设施方面,云测试可节省巨大成本,用户无须担心前期的大量硬件、软件和人力资源成本。

(2) 覆盖面广。网络应用程序在日常条件下能够准确工作并能够应对意料之外的流量高峰,使客户获得巨大的性能改善。

(3) 灵活方便。测试人员提交测试脚本或者系统至云测试平台上,享受平台的计算机资源而不需要自己搭建测试环境,同时可以提供不同的系统运行环境,模拟在不同平台上系统的兼容性。

(4) 真实模拟。云测试可以提供分布式的虚拟用户环境,如地理位置、操作系统、网络宽带等特性。

(5) 按需提供。在测试过程中,用户可以根据所需获取测试资源,减少资源的浪费。

(6) 加速测试。在云测试平台上可以并发执行测试用例,提高了测试效率。

2. 缺点

(1) 数据安全问题。云测试基于云环境,重要数据在不同的系统之间流动可能造成数据泄露。

(2) 集成问题。为了满足用户的需求,云测试环境集合了多种异构系统,加大了集成难度。

(3) 适用性问题。不是所有的测试过程和测试用例都适用于云测试框架。

4.1.5 云测试的实施策略

云计算是一种计算模式,在实际应用过程中,要区分其与传统系统的测试方法,结合云测试平台的特点,制定测试策略。

(1) 建立统一的云测试标准和规范。

(2) 提高测试人员的基本素质。

(3) 提高云计算性能。

(4) 适当进行评估,使测评相结合。

4.1.6 云测试的挑战

目前云测试还处在发展中,面临很多的问题。现在的研究工作虽已在一定程度上解决了云测试的基础问题,但还有很多不足与挑战。

(1) 信息化设备的技术状态感知越来越难。信息化设备越来越复杂、测试信号接入越来越难,这使得信息化设备的技术状态感知也越来越困难。同时对于设备研制技术,云测试系统核心组件之间的连接技术和关键接口的设计、云端设备的智能化与小型化都给云测试平台带来了极大的挑战。

(2) 信息融合与数据挖掘越来越困难。云测试平台的各个子平台体系差异大,功能复杂,为了处理海量垃圾数据和防止孤岛效应,必须在体系结构、系统认证及信息交互等方面进行大量的改造与整合。此外对多种来源的、质量参差不齐的数据进行融合、挖掘也是一项复杂而艰巨的工作。

（3）数据安全性面临挑战。用户数据都是基于云环境的，这会涉及用户数据的隐私问题。随着应用信息的不断交互，用户数据会在不同系统之间传输，需要通过测试来保障数据的安全性。

（4）不同环境的测试不具有兼容性。云测试研发人员仅是针对不同平台环境下的测试问题进行独立研究，没有在统一的框架下考虑不同环境的测试问题。顶层标准规范的缺失导致了研究成果与云测试平台密切相关，阻碍了研究成果的通用性。

（5）云测试准备不完善。

（6）基础设施薄弱。测试资源组网能力差，网络带宽不足等因素都制约着云端设备与云测试平台之间的快速无缝交互。云端设备过于昂贵也限制了云测试平台的建设部署。另外，虚拟化能够提高资源的利用效率，实现应用和服务的无缝连接，但是实现虚拟化技术需要考虑虚拟系统的可靠性、运行效率、部署效率和易用性。

（7）服务保障不足。

（8）部分软件不兼容虚拟化。

4.2 移动应用软件测试

随着手机等移动设备的普及，越来越多的企业和个人涌入了移动应用的开发中，这一过程会面临产品质量参差不齐的问题。从另一方面看，由于移动设备的特点，如待电量有限、屏幕小、移动网络状况复杂等问题的存在，所以移动应用其实对产品的质量要求更高。

移动应用软件测试主要是针对移动设备上的应用软件进行一系列的测试，而移动应用主要是运行在 Android 和 iOS 两大主流系统平台。由于二者的设计理念和硬件的不同，Android 和 iOS 系统在界面设计等方面也有众多不同，因而在进行测试时也会有所区别。本书主要讲解基于 Android 系统的移动应用软件测试。

4.2.1 Android 系统介绍

Android 系统是 Google 公司于 2008 年 12 月 23 日发布的移动设备操作系统，它是一种基于 Linux 自由开放源代码技术的操作系统，主要用于手机等移动终端。

Android 平台由操作系统、中间件、用户界面和应用程序组成，自 Android 系统面世以来，它的版本升级非常迅速，到目前已经升级到 13.0 版，并且在 10.0 版之后 Android 的名称就改成了 Android Q，而市面上目前还在使用的也是从 6.x 到 10.x 等各种版本。为了保证应用可以在不同版本的 Android 系统、不同机型上正常运行，就必须对其进行全面的兼容性测试，这大大增加了测试人员的工作量。

1. Android 系统架构

Android 主要应用于移动端，包含 5 层系统架构，如图 4.1 所示。

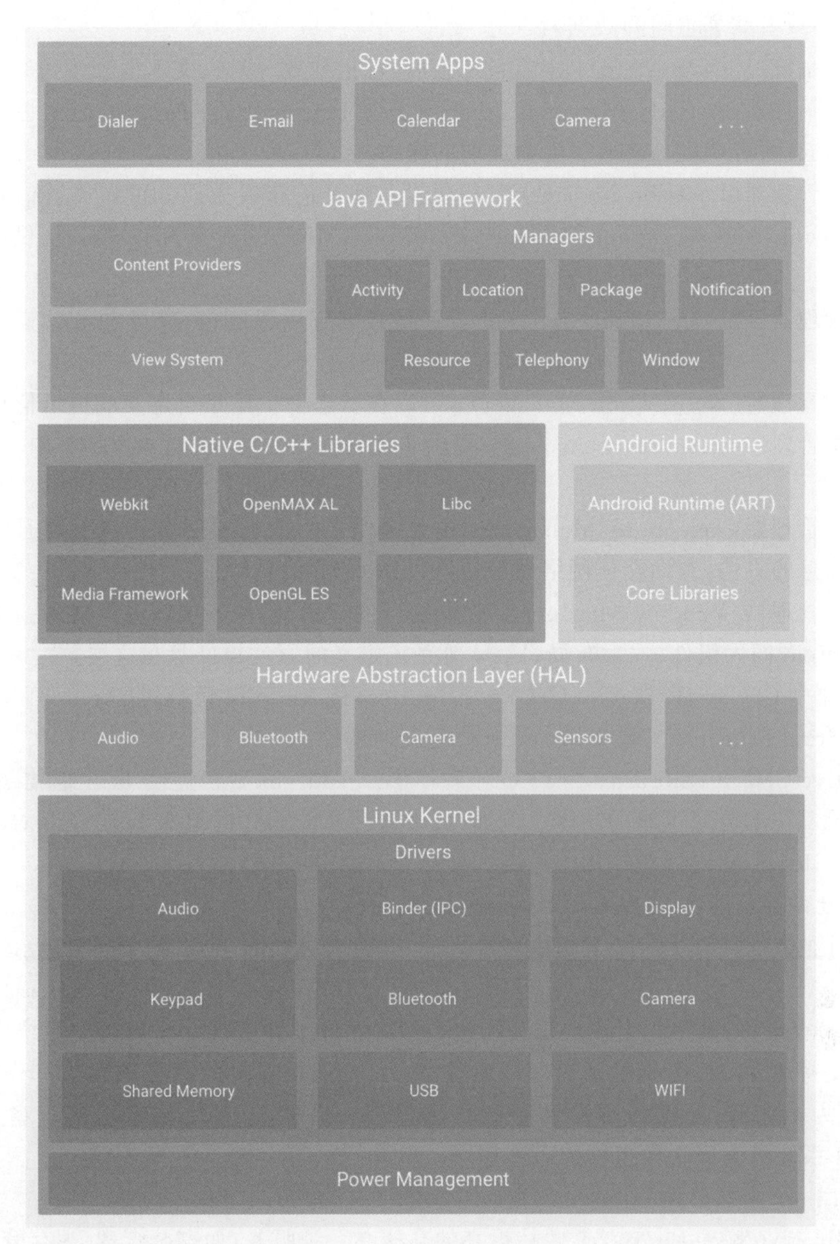

图 4.1　**Android** 系统架构

1）系统应用(System Apps)层

该层不仅包含系统自带的应用，如拨号器(Dialer)、邮件(E-mail)、日历(Calendar)、相机(Camera)等，还包含大量的 Android 应用层开发者开发的第三方应用，如支付宝、微信、QQ 等。

2）Java API 架构(Java API Framework)层

Java API 架构层主要包含以下内容。

内容提供器(Content Providers)：可以让一个应用访问另一个应用的数据(如联系

人数据库)或者共享它们的数据。

视图系统(View System):丰富且可拓展,包括列表、网络、文本框和按钮等。

活动管理器(Activity Manager):负责管理所有应用程序中的活动,它掌握所有活动的情况,具有所有调度 Activity 生命周期的能力。

位置管理器(Location Manager):提供设备地址的获取方式。可扩展通信和表示协议(eXtensible Messaging and Presence Protocol,XMPP)的前身为 Jabber,提供即时通信服务。

包管理器(Package Manger):主要职责是管理应用程序包,通过它可以获取应用程序信息。

通知管理器(Notification Manager):可以在状态栏中显示自定义的提示信息。

资源管理器(Resource Manager):提供非代码资源的访问,如本地字符串、图形和布局文件。

电话管理器(Telephony Manager):主要提供了一系列用于访问与手机通信相关的状态和信息的方法,查询电信网络状态信息、SIM 卡的信息等。

窗口管理器(Window Manager):控制窗口的显示、隐藏以及窗口的层序。

Android 四大组件、六大布局、View 等系统定义的原生组件都在这层。

3) 原生 C/C++ 库(Native C/C++ Libraries)和 Android 运行时(Android Runtime)

Android Runtime 主要提供 Android 运行时的库。

Native C/C++ Libraries 为 C/C++ 程序库。Android 平台提供 Java 框架 API 以向应用显示其中部分原生库的功能。例如,可以通过 Android 框架的 Java OpenGL API 访问 OpenGL ES,以支持在应用中绘制和操作 2D 和 3D 图形。

4) 硬件抽象层(Hardware Abstraction Layer)

硬件抽象层简称 HAL,其提供标准界面,向更高级别的 Java API 框架显示设备硬件功能。HAL 包含多个库模块,如音频(Audio)、蓝牙(Bluetooth)、相机(Camera)、传感器(Sensors)等模块,其中每个模块都为特定类型的硬件组件实现一个界面。系统内置对传感器的支持达 13 种,分别是加速度传感器、磁力传感器、方向传感器、陀螺仪、环境光照传感器、压力传感器、温度传感器和距离传感器等。当框架 API 要求访问设备硬件时,Android 系统将为该硬件组件加载库模块。

5) Linux 内核(Linux Kernel)层

Android 依赖于 Linux 2.6 内核提高的高核心系统服务,如安全管理、内存管理、进程管理、网络管理等方面的内容。内核作为一个抽象层,存在于硬件层和软件层之间。

2. Android 系统权限

Android 操作系统是一个多用户的 Linux 操作系统,每个 Android 应用都属于不同的用户,运行在自己的安全沙盘里。系统为应用的所有文件设置权限,只有同一个用户的应用可以访问它们。每个应用都有自己单独的虚拟机,这样应用的代码在运行时是相互隔离的,即一个应用的代码不能访问或意外修改其他应用的内部数据。

每个应用都运行在单独的 Linux 进程中,当应用被执行时,Android 系统都会为其启动一个 Java 虚拟机，因此不同的应用运行在相互隔离的环境中。Android 系统采用最小权限原则以确保系统的安全性，即每个应用默认只能访问满足其工作所需的功能，而不能访问其无权使用的功能。在实现移动平台的自动化测试时，如应用 Robotium，就必须保证应用使用相同的密钥签名、在 AndroidManifest.xml 文件中为这些应用分配相同的 Linux 用户 ID，同时，如果应用需要用到摄像头、WiFi、蓝牙适配器、SD 卡等的读写操作都需要进行授权。

3. Android 系统相关属性

活动(Activity)：在操作一些应用软件(如 Word)时，出现的每个功能界面。例如，在编辑文件、改变字体大小后，此时用户单击工具条的“保存”按钮；或者使用一个拼车应用软件时，软件会提供一个界面，指定出发的地点、目的地、出发时间等信息，此时用户单击“确认预约”按钮。它们都是软件系统和用户的一个交互，这个和用户交互的界面被称为活动。

服务(Service)：后台服务通常没有交互的图形用户界面，其是多用于处理长时间任务，而不影响前台用户体验的组件。

内容提供器(Content Provider)：用来管理应用可共享部分的数据。例如，应用将数据存储在文件系统或者 SQLite 数据库中，通过内容提供器所提供的支持，其他的应用也可以对这些数据进行查询。

广播接收器(Broadcast Receivers)：在 Android 系统里面有各种各样的广播，如电池的使用状态、电话的接收和短信的接收等都会产生一个广播，应用程序开发者也可以监听这些广播并做出程序逻辑的处理。

4.2.2 Android 系统自动化测试

1. 发展历程

2007 年，Google 将 Android 框架开源，与 Android 源代码一起发布的还有 Monkey、MonkeyRunner、Instrumentation 3 个测试框架，这也是最早可用的自动化测试框架。2010 年，Robolectric 自动化测试框架开源，并且第一个第三方测试工具 Robotium(基于 Instrumentation)也开始面世。2011 年，在新发布的 Android SDK 中可以通过 Java 来调用 Monkey 框架，也可以调用 MonkeyRunner 框架。2013 年，Selendroid、Appium、Espresso、Calabash 等自动化测试框架相继涌现，此外还有 MonkeyTalk、RoboSpock、NativeDriver 等框架出现，业内迎来了自动化测试的大潮。

2. 常用的自动化测试框架

随着移动应用的发展和普及，许多自动化测试工具应运而生。下面将从编写语言、运行环境、测试对象和测试限制等方面简单介绍 5 种常用的 Android 自动化测试工具。

1) Monkey

编写语言：cmd 命令。

运行环境：使用 adb 连接 PC 运行。

测试实施：Android 平台自动化测试的一种手段，通过 Monkey 程序模拟用户触摸屏幕、滑动 Trackball、按键等操作对设备上的程序进行压力测试，检测程序多久会发生异常，主要测试客户端应用的稳定性以及稳健性。

测试限制：主要是做随机模拟用户操作移动端的操作。

2）MonkeyRunner

编写语言：Python。

运行环境：Python 环境，使用 adb 连接 PC 运行。

测试实施：UI 测试、功能测试、回归测试，并且可以自定义扩展，灵活性较大。

测试限制：主要使用坐标定位，逻辑判断能力较差。

3）UI Automator

编写语言：Java。

运行环境：使用 adb 连接 PC 运行。

测试实施：主要用于 UI 功能自动化和 UI 测试，启动快速，运行简单。

测试限制：以控件的方式来定位，也支持坐标轴的方式来定位，权限控制不足，无法像 Instrumentation 那样使用。

4）Instrumentation

编写语言：Java。

运行环境：使用 adb 连接 PC 运行。

测试实施：主要用于白盒测试和 UI 测试。

测试限制：单个 activity 测试，需要与测试应用具有相同的签名。

5）Robolectric

编写语言：基于 Instrumentation 封装。

运行环境：使用 adb 连接 PC 运行。

测试实施：主要用于白盒测试和 UI 测试。

测试限制：单个 activity 测试，需要与测试应用具有相同的签名。

4.2.3 adb 命令

1. Android 调试桥介绍

Android 调试桥即 adb，它是 Android 系统提供的一个通用调试工具，位于 Android SDK 开发包 platform-tools 目录下，如图 4.2 所示。

国内常见的手机工具（如腾讯手机助手、360 手机助手）其实都用到了 adb，使得 PC 能够和 Android 设备进行通信，它是一个客户/服务器架构的命令行工具，主要由 3 部分构成。

客户端：在用户计算机上运行的客户端，可以通过命令行启动。

守护进程（adbd）：以后台进程的形式运行于设备或模拟器上的一种特殊进程。

服务器：在用户机器上作为后台进程运行的服务器，该服务器负责管理客户端与运

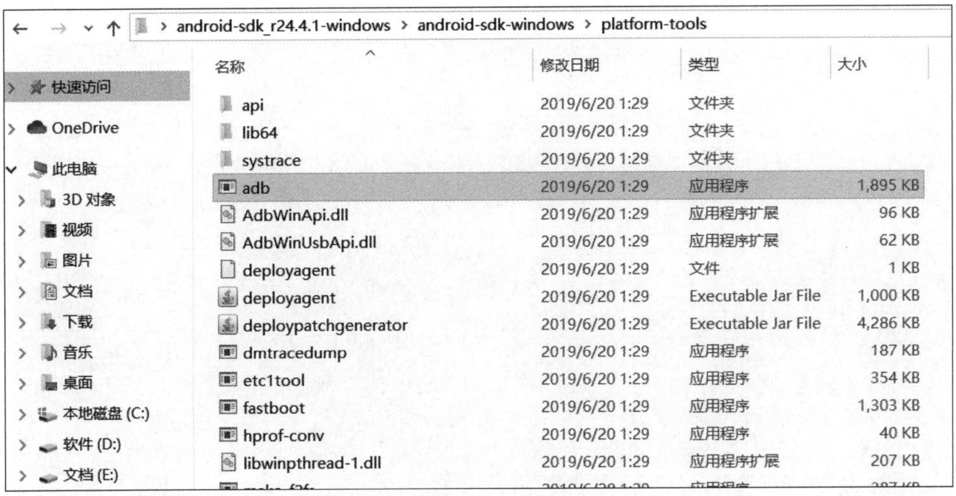

← → ∨ ↑ › android-sdk_r24.4.1-windows › android-sdk-windows › platform-tools

名称	修改日期	类型	大小
api	2019/6/20 1:29	文件夹	
lib64	2019/6/20 1:29	文件夹	
systrace	2019/6/20 1:29	文件夹	
adb	2019/6/20 1:29	应用程序	1,895 KB
AdbWinApi.dll	2019/6/20 1:29	应用程序扩展	96 KB
AdbWinUsbApi.dll	2019/6/20 1:29	应用程序扩展	62 KB
deployagent	2019/6/20 1:29	文件	1 KB
deployagent	2019/6/20 1:29	Executable Jar File	1,000 KB
deploypatchgenerator	2019/6/20 1:29	Executable Jar File	4,286 KB
dmtracedump	2019/6/20 1:29	应用程序	187 KB
etc1tool	2019/6/20 1:29	应用程序	354 KB
fastboot	2019/6/20 1:29	应用程序	1,303 KB
hprof-conv	2019/6/20 1:29	应用程序	40 KB
libwinpthread-1.dll	2019/6/20 1:29	应用程序扩展	207 KB

快速访问
OneDrive
此电脑
3D 对象
视频
图片
文档
下载
音乐
桌面
本地磁盘 (C:)
软件 (D:)
文档 (E:)

图 4.2　adb 文件位置相关信息

行于设备或模拟器上的守护进程之间的通信。

当 adb 客户端启动时首先会检测系统中是否有 adb 服务器进程。如果没有，将运行服务器进程。服务器在运行时会通过监听 5037 端口获取 adb 客户端发来的消息，并进行对话。之后服务器会通过扫描所有 5555～5585 的奇数端口来定位设备或者模拟器，建立连接。一旦服务器找到了 adb 守护进程，它就会建立一个到该端口的连接。

例 4.1　端口。

```
Emulator 1,console: 5554
Emulator 1,adb: 5555
Emulator 2,console: 5556
Emulator 2,adb: 5557
...
```

例 4.1 模拟器实例通过 5555 端口连接 adb，同时使用 5554 端口连接控制台。一旦服务器与所有模拟器实例建立连接，就可以使用 adb 命令控制这些实例了。

为了使用 adb 来控制、调试 Android 设备，用户首先需要通过 USB 数据线将 PC 和 Android 手机设备连接到一起，然后将手机设备的 USB 调试模式开启，不同手机中的 USB 调试模式在手机系统的位置可能有所不同。

在命令行控制台输入 adb help，如果出现 adb 的版本和帮助等相关信息，则表示已成功执行，如图 4.3 所示。

2. adb 相关命令实例讲解

1）adb devices 命令

通过 adb devices 命令用户可以了解目前连接的设备或模拟器的状态信息。在命令行控制台输入 adb devices 命令后显示的相关信息如图 4.4 所示。

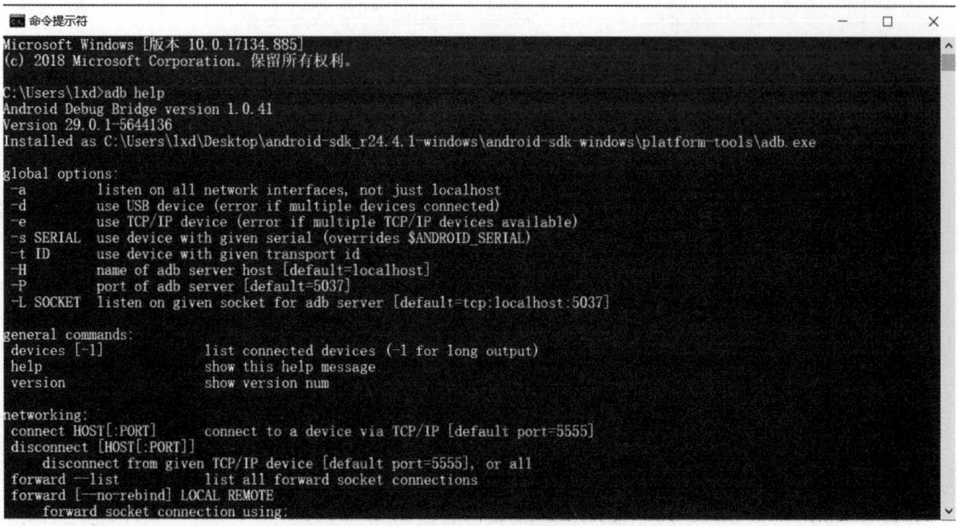

```
命令提示符
Microsoft Windows [版本 10.0.17134.885]
(c) 2018 Microsoft Corporation。保留所有权利。

C:\Users\lxd>adb help
Android Debug Bridge version 1.0.41
Version 29.0.1-5644136
Installed as C:\Users\lxd\Desktop\android-sdk_r24.4.1-windows\android-sdk-windows\platform-tools\adb.exe

global options:
 -a         listen on all network interfaces, not just localhost
 -d         use USB device (error if multiple devices connected)
 -e         use TCP/IP device (error if multiple TCP/IP devices available)
 -s SERIAL  use device with given serial (overrides $ANDROID_SERIAL)
 -t ID      use device with given transport id
 -H         name of adb server host [default=localhost]
 -P         port of adb server [default=5037]
 -L SOCKET  listen on given socket for adb server [default=tcp:localhost:5037]

general commands:
 devices [-l]             list connected devices (-l for long output)
 help                     show this help message
 version                  show version num

networking:
 connect HOST[:PORT]      connect to a device via TCP/IP [default port=5555]
 disconnect [HOST[:PORT]]
     disconnect from given TCP/IP device [default port=5555], or all
 forward --list           list all forward socket connections
 forward [--no-rebind] LOCAL REMOTE
     forward socket connection using:
```

图 4.3　执行 adb help 命令后显示的相关信息

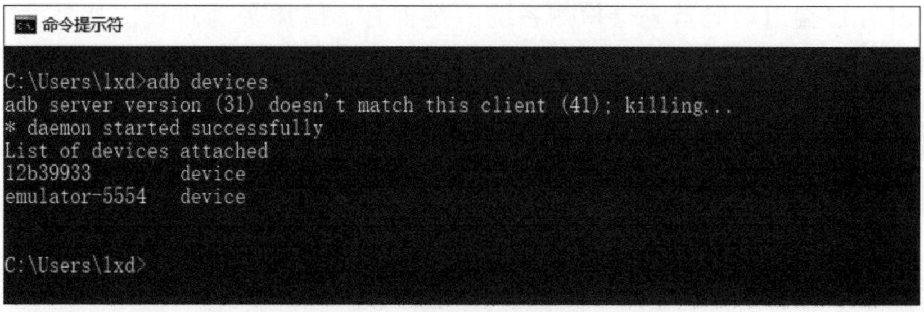

```
命令提示符

C:\Users\lxd>adb devices
adb server version (31) doesn't match this client (41); killing...
* daemon started successfully
List of devices attached
12b39933        device
emulator-5554   device


C:\Users\lxd>
```

图 4.4　执行 adb devices 命令后显示的相关信息

从图 4.4 中可以看出，其输出信息主要包括两列内容，第一列内容为设备的序列号信息；第二列为设备的状态信息。

序列号是用来表示一个设备的唯一标识符，设备通常是以“设备类型-端口号”的形式为序列号，图 4.4 中的 emulator-5554 表示该设备的类型为模拟器（Emulator），是正在监听 5554 端口的模拟器实例；而 12b39933 表示连接到 PC 上物理手机设备的序列号。

状态信息可能包含以下 3 种不同状态。

（1）device 状态。device 状态表示设备或模拟器已经连接到 adb 服务器上，但是这个状态并不代表设备或者模拟器已经可以进行操作，因为 Android 系统在启动时会先连接到 adb 服务器上，启动完成后设备或模拟器通常是该状态。

（2）offline 状态。offline 状态表示设备或模拟器没有连接到服务器或者没有响应。

（3）no device 状态。no device 状态表示没有物理设备或模拟器连接。

2）adb install 命令

测试人员平时经常要进行的一个操作就是把被测试的手机应用软件安装到指定的手机设备中，可能经常会用到一些如豌豆荚、腾讯手机助手、360 手机助手等工具。用 adb install 命令同样可以完成将手机应用安装到手机设备或者模拟器的目的。

如果同时存在一个物理手机设备和一个模拟器，需要对模拟器安装一个名称为 jisuanqi_1304.apk 的手机应用，那么需要在 adb 命令中加入一个-s 参数来指定针对哪个设备进行操作。

这里给出完整的向模拟器安装 jisuanqi_1304.apk 包的相关命令信息，即 adb -s emulator -5554 install D:\Java\pythonProject\appium_test\jisuanqi_1304.apk。在命令行控制台输入该命令，按 Enter 键运行后，将出现图 4.5 所显示输出信息和图 4.6 手机应用包安装成功后在模拟器中产生的相应图标信息。需要注意的是，命令中的路径是实验中的真实路径，在安装过程中需要按照自己实际情况进行改变，下文中均做类似处理。

```
命令提示符
C:\Users\lxd>adb -s emulator-5554 install D:\Java\pythonProject\appium_test\jisuanqi_1304.apk
Performing Push Install
D:\Java\pythonProject\appium_test\jisuanqi_1304.apk: 1 file pushed. 4.1 MB/s (7728528 bytes in 1.789s)
        pkg: /data/local/tmp/jisuanqi_1304.apk
Success

C:\Users\lxd>
```

图 4.5　执行安装 jisuanqi_1304.apk 包后显示的相关信息

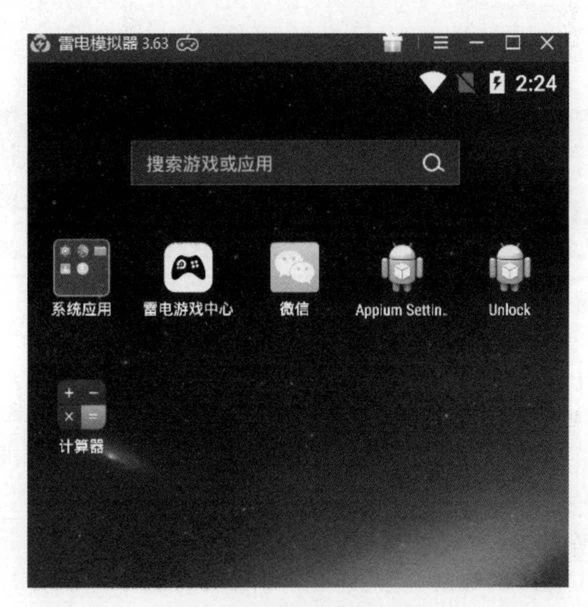

图 4.6　模拟器图标信息

用户可以输入“adb -s 物理手机设备序列号或手机模拟器序列号 install 安装包路径”，向指定的物理手机设备或者模拟器安装指定的手机应用。如果用户已经安装了该应用，再次运行安装时将会出现如图 4.7 所示的信息。根据图 4.7 显示的信息可以看出该应用已存在，所以给出了安装失败的信息。如果重新安装该包，则需要先将其以前的包彻底卸载，然后再次进行安装。

如果已经安装了该应用，又不想卸载后再安装，还有一个办法就是为命令加入 -r 参

```
命令提示符
C:\Users\lxd>adb -s emulator-5554 install D:\Java\pythonProject\appium_test\jisuanqi_1304.apk
Performing Push Install
D:\Java\pythonProject\appium_test\jisuanqi_1304.apk: 1 file pushed. 3.2 MB/s (7728528 bytes in 2.309s)
        pkg: /data/local/tmp/jisuanqi_1304.apk
Failure [INSTALL_FAILED_ALREADY_EXISTS]
java.lang.Exception: exit callstack! code=1
        at java.lang.System.exit(System.java:636)
        at com.android.commands.pm.Pm.main(Pm.java:109)
        at com.android.internal.os.RuntimeInit.nativeFinishInit(Native Method)
        at com.android.internal.os.RuntimeInit.main(RuntimeInit.java:249)

C:\Users\lxd>_
```

图 4.7 由于手机应用已存在而引起的安装失败信息

数，加入该参数后，会覆盖原来安装的软件并保留数据，如 adb -s 12b39933 install -r D:\Java\pythonProject\appium_test\jisuanqi_1304.apk。在应用已安装的情况下，仍然可以覆盖原来安装的软件并保留数据，这对于测试人员是非常有用的。

如果仅连接了一个物理手机设备或一个模拟器，可以不指定序列号而直接进行安装，假设现在仅连接了一个模拟器，且该模拟器上没有安装过 jisuanqi_1304.apk 应用，那么就可以直接输入 adb install jisuanqi_1304.apk 来安装该应用包。

如果一个物理手机设备和一个模拟器都处于已连接状态，运行 adb install D:\Java\pythonProject\appium_test\jisuanqi_1304.apk 命令后，将显示图 4.8 所示的信息。

```
命令提示符
C:\Users\lxd>adb install D:\Java\pythonProject\appium_test\jisuanqi_1304.apk
error: more than one device/emulator
error: more than one device/emulator
Performing Streamed Install
adb: connect error for write: more than one device/emulator

C:\Users\lxd>_
```

图 4.8 由于存在多个设备而引起的安装失败信息

3）adb uninstall 命令

在安装一个应用包时，如果已经安装过了以前版本的应用包，通过 adb install 命令进行安装时，将出现一个安装失败的信息，就需要将其以前安装在物理手机设备或模拟器的对应应用包卸载后，才能进行安装。当然也可以通过 adb install 命令讲到的加-r 参数进行覆盖安装的方式解决这个问题。

下面是使用 adb 命令的卸载方法。

应用 adb -s emulator-5554 uninstall com.ibox.calculators 命令卸载前面安装的 jisuanqi_ 1304.apk，com.ibox.calculators 为该应用的包名，其在命令行控制台的执行信息如图 4.9 所示。

```
命令提示符
C:\Users\lxd>adb -s emulator-5554 uninstall com.ibox.calculators
Success
```

图 4.9 卸载应用的相关显示信息

从图 4.9 中可以看出其卸载执行成功，在手机的应用界面该计算器对应的图标也将会消失。还可以应用 adb -s emulator-5554 shell pm uninstall -k com.ibox.calculators 命令来卸载 jisuanqi_1304 应用，加入-k 参数后卸载 jisuanqi_1304 应用会保留卸载软件的配置和缓存文件。

重点提示：

可以输入“adb -s 物理手机设备序列号或手机模拟器序列号 uninstall 已安装的应用包名”来卸载指定的物理手机设备或者模拟器中已安装的手机应用，例如，卸载已安装在物理手机设备中的 jisuanqi_1304.apk 应用，可以在命令行控制台输入 adb -s 12b39933 uninstall com.ibox. calculators。

如果卸载对应手机应用时希望保留配置和缓存文件，则可以输入“adb -s 物理手机设备序列号或手机模拟器序列号 shell pm uninstall -k 已安装的应用包名”命令，仍以实验时使用的手机设备为例，可以输入 adb -s 12b39933 shell pm uninstall -k com.ibox. calculators 实现此操作。

4）adb pull 命令

在进行测试时，有时会上传一些测试脚本或辅助应用等文件到物理手机设备或模拟器，有的需要从物理手机设备或模拟器上下载一些日志、截图或者测试结果等到本地计算机，此时可以应用 adb 命令实现手机和 PC 端文件的上传和下载操作。

例如，在实验手机设备 SD 卡的 tmp 文件夹下存在一个名称为 error_fs.dat 的文件，要把该文件下载到本地计算机的 D 盘根目录下。只要输入 adb pull /sdcard/tmp/error_fs.dat d:/命令就可以实现。文件传送完毕后，在本地计算机的 D 盘根目录将会发现有一个名为 error_fs.dat 的同名文件已经被复制。

有时可能会有多个手机设备连接到本地计算机上，这时就需要使用-s 参数来指定从哪个手机设备传送文件到本地计算机上，如 adb -s 12b39933 pull /sdcard/tmp/error_fs.dat d:/命令是从模拟器传送文件到本地计算机的操作，只需要把手机设备的序列号换成模拟器的序列号即可。

5）adb push 命令

前面已经介绍了如何从手机端下载文件到本地计算机上，那么与之对应的就是可以使用 adb push 命令将本地计算机上的文件传送到物理手机设备或者模拟器上。

输入 adb-s 12b39933 push c：/robotium.rar /sdcard/命令就可以将本地计算机 C 盘中的 robotium.rar 文件传送到手机的 SD 卡上。

6）adb shell 命令

Android 系统是基于 Linux 系统内核开发的，故其支持许多 Linux 命令，这些命令都保存在手机的/system/bin 目录下。在该目录下能看到一些平时在应用 Linux 系统时经常操作的命令，如 ls、cat、df、uptime、ps、kill 等。可以通过在 adb shell 命令后直接加上相关的命令及其参数的方式来执行这些命令。

下面看一些实例，如想要查看当前目录的所有内容，就可以输入 adb shell ls 命令，相关的输出信息如图 4.10 所示。

除此之外，也可以在命令行控制台先输入 adb shell 命令，在 shell@android:/ $ 提示符后直接输入 ls 命令来查看手机当前目录的所有内容。

之后，可以输入 exit 退出 adb shell 提示符，回到 Windows 命令行控制台。

如果需要查找手机上安装过的应用，这时可以使用 adb shell 命令访问手机系统/data/data 目录进行查看，注意在操作的过程中需要切换为 root 用户，具体的操作命令如图 4.11 所示。

```
命令提示符
C:\Users\lxd>adb shell ls
acct
cache
charger
config
d
data
default.prop
dev
etc
file_contexts
fstab.android_x86
init
init.android_x86.rc
init.environ.rc
init.rc
init.superuser.rc
init.trace.rc
init.usb.rc
init.zygote32.rc
lib
mnt
proc
property_contexts
root
sbin
sdcard
seapp_contexts
selinux_version
sepolicy
service_contexts
storage
sys
system
ueventd.android_x86.rc
ueventd.rc
vendor
```

图 4.10 adb shell ls 命令及输出信息

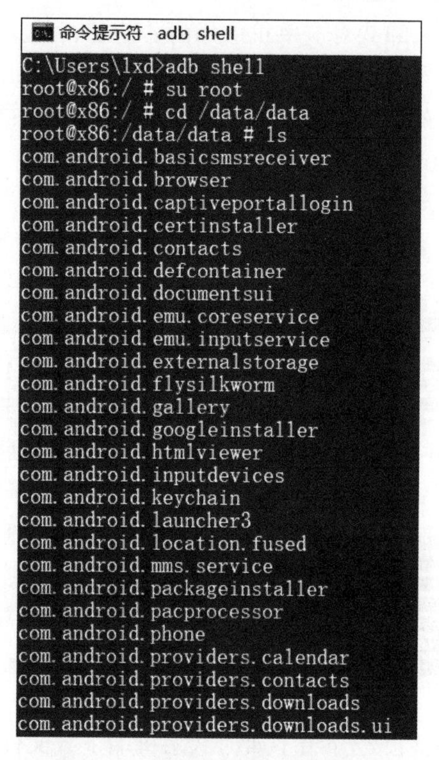

```
命令提示符 - adb shell
C:\Users\lxd>adb shell
root@x86:/ # su root
root@x86:/ # cd /data/data
root@x86:/data/data # ls
com.android.basicsmsreceiver
com.android.browser
com.android.captiveportallogin
com.android.certinstaller
com.android.contacts
com.android.defcontainer
com.android.documentsui
com.android.emu.coreservice
com.android.emu.inputservice
com.android.externalstorage
com.android.flysilkworm
com.android.gallery
com.android.googleinstaller
com.android.htmlviewer
com.android.inputdevices
com.android.keychain
com.android.launcher3
com.android.location.fused
com.android.mms.service
com.android.packageinstaller
com.android.pacprocessor
com.android.phone
com.android.providers.calendar
com.android.providers.contacts
com.android.providers.downloads
com.android.providers.downloads.ui
```

图 4.11 查看手机系统已安装的应用命令及输出信息

还有很多 adb 命令值得去关注，本书不再一一叙述，感兴趣的读者可以查阅一下相关资料和文档，根据自己的需求学习更多的 adb 命令。

4.3 嵌入式测试

嵌入式技术的巨大发展使得其相关软件的应用越来越广泛，已渗透到人们日常生活的方方面面，人们对其产品的性能要求也越来越高，因此，对嵌入式软件进行测试变得十分重要。

4.3.1　嵌入式系统与相关的软件开发

嵌入式在生活中的应用极其广泛，IEEE 定义的嵌入式系统是指控制、监视或者辅助机器和设备运行的装置。嵌入式系统是软件与硬件的结合，其以应用中心为定义，对软硬件进行裁剪，满足应用系统不同的性能、体积、功能等要求。

1. 嵌入式系统

嵌入式系统的核心是由一个或几个预先编程好以用来执行少数几项任务的微处理器或者单片机组成。区别于通用计算机系统，嵌入式系统是将一个计算机系统嵌入对象系统中，对象系统是指嵌入式系统所嵌入的宿主系统，可能是庞大的机器，也可能是小巧的穿戴设备。嵌入式系统上的软件通常是暂时不变的，一般被称为固件。

嵌入式系统的组成结构如图 4.12 所示。

图 4.12　嵌入式系统的结构

嵌入式系统区别于通用计算机系统，其具有以下特点。

(1) 专用性。嵌入式系统面向特定的应用，集成特定的、需要的模块，以降低功耗、减少体积，其集成度较高。

(2) 核心较小。由于嵌入式系统普遍应用于小型电子设备中，这类系统资源相对有限，因此内核比传统的操作系统要小得多。

(3) 流线型系统。嵌入式系统的系统软件和应用软件没有明显的区别，不要求其功能设计和实现过于复杂，这一设计有利于控制系统的成本和系统安全的实现。

(4) 可裁剪性。适用不同功能的嵌入式应用。

(5) 生命周期长。嵌入式系统将被嵌入具体对象系统中构成产品，其与硬件紧密地结合在一起，因此嵌入式系统的生命周期与产品的生命周期几乎等长。

(6) 可靠性高。软件固化在单片机中，其目的在于提高嵌入式系统的执行速度及系统可靠性。

(7) 实时性。

2. 嵌入式软件

嵌入式软件是基于嵌入式系统设计的软件，用于控制专用的、特定目的的设备，并使用程序实现必要的功能，是嵌入式系统的重要组成部分。图 4.13 为嵌入式软件的层次结构图。

图 4.13 嵌入式软件的层次结构图

嵌入式软件包括程序和文档，一般可以将之分为嵌入式系统软件、嵌入式支撑软件、嵌入式应用软件 3 类。

(1) 嵌入式系统软件用来调度、管理、监控计算机系统，如嵌入式操作系统负责嵌入式系统的全部软硬件资源的分配、调度工作，控制、协调并发活动，体现其所在系统的特征，并能够通过装卸某些模块来达到系统所要求的功能。常见的嵌入式系统软件有 Windows CE、Linux 等。

(2) 嵌入式支撑软件是用于帮助和支持软件开发的软件，其包括数据库和开发工具等。例如，嵌入式移动数据库 Sybase、Oracle 等。

(3) 嵌入式应用软件是基于固定的操作系统，为了满足用户不同的需求应用而开发的软件。例如，浏览器、输入法、通信软件等。

嵌入式软件和非嵌入式软件有以下 3 点区别。

(1) 定义不同：嵌入式软件是嵌入在硬件中的操作系统和开发工具软件；非嵌入式软件是指可以跨平台甚至跨系统使用的软件。

(2) 具体含义不同：嵌入式软件是基于嵌入式平台的应用软件或者系统软件；非嵌入式软件大多指基于通用处理器和操作系统平台的软件，如桌面应用软件一般都属于通用软件。

(3) 使用平台不同：在个人移动平台上运行的是嵌入式软件，如手机 QQ；能够运行在个人计算机和一些大型服务器的软件是非嵌入式软件等。

嵌入式软件具有以下特点：①独特的实用性；②灵活地运用性；③程序代码精简；④高可靠性和高稳定性。

3. 嵌入式软件开发

嵌入式开发指在嵌入式操作系统下进行开发，包括在系统化设计指导下的硬件、软件

---

① BSP 为板级支持包，全称为 Board Support Package。

以及综合研发,主要使用的语言是 C/C++、Ada。

通常来讲,嵌入式软件开发与通用软件开发在适用性和环境上的差异决定了二者之间的众多区别。

从开发环境来看,嵌入式软件开发在宿主机上编辑、编译程序,在目标机运行测试程序,被称为交叉开发,而且嵌入式开发需要根据目标机选择合适的编辑器和编译器,调试需要专用软硬件的支持,通用软件则在本机开发和调试。

从严格程度来看,由于嵌入式的自身特性,使得其对体积、成本、可靠性方面都有比较高的要求。

从涉及内容来看,嵌入式软件开发涉及 3 方面内容,分别是设备、网络和平台。设备包含范围比较广泛,可以是各种传感器,也可以是各种可穿戴设备,这些设备通常具有感测和反馈功能。通用软件开发主要涉及数据、网络和计算 3 部分。在当前大数据背景下,开发人员不仅要掌握传统的 SQL 数据库知识,还需要掌握 NoSQL 数据库知识。

从就业岗位来看,嵌入式软件开发的岗位主要集中在与设备关系密切的岗位上,在产业互联网阶段,嵌入式相关的开发岗位比较多。通用软件开发岗位相对于嵌入式软件开发岗位来说则要更丰富一些,涉及的场景也更多,如 Web 开发、移动互联网开发(Android、iOS)、大数据开发、人工智能开发等。

嵌入式软件开发的计算环节主要涉及算法设计和数据结构两大核心内容,目前分布式计算已经随着大数据和云计算技术得到了逐渐的普及。

总之,嵌入式软件开发的重点在于如何利用设备资源完成具体的控制操作,而通用软件开发的重点则是如何完成各种数据资源的管理和应用。如果以物联网体系结构来整合嵌入式软件开发和通用软件开发,嵌入式软件开发关注设备、网络和物联网平台,而通用软件开发则关注物联网平台、数据分析和数据运用。

嵌入式开发具有以下特点。

优点:解决了由于软硬件耦合度高导致的移植性差的问题,多任务机制,提供了丰富的网络协议栈及丰富的开源软件和工具。

缺点:硬件成本高。

4.3.2　嵌入式测试的定义

和通用测试相同,嵌入式测试也是为了保证嵌入式系统符合需求规格说明、最大程度地满足用户的需要而进行的测试工作,但嵌入式软件对系统可靠性的要求要远远高于通用软件。由于嵌入式系统具有专用性、实时性的特点,其通常面向特定应用设计,如果存在缺陷,往往会导致对象系统整体直接崩溃。对于一些安全性要求高的系统,如自动驾驶系统等可能会导致重大灾难。而对于一些安全性要求不高的系统,其大批量的生产也将会导致严重的经济损失。因此对嵌入式系统包括其软硬件进行测试就显得十分必要。

嵌入式软件测试一般经历 4 个阶段:单元测试、集成测试、系统测试与软硬件集成测试。前 3 个阶段与通用软件测试无异,单元测试对单独的模块进行测试;集成测试将模块组合起来进行测试;系统测试以系统级为单位进行测试。软硬件集成测试是嵌入式测试独有的测试阶段,其将测试嵌入式软件与硬件设备是否可以正常地交互控制。

嵌入式测试的内容包括软件代码测试、编程规范标准符合性测试、代码编码规范符合性测试、开发维护文档规范符合性测试以及用户文档测试。

由于嵌入式系统独特的特点，嵌入式软件需要运行在不同的硬件环境中，因此测试的时候也需要有对应的测试环境。一般情况下，测试环境有目标测试环境和宿主测试环境。宿主测试环境通常建立在模拟环境下，用于对嵌入式系统的界面、逻辑以及与硬件无关的方面进行测试，在宿主测试环境下可以尽早地开始测试，其消耗的时间少，测试的代价小。目标测试环境下的测试更加独特和复杂，减少了其他非模拟因素导致的缺陷，同时也需要消耗较多的经费与时间。目标测试环境一般在软硬件集成测试阶段就开始介入，在选择测试环境时可以根据需求的不同来选择。

对于不同的嵌入式软件，根据其特点可以搭建不同的模拟环境，其一般可分为仿真测试环境、交叉测试环境和插桩环境。

(1) 仿真测试环境。

根据系统与环境的真实参与程度，仿真的测试环境又可以分为全实物仿真测试环境、半实物仿真测试环境和全数字仿真测试环境。

① 在全实物仿真测试环境中，被测系统处于完全真实的运行环境中，系统和其交联的物理设备将建立真实的连接，组成闭环进行测试。全实物仿真测试环境在系统开发的后期开始介入，所有的软硬件工作都完成后，对嵌入式系统进行综合性测试，主要测试被测系统与其他设备的接口，属于系统测试。

② 在半实物仿真测试环境下，真实系统将作为被测系统在仿真模型下进行测试。仿真模型模拟被测系统的外围系统，实现被测软件运行所需真实环境的输入输出，驱动被测软件运行，以得出输出结果。

③ 在全数字仿真测试环境下，被测系统硬件与外围环境均需要通过仿真软件进行模拟构建，通过 CPU、控制芯片、I/O、终端、时钟等仿真器的组合在宿主机上构造嵌入式软件运行所必需的硬件环境，为嵌入式软件的运行提供一个精确的数字化硬件环境模型，为软件提供模拟输入值，其灵活性强，测试全面。

(2) 交叉测试环境。

交叉测试又称远程调试，是指调试器在宿主机的桌面操作系统上运行，而被测程序在目标机的嵌入式操作系统上运行。在进行交叉测试时，调试器需要以某种方式控制被调试进程的运行方式，并具有查看和修改目标机上内存单元、寄存器以及被调试进程中变量值的能力。

(3) 插桩环境。插桩环境多应用于动态测试中，其可对程序的执行情况等进行测试。通过插桩点来捕获程序当前运行的状态，插桩语句中将会植入被测程序的源程序，需要在插桩函数库中定义插桩语句，以达到发现软件中潜在缺陷的目的。

4.3.3 嵌入式测试的方法

针对嵌入式系统的特点，常用的嵌入式测试方法有基于软件的测试方法、基于硬件的测试方法、软硬件结合的测试方法 3 种。

1. 基于软件的测试方法

基于软件的测试方法是指在宿主环境下进行测试，尽量减少目标测试环境的搭建与使用，通过模拟宿主系统建立一个仿真软件测试环境。

根据仿真的方式与环境不同，其又可以分为两类：一类是使用软件测试环境中的函数等代替硬件系统中的输入输出接口实现数据仿真的方式，这种方式可以构建简单的仿真环境，仿真速度较快；另一类是完全以软件构建一个软件测试环境，不需要硬件系统的支持并且无须修改被测程序，这种方式测试灵活性较高，但是仿真环境的搭建较为困难，仿真的速度较慢。

基于软件的测试方法测试成本较低，灵活性强，但是当系统复杂时，软件测试的难度非常大，并且某些测试结果特别是对实时软件来说并不能真实地反映软件的运行情况。

2. 基于硬件的测试方法

基于硬件的测试方法是指使用硬件设备等对嵌入式系统进行测试。常用的硬件测试设备主要包括总线监视器、仿真存储器、在线仿真器和逻辑分析仪等。总线监视器通过观察总线上的数据和命令来实现程序执行的可视性，通过对流经总线的数据进行分析以完成一些相关的测试工作。

仿真存储器的工作原理是开发商在存储器中包含覆盖位，当访问到某个内存地址时设置覆盖位，这样在程序运行结束后就可以看到仿真存储器被命中的部位，从中推算出测试覆盖率的百分比，通过连续把系统内存映射到仿真存储器就可以得到测试覆盖率的统计结果。

在线仿真器是用来仿真 CPU 核心的设备，它可以在不干扰运算器正常运行的情况下实时地检测 CPU 的内部工作情况。当它停止时，内部的寄存器内容就可以被读出。在线仿真器允许用户设定断点、检测和修改 CPU 状态，其不足之处在于它对特定的微处理器来说是专用的。

逻辑分析仪是通过设置各种逻辑条件实时记录内存访问活动的仿真设备，所以也可以把它作为测试覆盖率的工具。由于逻辑分析仪是用在触发捕获模式下的，所以把跟踪的数据转化为覆盖率数据是比较困难的，因此一般在使用逻辑分析仪进行测试时，往往采用统计采样的方法。

基于硬件的测试方法准确真实，相对简单，对被测软件的运行影响很小，但是其也有无法克服的缺点，例如无法测试内存、当系统复杂时测试费用难以接受，并且只能获得被测程序较低层次的信息，从低级信息到被测软件高层结构的映射需要测试人员来手工完成，测试效率比较低等。

3. 软件硬件结合的测试方法

在保证嵌入式系统实时性与测试环境真实性的条件下，人们提出了软硬件结合的测试方法。软硬件结合的测试方法是指结合软件测试的插桩方法，使用硬件设备采集数据，针对特定应用中嵌入式系统的实时性所设计的一个专门的硬件平台与上层分析软件结合体。

数据采集器是测试系统的核心，其工作原理是将自身看作是目标系统的一个外设，测试目标程序中插入的桩语句就是向这个外设输出一个特定数据的命令，数据采集器通过不间断地监视读写信号和地址、数据总线，当有数据输出时，将所存地址和数据总线的数据进行地址数据匹配。如果匹配，则通过中断方式通知采集器和控制器高速获取数据总线上的数据，将数据进行压缩处理，使用先入先出(First Input First Output，FIFO)方式，对数据进行高速缓存，使用异步收发传输器、USB 端口或网络端口对数据进行高速数据传输，由多个数据采集器组成测试网络，实现多节点测试与远程测试。

软硬件结合的测试方法集合了软件测试与硬件测试的优点，实时性强，但是实现难度较大，测试成本也较高。

4.3.4 嵌入式测试的流程

在对嵌入式系统进行测试时一般会经历以下 5 个步骤。

(1) 使用测试工具的插桩功能执行静态测试分析，为动态覆盖测试准备好已插桩的软件代码。

(2) 使用源代码在主机环境执行功能测试，修正软件和测试脚本中的错误。

(3) 使用插桩后的软件代码执行覆盖率测试，添加测试用例，修正软件中的错误，使测试达到所要求的覆盖率目标。

(4) 在目标测试环境下使用源代码执行功能测试，确认软件在目标测试环境中执行测试的正确性。

(5) 在目标系统上使用插桩后的软件代码执行覆盖率测试。

在上述过程中要注意的是，首先应在宿主测试环境下执行测试，找出软件缺陷并确定测试结果后才在目标测试环境中进行测试，避免发生访问目标系统资源上的瓶颈，减少使用在线仿真器的成本费用。从宿主测试环境到目标测试环境的测试移植对整个嵌入式测试将有很大影响，目前很多的测试工具都可以提供相应的方式使得测试可以在宿主测试环境和目标测试环境之间移植，方便测试的执行，也有利于后期的维护。

4.3.5 嵌入式测试指标的获取

在执行嵌入式测试的流程中，需要使用插桩后的软件代码执行覆盖率测试，添加测试用例以达到所要求的覆盖率目标。针对嵌入式系统软件测试，组合测试的方法常常能达到良好的测试效果。组合测试是一种科学有效的软件测试方法，该方法旨在使用较少的测试用例有效地检测软件系统中各个因素以及其之间的相互作用对系统产生的影响，具有较好的错误检测能力。

组合测试需要首先对软件测试需求的内部关系进行挖掘，对需求集进行一定程度的缩减；然后再建立测试用例集的数学模型，对测试用例集的运行代价、错误检测能力、对需求的满足程度等多方面的性能进行综合考虑，其建立的数学模型将更能反映约简后测试用例集的有效性和实用性，并且该数学模型往往是非连续的、多目标的、非线性的约束问题。

基于嵌入式系统软件的组合测试是由智能算法对测试用例集的生成、测试指标的获取和对测试用例集的约简 3 部分循环执行，直到达到期望指标而终止的过程，如图 4.14 所示。

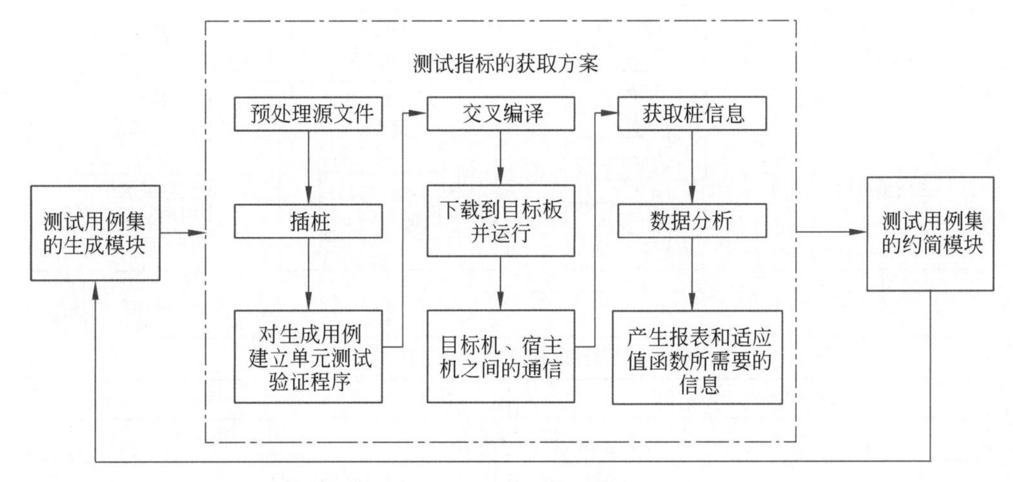

图 4.14　组合测试过程图

随着软件开发过程中的迭代、演化不断进行，回归测试会更加频繁，测试用例库将迅速扩大。在测试用例库中，往往存在冗余的测试用例。由于测试用例设计、执行、管理和维护的开销相当大，而测试资源往往有限，因此，有必要进行测试用例集的约简。测试用例集约简的目的就是使用尽可能少的测试用例充分满足给定的测试目标，从而提高测试效率、降低测试成本。在约简过程中建立的适应值函数需要综合考量测试覆盖率、测试运行代价等信息来进行设计，因此需要获取到这些指标信息。

作为嵌入式系统应用，其应用软件的开发属于跨平台开发。因此，多数嵌入式平台都会提供一个交叉开发环境，在宿主机上编译好目标代码后，通过宿主机到目标机的调试通道将代码自动下载到目标机，然后由运行于宿主机的调试软件控制代码在目标机上进行调试。组合测试中测试用例集的约简需要考虑被测软件的相关指标，如测试用例集的正确率、语句覆盖率、分支覆盖率、被测软件的复杂度等，可以通过采用源代码插桩技术来获取如上指标。

测试指标的获取方案由插桩库、文件分析、插桩处理、单元测试、数据分析，以及目标机与宿主机通信等模块构成，如图 4.15 所示，主要完成从对嵌入式软件源文件的预处理、插桩，对生成的测试用例建立单元测试验证程序，经过交叉编译下载到目标板并运行，将产生的桩信息通过目标机、宿主机之间的通信返回到宿主机上，获取桩信息，进行数据分析，产生报表和适应值函数所需的信息等任务。

插桩库模块主要定义了桩函数的数据结构和分类，对顺序块(代码中不包含分支语句的连续语句块称为顺序块)定义了起始桩函数、结束桩函数，分别记录语句所在函数的编号、桩编号，该顺序块的起始行号、结束行号，本桩点执行过的次数等信息。对代码中的分支块(分支语句范围内的语句段称为分支块 (内部包含顺序块))定义了分支结构桩函数，记录语句所在函数的编号、桩编号，以及各分支条件语句行号、分支编号和该分支执行的

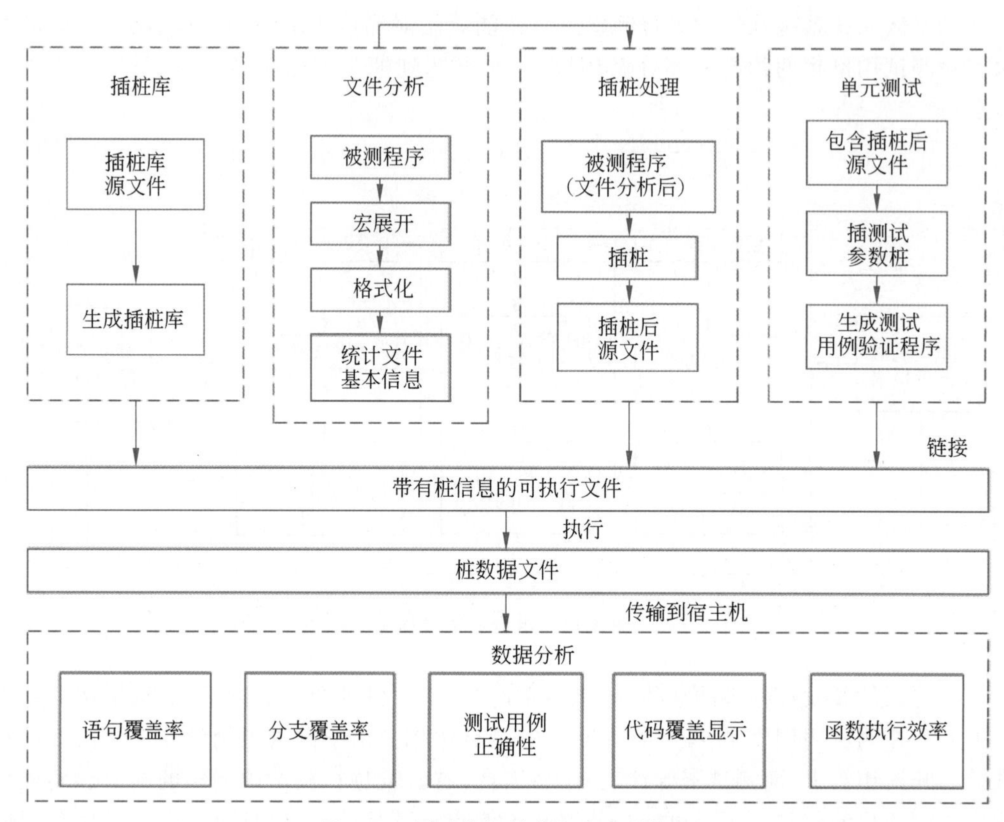

图 4.15　测试指标的获取方案结构图

次数等信息。上述桩函数在执行过程中记录的数据：将分别被存入顺序信息和分支信息两个链表中，插桩库同时定义了数据记录桩函数，并将这两个链表中的数据在源代码执行完成之前写入文件中。

文件分析模块首先对被测源代码进行语法分析、词法分析，将代码中的头文件和宏展开。为了方便后续插桩处理时语句的定位，其需要再将源代码内容进行格式化，格式化为标准的 GNU 或 ANSI 格式。随后，对被测源代码以函数为单位记录其基本信息，如函数名称、起始行号、结束行号、包含的语句总数、条件总数及复杂度等。将上述信息结合插桩后采集到的实际执行数据即可计算出语句覆盖率、分支覆盖率等指标。

插桩处理模块还将对预处理后经过格式化的源代码进行语法、词法分析，在相关位置插入桩函数。桩函数在执行的过程中会建立两个链表：一个链表记录语句执行信息，用于统计语句覆盖率、语句是否被执行。执行次数等情况；另一个链表则记录分支执行情况，用于统计分支覆盖率。插桩策略如下。

(1) 顺序块前插入顺序起始桩，顺序块后插入顺序结束桩。

(2) 顺序块内如果存在 continue、break、return 等语句，则在此语句前插入顺序结束桩。

(3) 在 do、while、for、switch、if、else 等条件块内第一条语句前插入分支桩，由参数指明其为真分支。

(4) 源代码中若只有 if 语句没有 else 语句，则其将再为语句添加一个 else 语句，并在该 else 语句中插入分支桩，由参数指明该语句为假分支。

(5) 在 do、for、while 等无假分支的循环语句块外插入分支桩，由参数指明其为假分支。

(6) 源代码中 switch 语句若无 default 语句则添加 default 语句，并在该 default 语句中插入分支桩，由参数指明其分支编号。

(7) 在表示函数结束的所有 return 语句前插入一个数据记录桩，把实时运行中采集到的所有结果记录到信息文件中。

在单元测试模块的处理过程中，首先需要通过 C 语言的文件包含命令将插桩后的源文件包含到本测试文件中，再针对测试用例集中的每个测试用例建立函数调用，即执行插桩函数，并将其结果与期望值进行比对，最后完成交叉编译、连接、部署到目标机、在目标机运行等一体化过程。整个过程均为自动执行，不需要人工干预。桩函数在执行的过程中会将采集到的原始数据信息记录到结果文件中，存于目标机上。

单元测试产生的结果数据将被保存在嵌入式系统中，为了能获取到该测试数据，需要目标机 与宿主机之间进行通信，如嵌入式系统与本地计算机 Windows 系统之间进行通信。

数据分析模块主要作用是实现宿主机对接收到的原始测试数据进行统计分析，其主要完成以下的工作。

(1) 记录语句、分支覆盖率。

(2) 输出单元测试结果，包括判断各函数、各测试用例执行结果是否与其期望值匹配，以及整个测试用例集总体执行结果等。

(3) 分析源代码复杂度。分析源代码获取的各个函数复杂度。

(4) 语句覆盖信息以图形化的方式显示。通过记录的覆盖信息，获取各条语句、各个分支的执行情况，同时对语句的执行次数予以统计显示，便于分析语句覆盖和执行情况，给手工干预适应值函数的设计和调整提供直观的数据支持。

4.3.6　嵌入式测试的发展

未来嵌入式测试的发展方向主要有以下 7 个。

1. 敏捷与 DevOps

根据维基百科定义，DevOps(Development 和 Operations 的组合词)是一种重视软件开发人员(Development)和 IT 运维技术人员(Operations)之间沟通合作的文化、运动或惯例。通过自动化的软件交付和架构变更流程，来使构建、测试、发布软件能够更加快捷、频繁和可靠。

很多组织都应用了敏捷与 DevOps，用敏捷来响应快速变化的需求，用 DevOps 来响应对速度的要求。DevOps 有助于集成开发和运维的活动，如实践、规则、流程和工具等，以减少从开发到运维的时间。对于正在寻找缩短软件生命周期，提高从开发到交付和运维效率方法的组织，DevOps 已成为一种被广泛接受的解决方案。

敏捷与 DevOps 的采用有助于团队更快地开发和交付高质量的软件。在近 5 年里，敏捷与 DevOps 的应用令许多组织获得了很大的回报，故其在未来几年将继续得到增强。

2. 测试自动化

为了有效地实施 DevOps，软件团队不能忽视测试自动化，因为它是 DevOps 过程的基本要素。软件团队需要找到用自动化测试代替手工测试的机会。

鉴于 DevOps 的普及以及当今业内测试自动化未得到充分利用的事实，即只有不到 20％的测试是自动化的，因此在大量业内组织中测试自动化还有很大的应用增长空间，在项目中应该引入更先进的方法和工具，以便更好地利用自动化技术进行测试。现有的流行自动化工具有 Selenium、Katalon 和 TestComplete 等，新功能不断发展，这将使自动化变得更加容易和有效。

3. API 和服务的测试自动化

分离客户端和服务器端是设计 Web 和移动应用程序的大趋势。API 和服务在多个应用程序或组件中被重用，相应地，这些变化要求团队测试独立于应用的 API 和服务。

当跨客户端应用程序和组件使用 API 和服务时，测试它们比测试客户端将更加有效。API 和服务测试自动化的需求不断增加，其可能超过最终用户在用户界面上使用的其他功能。拥有适应 API 自动化测试的流程、工具和解决方案比以往任何时候都更加重要。

4. 人工智能测试

应用人工智能和机器学习方法可以应对软件测试中的新挑战，人工智能和机器学习领域有大量可用的数据，这个优势为在测试应用中提供了新的机会。然而，人工智能和机器学习在测试中的应用仍处于早期阶段，未来业内将继续寻找优化人工智能和机器学习测试实践的方法。

开发人工智能和机器学习的算法可以生成更好的测试用例、测试脚本、测试数据和测试报告。预测模型将有助于决定测试点、测试内容和时间。通过智能分析以及可视化可以帮助团队检测故障，了解测试覆盖范围和高风险区域。

在未来几年中使用人工智能和机器学习算法来解决质量预测、测试用例优先级排列、故障分类和分布等问题将有一个良好的发展前景。

5. 移动测试自动化

随着移动设备的性能和功能越来越强大，移动应用程序的数量继续增长，移动测试自动化目前已是 DevOps 工具链必不可少的一部分。移动应用程序的自动化测试增长趋势继续增加，这种趋势是由缩短产品上市时间以及更先进的移动测试自动化方法和工具的需要所驱动的。目前移动测试自动化的利用率仍然非常低，基于云的移动设备实验室和测试自动化工具之间的集成将可能有助于将移动测试自动化提升到新的水平。

6. 测试环境和数据

物联网的快速增长意味着更多的软件系统在不同的环境中运行，其同样需要确保适当的测试覆盖率。在敏捷项目中进行测试时，缺乏测试环境和数据是一个很大的问题。采用人工智能和机器学习产生测试数据和数据项目的发展是解决测试数据缺乏的有效途径。

7. 工具和活动的集成

软件团队需要集成用于所有开发阶段和活动的工具，以便能收集多源的数据，从而有效地应用人工智能和机器学习方法。例如，使用人工智能和机器学习来检测测试的重点，不仅需要来自测试阶段的数据，还需要来自需求、设计和实施阶段的数据。

随着嵌入式测试向 DevOps、测试自动化、人工智能和机器学习转变的趋势，允许并应用生命周期管理中的其他工具和活动集成的测试工具将成为测试过程中的常态。

4.4　自动化测试用例的生成

随着软件测试规模的不断扩大，其所耗费的人力和物力也急剧增长，因此自动化测试一直是软件测试发展中的热点话题，而在测试自动化中，自动化测试用例生成更是其核心内容。

4.4.1　自动化测试

自动化测试指软件测试的自动化，即将人为驱动的测试行为转化为由机器执行的过程，其需要在预设状态下运行应用程序或系统(预设条件包括正常和异常)，最后评估运行结果。

自动化测试框架一般可以分为两个层次：上层管理整个自动化测试的开发、执行以及维护，在比较庞大的项目中，它可以管理整个自动化测试，包括自动化测试用例执行的次序、测试脚本的维护，以及集中管理测试用例、测试报告和测试任务等；下层主要测试脚本的开发，充分使用相关的测试工具，构建测试驱动，并完成测试业务的逻辑。

自动化测试最主要的任务是降低大型系统由于变更或者多期开发引起的大量回归测试的人力投入，特别是在程序修改比较频繁时，其效果是非常明显的。手工测试后期需要增加大量人力用于回归测试，而自动化测试前期人力投入较多，进入维护期后则可节省大量人力，减少重复测试的时间以及可能的人为错误，实现快速回归测试，创建优良可靠的测试过程，并且可以运行更多、更烦琐的测试，执行一些手工测试困难或不可能进行的测试，更好地利用资源。

自动化测试的过程简单来说可以分成 6 步。

(1) 分析：总体把握系统逻辑，分析系统的核心体系架构。

(2) 设计：设计测试用例，测试用例要足够明确和清晰，覆盖面广而精。

(3) 实现：实现脚本，其有两个要求，一是断言，二是合理地运用参数化。

(4) 执行：脚本执行过程中的异常需要仔细地分析原因。

(5) 维护：自动化测试脚本的维护是一个难以解决但又必须要解决的问题。

(6) 总结：在自动化测试过程中深刻地分析、总结自动化用例的覆盖风险和脚本维护的成本。

4.4.2 测试用例自动化

在软件开发阶段，为了保证质量要对软件进行测试，测试用例是执行测试的最小实体。测试用例是为了让指定的目标达到最佳测试效果而开发设计的一组输入测试数据。设计测试用例的目的是验证该功能点的正确性，而不是验证某个类的某个方法。测试用例是及时找到软件错误及缺陷的测试运行基础单位，优秀的测试用例标志是获得从来没有出现过的错误的用例。

测试用例自动生成是软件测试技术的热点内容，大量学者对该技术进行了研究。从20世纪中后期开始，这些学者就已经着力于分析、研究如何自动化地生成测试用例，从不同角度对测试用例展开设计，并总结一系列常用的测试用例生成手段。依据测试的内容细分，可以将之分为静态测试和动态测试两部分。

静态测试法的思路是不运行程序，研究者只检验文档、程序逻辑和语句等方面，此方法可以进一步理解软件的内部逻辑结构。目前，大多数研究者使用的静态测试法有符号执行法和随机法。符号执行法主要是模拟源程序运行的过程，并在程序执行之前，先将程序中的条件以及变量替换成为符号。使用符号执行法的缺陷是如果程序的规模逐渐增加，与程序相对应的符号表达式也会随着程序规模的增加而变得复杂起来。随机法主要是在定义的空间搜索范围内对程序的每个输入变量产生随机解，采用提取组合方法生成测试用例。使用该方法的优点是在规定的搜索范围内可以随意且迅速地生成批量的测试用例，实现方式简单且耗时短，但缺点是由于其输入的随机性导致测试对象的覆盖率较低。根据以上阐述的症状，研究者们设计了一种自适应随机法，实现一次该方法就从待选的测试用例集中挑出距离最大的测试用例，以便确保所有的测试用例尽可能平均地分散于整个搜索范围中。自适应随机法继承了一般随机法的简单操作性，提高了测试用例的覆盖率及程序的检错率，因此其目前已成为黑盒测试领域关于测试用例自动生成的一种盛行手段。

动态测试法的思路是借用实际运行的代码来检验被测程序的错误，在程序输入数据之前先在输入数据的值域内随机产生一组测试用例运行，然后研究实际输出的结果，再根据多次迭代更新对测试用例进行修正，直至得到一组符合预期结果的测试用例。现如今大多数学者研究的动态测试法主要是程序插桩法、迭代松弛法及试探法3种。程序插桩法主要是在不破坏待测程序逻辑结构的情况下，针对每条分支插入适当的语句，当运行完这些插入的语句及程序后，可以得到程序的覆盖率情况及程序的控制说明。程序插桩可以产生多种不同类型的测试用例，但缺陷是随着程序规模的逐渐增加，其产生的用例容易陷入回溯。迭代松弛法是在迭代时模拟数值计算对线性方程求解的过程，每次求解出一组测试用例。试探法是先对一组测试用例进行随机的初始化操作，然后采用适当的代码语句进行插桩，最后程序执行时回收插桩函数所携带的消息，再根据携带的消息试探这组测试用例是否覆盖了目标路径。如果未覆盖目标路径，则继续进行迭代操作，对更新后的测试用例再实施试探操作，直至找到满足目标条件的测试用例为止。

测试用例自动生成作为自动化测试的核心技术，在应用中需要用各种方式简化开发过程，节约开发成本与时间，进而提高测试工作效率。目前，自动生成测试用例以动态测试法中的试探法最为常见。而试探法中使用相对频繁的是智能优化算法，如全局搜索能力较强的粒子群算法、遗传算法、蚁群算法等都已被应用于测试用例的自动生成，但是智能优化算法在生成测试用例过程中易出现早熟问题，导致算法收敛、速度下降。

测试用例自动生成技术类别较多，普遍分为 3 种，分别是基于功能的测试用例自动生成技术、基于结构的测试用例自动生成技术以及基于智能优化算法的测试用例自动生成。

1. 基于功能的测试用例自动生成技术

基于功能的测试用例自动生成技术主要是针对软件需求规格说明书上所规定的数值类型与范围、各种限制条件来产生测试用例，方法描述如下。

(1) 等价类划分法。等价类划分法在测试时会先将待测程序的输入分割为许多子集，该子集被称为等价类，而在子集中，所有的输入数据又将被合理划分为有效等价类和无效等价类等两种不同情况，并在每个等价类中获取一个有代表性的测试输入数据，该方法既保证了输入域所提供的形式完备性，又确保了互不相交原则的形式无冗余性。

(2) 边界值分析法。边界值分析法是等价类划分法的一种拓展，与等价类划分法相比，边界值分析法基本上是选取等价类边界用例。该方法既关注输入的可用用例边界，又着重分析输出用例边界，同时还具有较强的发现错误的能力，是一种优良的黑盒测试法。

(3) 错误推测法。错误推测法主要依据测试人员积累的经验和主观思维，罗列出待测程序中潜在的错误和易于发生错误的情况，进而有目标地获取符合规则的测试用例。

(4) 因果图法。因果图法生成测试用例时，将先按照软件需求规格说明书中成熟的语义分析并确定输入条件对应的因和输出条件对应的果，然后找出因和果之间的关系，再用判定表的形式将之表达出来。这种方法适用待测程序输入条件存在多种组合的状况，不适用程序只有单个输入条件的状况。

2. 基于结构的测试用例自动生成技术

基于结构的测试用例自动生成技术通过检查待测程序的逻辑结构分析并编写测试用例，其主要包括以下 5 种面向结构的测试用例自动生成技术。

(1) 语句覆盖法。按照语句覆盖法生成测试用例的条件是程序每个语句都至少被系统执行一次，并且不要 求预先处理软件系统源代码，可以直接且快速地在源代码中使用，但是其语句覆盖执行效率低，不容易找到逻辑结构的错误。

(2) 判定覆盖法。按照判定覆盖法生成测试用例的条件是在代码中不管分支判别结果是真是假，此分支 都应最少被执行一次，再通过分支的真假鉴定结果得到相对应的用例。使用该方法的不足是如果只对鉴定真假分支的判别式的结果进行验证，则将很难找到语句上的逻辑漏洞。

（3）条件覆盖法。按照条件覆盖法生成测试用例的前提是对被测程序中导致每个条件为真或者为假的情况都至少被系统执行一次。该方法的优点是相对于语句覆盖法、判定覆盖法，条件覆盖法的覆盖率较高；缺点是其不能对结构覆盖，因此确定不了程序中100％的路径覆盖率。

（4）判定条件覆盖法。按照判定条件覆盖法生成测试用例的前提是对被测代码的判定逻辑中每个可能存在的结果都至少被系统执行一次，综合考虑判定覆盖法与条件覆盖法产生用例。

（5）路径覆盖法。按照路径覆盖法生成测试用例的思路是待测程序中的全部路径都至少被系统执行一次。一般意义上的路径被描述为待测程序的输入至输出的阶段。

3. 基于智能优化算法的测试用例自动生成技术

近几年，针对试探法如何快速地靠拢目标路径这一问题，研究者在该过程中引入了智能优化算法。例如，针对测试数据生成问题，可将蚁群算法应用在变异测试中，增强测试用例的覆盖率，并且减少测试的成本。针对分支覆盖测试用例问题，可将遗传算法用于测试用例自动生成框架，并对其适应度函数、选择、交叉等算子进行改进，提升生成用例的效率。针对算法受困于局部最优解问题，可将粒子群算法引入测试用例自动生成领域，将正交机制和局部搜索策略融入粒子群算法，增加算法跳出局部最优解的速度。针对粒子群算法收敛问题，有研究者提出自适应混沌粒子群算法，在自适应的粒子群算法中引入混沌搜索，平衡局部搜索与全局搜索的寻优能力，提高测试用例生成效率。深入分析优化算法的优缺点，可以发现如果仅是使用单一的智能算法在测试用例自动生成领域，可能达不到令人满意的效果。

因而，大多数研究者对优化算法的改进方式基本分为两方面：一方面是将两种或者三种以上的不同算法进行混合，使混合算法都发挥出各自的优势；另一方面是对算法参数进行调整，例如，利用遗传算法和模拟退火算法二者的互补性进行混合，提升混合算法的寻优能力。

目前，遗传算法、禁忌搜索算法、正交算法、粒子群算法、蚁群算法等智能优化算法在测试用例自动生成技术方面都得到了广泛应用，该技术将测试用例自动生成过程转换为使用智能算法求解最优值问题。求解过程首先采用智能优化算法产生一组随机测试用例来驱动待测对象，其次依据适应度函数返回的数值判断当前生成的测试用例是否满足测试要求，如果不满足要求，则将采用智能优化算法对当前测试用例继续进行迭代，直到找出满足适应度函数要求的一组测试用例为止。

基于智能优化算法的测试用例自动生成技术的优点是输入域无限制，其善于处理随机性和未知性问题，因此对提高测试用例自动化具有重要作用。目前，主要有以下3种算法应用于测试用例的自动生成。

（1）基于粒子群算法的测试用例自动生成。基于粒子群算法的测试用例自动生成目标是通过种群个体之间协作与信息共享寻找最优解。详细步骤是先在解的空间范围内随机初始化一组粒子，并确定每个粒子的适应度值。产生适应度值的粒子由速度决定位置和方向，每个个体跟随当前最优位置个体进行迭代以找到最优解。在每次迭代中，个体会逼近自身找到的最佳位置和种群之间的最佳位置。

利用该算法的求解过程，让测试用例的个体认知和群体智能相互作用，动态地产生测试用例。粒子群算法具有较好的导向性和收敛性，但也同其他智能算法一样具有早熟现象。针对粒子群算法容易陷入局部最优的问题，可以对算法增加邻居最优位置，进而提高算法的局部搜索能力。该算法所需的迭代次数和平均运行时间明显优于遗传算法等测试用例自动生成技术，可以有效加强获取测试用例的自动化程度。

(2) 基于遗传算法的测试用例自动生成。遗传算法是一种基于适者生存和优胜劣汰原理的自适应全局概率优化算法。该算法能处理传统智能算法难以解决的非线性优化问题。测试时，可以将待测程序的参数进行编码，初始化产生一组种群，并对个体进行适应度评价，然后一直反复进行选择操作、交叉操作、变异操作，直到迭代终止，解码后即可获得满足条件的测试用例。遗传算法也容易出现局部最优解问题，研究者针对此缺陷提出的改进方案是在遗传算法测试用例自动生成中引进突变控制策略和优化解控制策略，其可以有效提高算法的搜索能力和获取最优解能力。

(3) 基于禁忌搜索算法的测试用例自动生成。禁忌搜索过程会模仿与人类记忆机制相似的禁忌策略(避免搜索过程中陷入局部最优)，再采用特赦准则释放被禁忌的优良解，保证种群有效性和多样性，实现优化过程。在测试用例自动生成的过程中，其将先获取待测程序的控制流图和插桩程序，分析待测程序的输入变量，随机产生初始测试用例并编码。其次，利用当前测试用例产生邻域测试用例，并确定候选邻域测试用例。如果禁忌表无候选邻域测试用例，则将执行插桩程序，计算适应度值并对其评估，选取评估出最优测试用例替换掉最早进入禁忌表的对象。如果测试用例没有覆盖全部分支，则将其存入禁忌表。最后，判断在禁忌表中的候选邻域测试用例是否符合赦免准则，若符合则用该测试用例替换掉最早进入禁忌表的对象，反之则将继续进行下一次禁忌搜索。如果迭代终止，则算法结束，输出最优测试用例，反之进行下一次迭代。

除以上 3 种算法以外，可以引进新的智能优化算法(花朵授粉算法)应用于测试数据的自动生成，并对该算法加入禁忌条件，实验数据显示该算法比改进的遗传算法和粒子群算法在测试用例自动生成上的可行性都更高。针对测试用例自动生成中随着禁忌算法搜索空间输入变量增大，生成用例时间消耗也增加的问题，可以为禁忌搜索算法增加适应度函数、邻域移动、禁忌表等进行改进，提高测试效率。

在测试用例自动生成方面采用智能优化算法有较强优势，同时它也存在缺陷，随着算法的迭代，种群数量越来越少，空间搜索能力将逐步下降，这将导致算法容易陷入局部最优值状态。

4.4.3 花朵授粉算法

1. 花朵授粉算法

花朵授粉算法是杨新社教授在英国剑桥学习期间通过观察自然界显花植物花朵授粉

过程受到启示，进而提出的新型群体智能优化算法。显花植物花朵授粉过程大致可以分为两种，即异花类型和自花类型。异花授粉是利用自然界的蝴蝶、蜜蜂、苍蝇等传播者进行花朵间长距离传播授粉，因此又称全局授粉；自花授粉是花朵的花粉传播到自身，相当于近距离传播。花朵授粉算法提供转换概率 p 来解决花朵授粉过程的全局搜索和局部搜索的转换问题。由于昆虫等传播者的长距离传播遵循莱维飞行机制，所以全局授粉能力较强。目前，花朵授粉算法已在函数的优化、无线的传感网、电力系统等许多领域中得到广泛的应用。

在使用花朵授粉算法求解最优化问题时需假设条件：每株开花的植物只开一朵花，且只会有一个花粉粒子，此时一朵花的配子就是求解过程的一个解，经过简化，一个花粉粒子或一朵花就相当于优化问题的解。

该算法实现具体步骤如下。

(1) 初始化所有参数，设定转换概率 $p\in[0,1]$，切换全局搜索和局部搜索，花朵种群数为 n，再估算每个解的适应度值 f_i，求解当下种群中的最优解及最优值。

(2) 全局授粉过程公式为

$$\boldsymbol{X}_i^{t+1}=\boldsymbol{X}^t+\boldsymbol{L}(g_*-\boldsymbol{X}_i^t)$$

其中，$\boldsymbol{X}_i^{t+1}$ 是第 $t+1$ 代的花粉粒子位置，$\boldsymbol{X}_i^t$ 是第 t 代的花粉粒子位置；g_* 是所有种群的最优解；随机数 $\text{rand}\in[0,1]$；若求解最小优化问题，目标搜索空间为 D 维，种群规模为 N。其中，第 i 个花粉粒子位置向量表示为 $\boldsymbol{X}_i=(\boldsymbol{X}_{i1},\boldsymbol{X}_{i2},\cdots,\boldsymbol{X}_{iD})$，$i=1,2,\cdots,N$。整个种群的最优位置为 $\boldsymbol{g}_*=(\boldsymbol{g}_{*1},\boldsymbol{g}_{*2,\cdots,}\boldsymbol{g}_{*D})$(全局最优解)。参数 L 是步长，L 的计算公式为

$$L\sim\frac{\lambda\Gamma(\lambda)\sin(\pi\lambda/2)}{\pi}\frac{1}{s^{1+\lambda}}\quad(s>>s_0>0)$$

其中，$\lambda=3/2$，$\Gamma(\lambda)$是标准的伽马函数。

(3) 局部授粉过程如下，此时转换概率 $p<\text{rand}$。

$$\boldsymbol{X}_i^{t+1}=\boldsymbol{X}_i^t+\varepsilon(\boldsymbol{X}_j^t-\boldsymbol{X}_k^t)$$

其中，ε 是[0,1]的随机数，$\boldsymbol{X}_j^t$、$\boldsymbol{X}_k^t$ 是相同类型植物的不同花朵的花粉。

(4) 计算步骤(2)或步骤(3)获得新解，如果新解的适应度值比当前解的适应度值优，就用新解替换当前解。

(5) 如果在步骤(4)中获得的解里有适应度值优于全局最优值时，则用新解替换当前全局最优解。

(6) 如果算法达到终止条件，则输出最优解和最优值，结束迭代，否则，返回到步骤(2)继续进行位置更新。

相对于粒子群等其他智能算法，花朵授粉算法是智能优化算法中较为优秀的算法，凭借良好的全局搜索能力、易于理解、设置参数少、实现简单等优点而受人瞩目。但算法仍有缺陷，表现在以下两方面。

(1) 运行到中后期，由于花粉粒子个体逐渐下降，易形成种群多样性缺失问题。

(2) 花朵授粉算法经常出现局部最优解情况，进而快速进入早熟状态。

针对上述两种缺陷，学者们进行大量研究并对算法提出了改进方案，主要分为两大

类。第一类将花朵授粉算法与其他算法的思想进行融合，形成一种新的混合算法。例如，针对花朵授粉算法的缺陷，将花朵授粉算法进行模拟退火操作，其解决了花朵授粉算法寻优精度低和收敛速度慢等问题。也有学者对花朵授粉算法进行反向学习策略操作，与相关算法在性能方面进行对比分析，证明混合后的花朵授粉算法寻优能力较强。

目前，对花朵授粉算法的第一类改进方式普遍集中在与其他智能优化算法的混合方面，以增强其算法的寻优能力。但是此类方法会增加算法结构的难度，导致花朵授粉算法不容易实现，破坏其优点。因此对花朵授粉算法进行第二类改进——参数的调整。例如，针对花朵授粉算法收敛速度慢、易陷入局部最优等问题，提出一种将改进的变异策略应用到花朵授粉算法，对算法的参数进行修改，通过实验证明新改进的算法相比较和声算法和粒子群算法寻优效果显著。部分学者在使用花朵授粉算法进行全局操作时，对全局迭代的参数 L 步长因子进行自适应调节，在局部操作中又加入单纯形法思想，使新改进的算法更容易跳出早熟状态。

2. 基于花朵授粉算法的测试用例自动生成

在测试数据自动生成方面，大量学者将粒子群算法及改进的粒子群算法应用到该领域，证明粒子群算法能提高测试数据生成效率及生成较优测试用例。基于粒子群算法应用于测试数据自动生成，针对算法早熟问题，在花朵授粉算法的全局算子中多加入一个自适应柯西变异步长，在局部算子中将均匀步长改为自适应机制步长，使算法快速跳出局部最优解，并通过测试证明该算法的寻优能力优越性，再将其用于测试数据生成领域，以提高测试的效率。

除此之外，还可以对花朵授粉算法进行改进，将其应用于测试用例自动生成方面。针对算法第一类改进方法可以结合爬山策略进行，先用初始化机制约简粒子群算法生成优质的解，以之作为花朵授粉算法的初始种群，然后将爬山策略的蛙跳算法思想融入花朵授粉算法，并将之应用于测试用例自动生成。

针对算法第二类改进方法可以根据自适应变异策略对其进行改进，根据自适应机制反馈信息判断是否对已有的改进型变异策略的花朵授粉算法全局操作和局部操作参数、下一代种群等进行混沌优化，并将该算法应用于测试用例的自动生成。

4.5 练习题

1. 云、云计算、云服务的概念是什么？
2. 简述云计算的特点。
3. 云应用涉及哪些概念？它的工作原理是什么？
4. 云应用具有哪些特性？
5. 什么是云测试？云测试包括哪些测试内容？涉及哪些测试技术？
6. adb 是什么？它的主要功能是什么？
7. 简述软件缺陷产生的原因。
8. 数组越界故障是一种常见的错误，一旦产生有可能会造成系统崩溃，在项目开发过程中,应该如何避免这种错误的发生?

9. 未初始化变量的故障通常是由于粗心造成的,试说明在不同的语言中未初始化变量造成的不同故障。

10. 循环是编程时经常要用到的语句结构,为了避免错误的发生,应该如何正确地使用循环结构来进行编程?

第三部分 工 具 篇

第5章

软件测试工具

本章将对多种测试工具进行详细介绍，并通过具体实例对 BoundsChecker、JUnit、LoadRunner、Monkey 等测试工具，以及测试管理工具禅道进行演示。

5.1 白盒测试工具 BoundsChecker

BoundsChecker 是一种常用的动态白盒测试工具，其常用于单元测试中的代码错误检查，使用简单且高效。下面将对其进行详细介绍，帮助读者更快地了解以及学会使用该工具。

5.1.1 安装

BoundsChecker 是集成在 Visual C++ 上的一个插件，因此在安装 BoundsChecker 之前，首先要确保计算机中已经安装了 Visual C++。在获得 BoundsChecker 安装程序后，以管理员的身份运行 setup. exe 文件，按照提示进行安装即可。安装成功以后，可在 Visual C++ 环境下看到名为 BoundsChecker 的菜单，如图 5.1 所示。

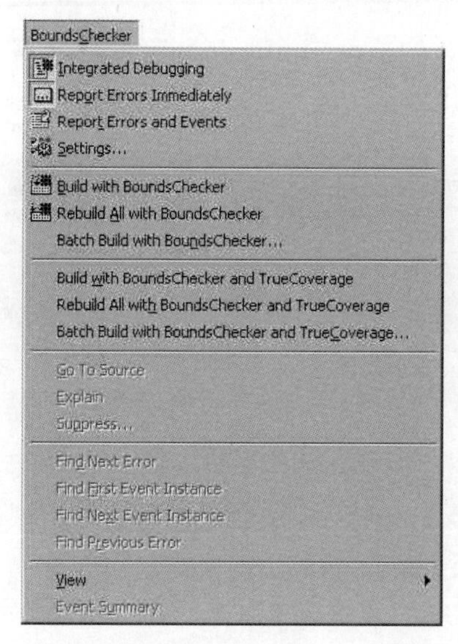

图 5.1 BoundsChecker 在 Visual C++ 环境下的菜单

5.1.2 功能与模式

BoundsChecker 是一个功能强大、使用方便的代码检查工具，在程序运行期间，它可以跟踪以下 3 种程序错误。

(1) 指针操作和内存、资源泄露错误。例如，对指针变量的错误操作、内存泄漏等问题。

(2) 内存的错误操作。例如，未初始化内存空间即使用，内存的读写溢出等错误。

(3) API 函数使用错误。

BoundsChecker 提供两种模式给用户进行错误检测：一种为 ActiveCheck；另一种为 FinalCheck。与 FinalCheck 模式相比，ActiveCheck 检测的错误类型有限，一般为内存泄漏错误、资源泄露错误、API 函数使用错误。而 FinalCheck 则包含了 BoundsChecker 可以检测的所有的错误类型，除 ActiveCheck 可以检测的错误类型之外，还可以对指针错误操作、内存溢出等内存操作错误进行检测，提供更详细的错误信息，其是 ActiveCheck 的超集。

5.1.3 ActiveCheck 模式

使用 ActiveCheck 模式检查的步骤如下。

(1) 在 Visual C++ 环境下打开要测试的程序，并使程序处于 Debug 状态下。

(2) 选择 BoundsChecker 菜单中的 Integrated Debugging 与 Report Errors and Events 命令，确保 BoundsChecker 可以发挥作用，如图 5.2 所示。

(3) 选择 Visual C++ Build 菜单的 Start Debug→Go 命令，使程序在 Debug 状态下运行，ActiveCheck 也将在后台下启动并进行错误检测。当程序运行结束后，BoundsChecker 将给出错误报告。

(4) 如果选择 Report Errors Immediately 命令，如图 5.3 所示，则当检测到错误发生时会立即停止运行，并弹出错误提示框，如图 5.4 所示。

图 5.2 BoundsChecker 菜单选项(一)

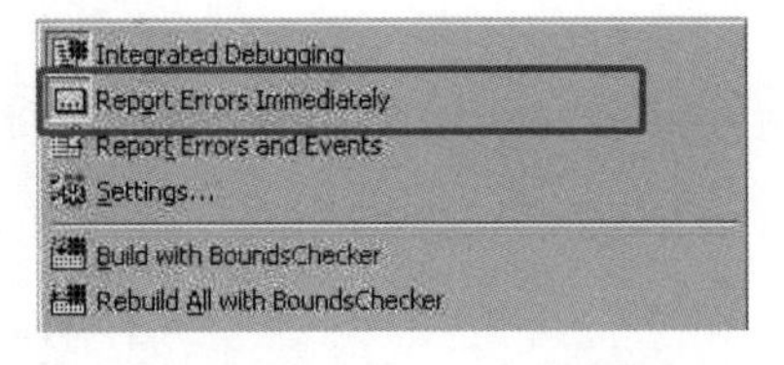

图 5.3 BoundsChecker 菜单选项(二)

单击第 1 个按钮表示暂时忽略这个错误，继续运行程序。

单击第 2 个按钮 BoundsChecker 会跳转到程序出现问题的代码处。待处理完问题，可选择 Debug→go 命令继续运行。

单击第 3 个按钮表示将该错误添加至可忽略列表，对以后出现的此错误不予报告。

单击第 4 个按钮表示终止程序的运行。

单击第 5 个按钮会显示当前的内存使用情况。

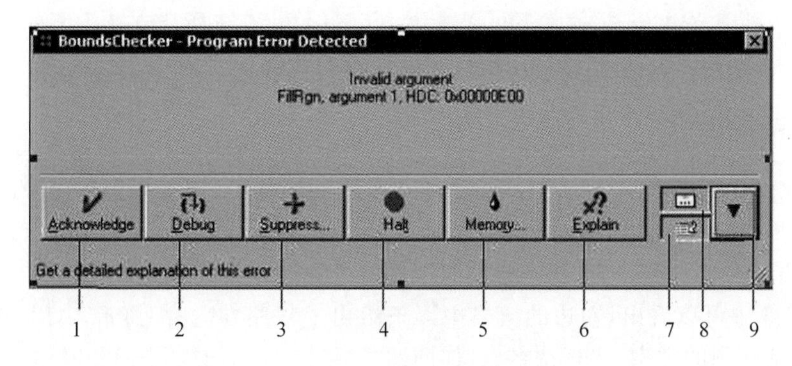

图 5.4 错误提示框

单击第 6 个按钮会显示当前错误的有关帮助信息。

单击第 7 个按钮即代表选择 Report Errors Immediately 命令。

单击第 8 个按钮代表选择 Report Errors and Events 命令。

单击第 9 个按钮会显示或者隐藏与错误相关的函数调用堆栈情况。

5.1.4 FinalCheck 模式

如需在 FinalCheck 模式下测试程序,则不能使用 Visual C++ 集成开发环境提供的编译连接器来构造程序,而必须要使用 BoundsChecker 提供的编译连接器。当 BoundsChecker 的编译连接器编译连接程序时,会向程序中插桩一些错误检测代码,因此 FinalCheck 能够比 ActiveCheck 找到更多的错误。

使用 FinalCheck 模式进行错误检查的步骤如下。

(1) 在 Visual C++ 环境下打开要测试的程序。

(2) 选择 Build 菜单的 Configurations 命令。

(3) 在弹出的对话框中单击 Add 按钮,在 Configuration 文本框中添加需要创建的文件夹名称。

(4) 在 Copy settings from 组合框中选择×××-Win32 Debug 选项,单击 OK 按钮,然后再单击 Close 按钮即可。

(5) 选择 Build 菜单的 Set Active Configuration 命令,选中步骤(3)中新建的文件夹,单击 OK 按钮,这样 BoundsChecker 的编译连接器编译连接程序时生成的中间文件、可执行程序都会被放到该文件夹下。

(6) 选择 BoundsChecker 菜单的 Rebuild All with BoundsChecker 命令,对程序重新进行编译连接。在这个过程中,BoundsChecker 将会向被测程序的代码中加入错误检测码。

(7) 选择 BoundsChecker 菜单中的 Integrated Debugging 与 Report Errors and Events 命令。

(8) 运行 Visual C++ 环境中 Build 菜单的 Start Debug→Go 命令,程序将在 Debug 状态下运行。

两种模式都可以对程序进行检测,但正如 5.1.2 节所述,ActiveCheck 所能检测的错误类型有限,而 FinalCheck 模式下可以检测 BoundsChecker 所能支持检测的所有错误类型,与此同时,FinalCheck 需要付出运行速度变慢的代价。

5.1.5 结果分析

在程序结束以后,BoundsChecker 会给出一份错误列表,其将包含程序中出现的内存泄漏、指针操作错误、API 函数使用错误以及资源泄漏等错误,如图 5.5 所示。测试人员需要根据错误列表进行分析,找到错误原因以及位置。

从图 5.5 中可以看出,左边的窗格中逐条给出了程序在内存、资源、API 函数使用上的问题,包括问题的类型、出现次数、具体问题描述等。在单击某条问题时,右边窗格会显示与该问题相关的函数调用堆栈情况,双击某条问题时,BoundsChecker 会定位到引起该问题的源代码处。

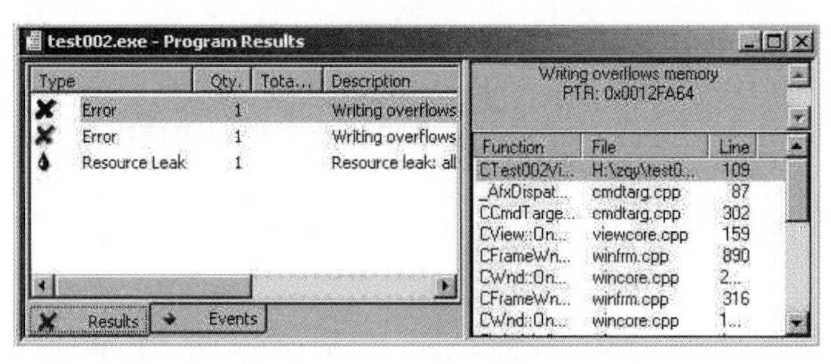

图 5.5 错误列表

虽然 BoundsChecker 给出了较为详尽的错误报告,但测试人员仍然需要发挥主观能动性进行分析。因为工具的使用只能帮助测试人员更快捷方便地检测,但无法保证其结果是完全正确的。在使用中 BoundsChecker 会存在误报的情况,其可能有以下两种情况:第一种是由于工具算法问题将正常的代码检测为错误;第二种是由于 BoundsChecker 指出的问题存在于第三方代码中,如第三方的程序库等。对于错误列表中的错误,测试人员应该进行仔细分析,在确认非程序出错时可将错误设为忽略,以防下次再提醒。

5.2 单元测试工具 JUnit

5.2.1 JUnit 简介

JUnit 是一个可编写重复测试的简单框架,是基于 XUnit 架构的单元测试框架实例。它由 Kent Beck 和 Erich Gamma 建立,并逐渐成为源于 Kent Beck、SUnit 的 XUnit 家族中最为成功的一个。

JUnit 测试主要用于程序员测试,即白盒测试,因为程序员知道被测试的软件如何完成功能和完成什么样的功能。JUnit 是一套框架,其继承 TestCase 类,现在大多数 Java 开发环境都已经集成了 JUnit 作为自带单元测试的工具。

5.2.2　JUnit 的优势与核心功能

1. JUnit 的优势

（1）简化测试代码的编写，每个单元测试用例相对独立并由 JUnit 启动，自动调用，不需要添加额外的调用语句。

（2）可以书写一系列的测试方法，对项目所有的接口或者方法进行单元测试。

（3）添加、删除、屏蔽某条测试方法时不影响其他的测试方法，几乎所有开源框架都对 JUnit 有相应的支持。

（4）能使测试单元保持持久性。

2. JUnit 的核心功能

（1）测试用例（TestCase）：创建和执行测试用例。

（2）断言（Assert）：自动校检测试结果。

（3）测试结果（TestResult）：测试的执行结果。

（4）测试运行器（Runner）：组织和执行测试。

5.2.3　根据血糖判断健康状况

本案例主要根据空腹血糖以及餐后两小时血糖联合进行健康判断，判断标准如表 2.1。

1. 创建测试类

首先创建被测类，部分核心代码如下：

```
public class BloodSugar {
    private double empty;
    private double later;

    public double getEmpty() {
        return empty;
    }

    public void setEmpty(double empty) {
        this.empty = empty;
    }

    public double getLater() {
        return later;
    }

    public void setLater(double later) {
        this.later = later;
```

```
    }

    public void setParams(double e,double l){
        this.empty=e;
        this.later=l;
    }
    public BloodSugar(double e,double l){
        this.empty=e;
        this.later=l;
    }
}
public String GetBloodSugarType() {
        String result = "";
            if (empty >7. 0 & later >11. 1) {
                result = "糖尿病";
            } else if (empty <6. 1 & later <7. 8) {
                result = "正常血糖";
            }else if (empty < 7. 0 & later <=11. 1 & later >=7. 8) {
                result = "糖耐量减低";
            } else if (empty >=6. 1 & empty <= 7. 0 & later <7. 8) {
                result = "空腹血糖受损";
            } else {
                result ="血糖值错误";
            }
        return result;
    }
```

编写完成后可以写几个简单的测试用例测试一下。

```
public static void main(String[] args){
    BloodSugar test=new BloodSugar(7.5,12);
    System.out.println(test.GetBloodSugarType());

    test.setParams(5,6);
    System.out.println(test.GetBloodSugarType());

    test.setParams(6,8);
    System.out.println(test.GetBloodSugarType());

    test.setParams(6.5,7.5);
    System.out.println(test.GetBloodSugarType());

    test.setParams(1,200);
    System.out.println(test.GetBloodSugarType());
}
```

单击运行后结果如图 5.6 所示。

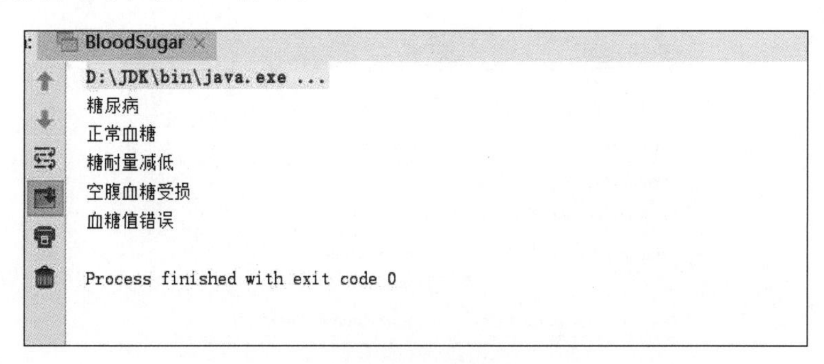

图 5.6 测试结果

可以看到,程序的功能已经基本实现,可以根据输入的空腹血糖值和餐后两小时血糖值判断人的健康情况。

在被测类代码处右击,在弹出的快捷菜单中选择 Go To→Test 命令,如图 5.7 所示,创建测试脚本。

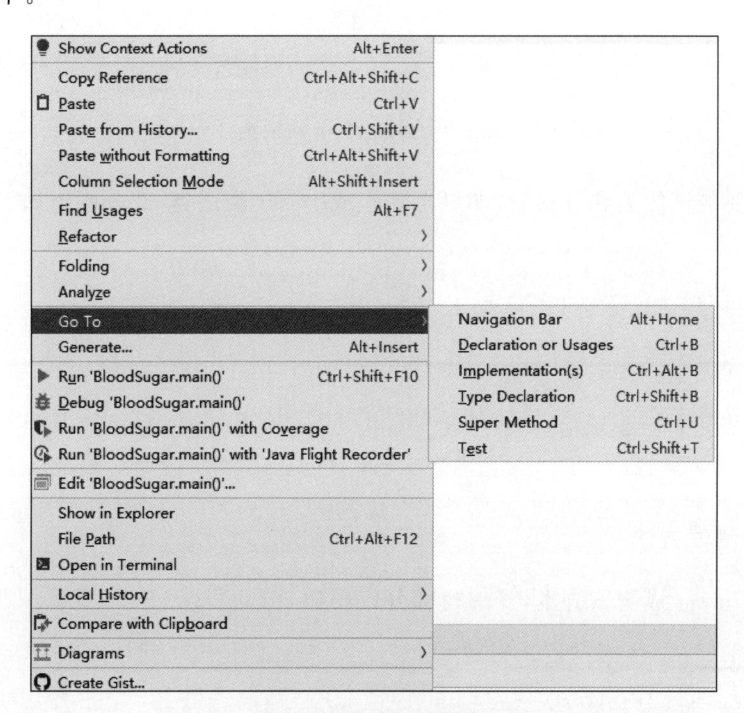

图 5.7 创建测试脚本

继续选择 Create New Test 命令,新建脚本,如图 5.8 所示。

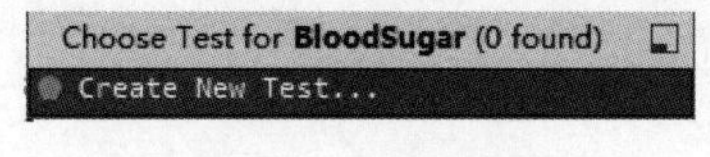

图 5.8 新建脚本

选用 JUnit4 测试库进行测试，如图 5.9 所示，创建 JUnit 测试类。

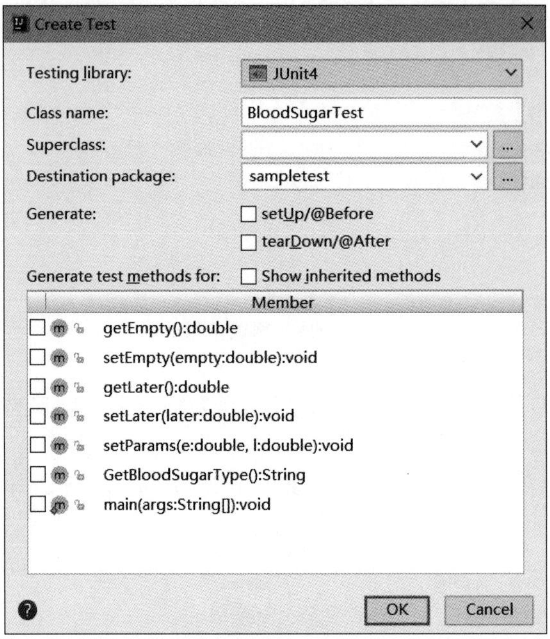

图 5.9　创建 JUnit 测试类

选中需要测试的类和方法后，即可自动生成 JUnit 测试类，部分代码如下所示：

```
@Test
public void getBloodSugarType() {
}
@Test
public void main() {
}
```

2. 编写测试方法

使用 JUnit 生成测试脚本，并编写部分代码如下：

```
public class BloodSugarTest {
    BloodSugar testObj;

    @Before
    public void setUp() throws Exception {
        testObj=new BloodSugar();
        System.out.println("Run @Before method");
    }
```

```
    @After
    public void tearDown() throws Exception {
        testObj = null;
        System.out.println("Run @After method");
    }

    @BeforeClass
    public static void prepareEnvironment(){
        System.out.println("Run @BeforeClass method");
    }

    @AfterClass
    public static void RestoreEnvironment(){
        System.out.println("Run @AfterClass method");
    }
}
```

测试用例的执行顺序如下。

(1) @Before：在每个测试用例执行之前执行一次。

(2) @After：在每个测试用例执行之后执行一次。

(3) @BeforeClass：在测试类的所有测试用例执行之前执行一次。

(4) @AfterClass：在测试类的所有测试用例执行之后执行一次。

继续编写测试用例，部分代码如下：

```
@Test
public void getBloodSugarType() {
    System.out.println("Run getBloodSugarType");
    testObj.setParams(6,7);
    String actual=testObj.GetBloodSugarType();
    String expect="正常血糖";
    assertTrue(expect==actual);
}
```

其中，GetBloodSugarType 的作用即调用被测方法。

assertTrue 即断言，其可以判断预期结果 expect 和运行结果 actual 的差别。

```
@Category({EPTest.class})
@Test
public void getBloodSugarType_1(){
    System.out.println("Run getBloodSugarType1");

    testObj.setParams(6,8);
    assertTrue(testObj.GetBloodSugarType()=="糖耐量减低");
```

```
}
@Category({EPTest.class})
@Test
public void getBloodSugarType_2(){
    System.out.println("Run getBloodSugarType2");

    testObj.setParams(6.5,7);
    assertTrue(testObj.GetBloodSugarType()=="空腹血糖受损");
}
@Category({EPTest.class})
@Test
public void getBloodSugarType_3(){
    System.out.println("Run getBloodSugarType3");

    testObj.setParams(7,11.1);
    assertTrue(testObj.GetBloodSugarType()=="糖尿病");
}
```

这里用了@Category注解，JUnit提供了一种分类运行器，其包含在org.junit.experimental.categories.Category中，基本步骤分成两步。

(1) 创建新的测试类，并配置该测试类。

(2) 修改已有测试类，定义具有特定分类的方法。

采用这种分类器可以将测试用例分类，以满足不同的测试类型。

在应用到测试用例之前首先完成第一步，创建新的测试类，其代码如下。

```
@RunWith(Categories.class)
@Categories.IncludeCategory({EPTest.class})
@Suite.SuiteClasses({BloodSugarTest.class})
public class CategoryTest {
}
```

@RunWith注解指定运行器；IncludeCategory设置要执行的测试特性为EPTest，测试特性也可被理解为专有一类测试的标签；SuiteClasses设置候选测试集为BloodSugarTest。

第二步修改已有测试类，在@Category注解后加上{EPTest.class}以表明该测试用例的标签。

注意在使用EPTest标签之前必须要先定义EPTest接口类，其代码如下。

```
public interface EPTest {
}
```

之后该代码即可执行，执行结果如图5.10所示。

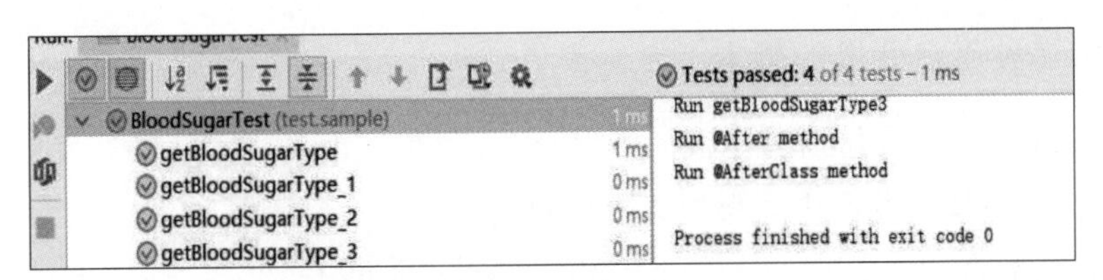

图 5.10 测试用例执行结果

可以看到测试用例运行成功,预期值和输出值保持一致。

JUnit 还有很多功能和测试的策略,这里不再描述,感兴趣的读者可以自行练习体会。

5.3 性能测试工具 LoadRunner

5.3.1 LoadRunner 工具介绍

LoadRunner 是 HP Mercury 公司开发的一款针对 Windows 和 Linux 平台的性能测试工具,其可以高效地测试 Web 应用程序和其他类型的应用程序,通过模拟多用户实施并发操作及实时性能监测的方式来确认和查找问题,是各大公司进行性能测试的首选工具,主要包括以下特点。

1. 支持广泛的应用协议

LoadRunner 支持例如 Web、SAP、Oracle、SQL Server、E-mail、Winsock 等协议,拥有近 50 种虚拟用户类型。

2. 创建大量虚拟用户

使用 VuGen(Virtual User Generator)组件可以创建大量虚拟用户来模拟真实用户进行业务操作。在用 VuGen 建立测试脚本后,用户可以对其进行参数化操作以实现不同用户的并发操作。例如,测试一个系统可以同时承载多少用户同时登录,参数化操作可以将记录中的固定数据(如用户名和密码)以可变值来代替,从而模拟多个实际用户的操作行为。

3. 创建真实的系统负载

虚拟用户建立后,Controller 组件可以组织多用户的测试方案。Controller 的 Rendezvous 功能可以建立一个持续循环的负载,同时它又能管理和驱动负载测试,还可以利用一个日程计划服务定义用户在什么时候访问系统并产生负载。如果想测试一个电子商务网站的订单提交功能,Controller 可以限定负载方案,在这个方案中所有的用户将同时执行提交订单操作模拟峰值负载的情况。除此之外,LoadRunner 还能监测系统架构中各个组件的性能,包括服务器、数据库、网络设备等。

4. 支持多种平台开发的脚本

LoadRunner 几乎支持所有主流的开发平台，尤其是 Java 和.NET 开发的程序，也支持基础的 C 程序，这都方便了虚拟用户脚本的开发。

5. 实时监测器

LoadRunner 内有多种性能检测器，可以实时地显示系统的性能数据，无须改动生产服务器就可以监控网络、操作系统、数据库和应用服务器等性能指标，可以在测试的过程中从客户和服务器两方面评估这些系统组件的运行性能，发现系统瓶颈。

6. 精确分析测试结果

LoadRunner 可以自动产生压力测试结果，在测试完毕后，LoadRunner 会测试数据并提供分析和报告工具，以便能快速查到性能问题所在，尤其是针对 Web 页面细分功能，LoadRunner 可以详细地了解每个元素的下载情况，最后以 HTML 形式生成报告文档。

7. 界面友好

LoadRunner 主要有三大图形用户界面，其可以通过图形化的操作方式使用户在最短的时间内掌握其使用技巧。

5.3.2 LoadRunner 的下载与安装

1. 下载

首先需要在官方网站下载所需版本的 LoadRunner，其官方网站为 https://software.microfocus. com/en-us/products/loadrunner-load-testing/download，此次实验所用版本为 LoadRunner 12.02。

下载后解压，会发现有 4 个安装包。

2. 安装

如图 5.11 所示，右击社区版安装包，在弹出的快捷菜单中选择“以管理员身份运行”命令进行安装。

HP_LoadRunner_12.02_Tutorial_T7177-88037.pdf
HP_LoadRunner_12.02_Community_Edition_T7177-15059.exe
HP_LoadRunner_12.02_Community_Edition_Standalone_Applications_T7177-15061.exe
HP_LoadRunner_12.02_Community_Edition_Language_Packs_T7177-15062.exe
HP_LoadRunner_12.02_Community_Edition_Additional_Components_T7177-15060.exe

图 5.11 安装包图

在打开的 HP LoadRunner 12.02 Community Edition 对话框中选择解压的临时安装文件存放路径(此处可不选择默认路径),然后单击 Install 按钮,如图 5.12 所示,等待其加载完成。

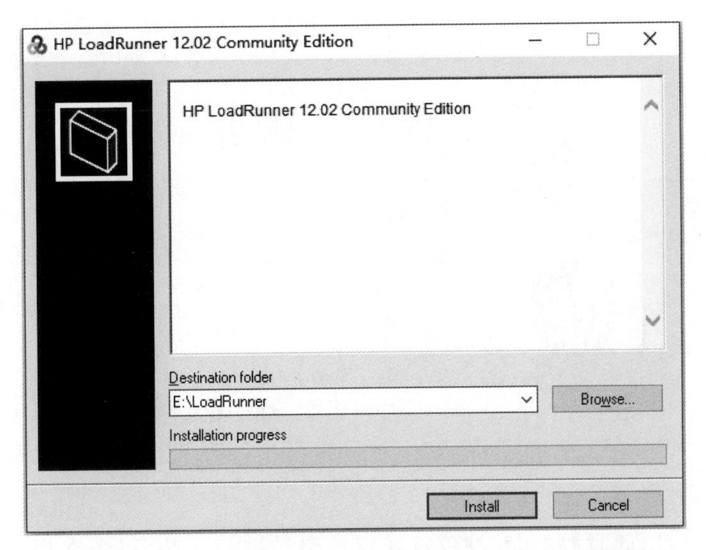

图 5.12　HP LoadRunner 12.02 Community Edition 对话框

接着安装程序会查验计算机是否含有软件安装运行时的必备组件,缺少组件时,会弹出 HP LoadRunder 对话框提示安装这些组件,单击“确定”按钮则可以自动安装所需组件,如图 5.13 所示。

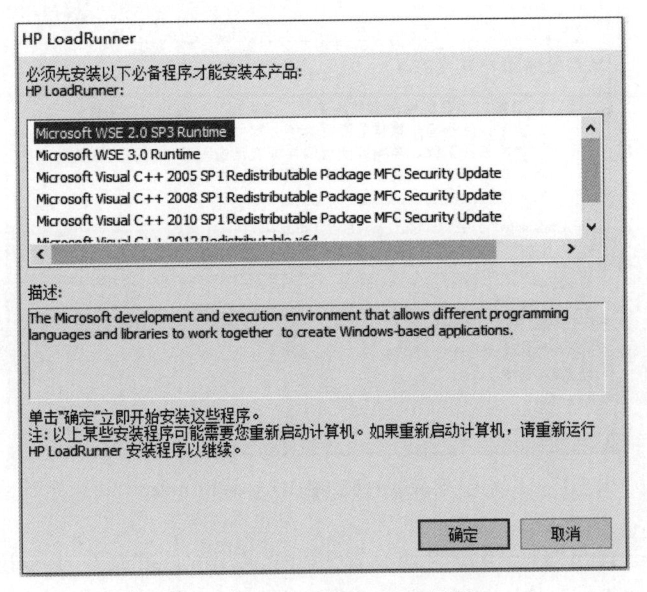

图 5.13　HP LoadRunder 对话框

将必备组件安装好后会打开“LoadRunner 安装向导”界面,此时可以单击“下一步”

按钮，如图 5.14 所示。

图 5.14 “LoadRunder 安装向导”界面

更改安装目录，此时要注意，建议选择默认路径进行安装，以免在后续使用过程中出现问题，同时要注意安装路径中不能包含中文字符。选中“我接受许可协议中的条款”复选框，然后单击“安装”按钮，即可等待安装完成，如图 5.15 所示。

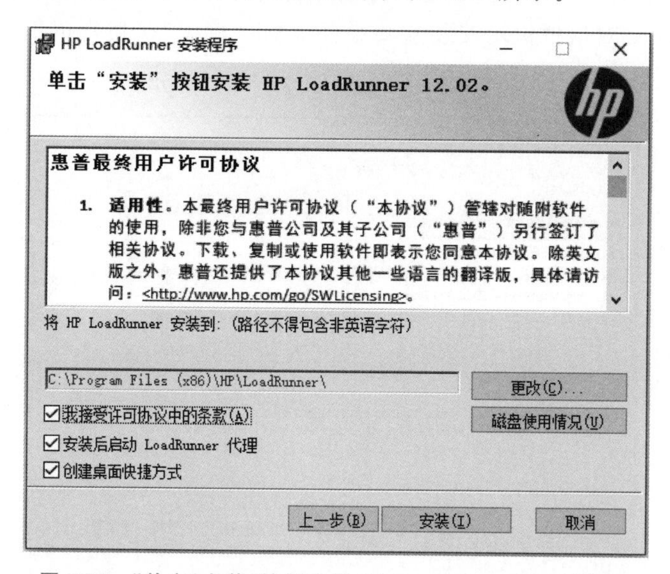

图 5.15 “单击‘安装’按钮安装 HP LoadRunder 12.02”界面

安装完成后会弹出“HP 身份验证设置”界面，取消勾选“指定 LoadRunner 代理将要使用的证书。”复选框，证书的勾选，然后单击“下一步”按钮，如图 5.16 所示。

安装完成，单击“完成”按钮，如图 5.17 所示。

完成后，桌面会出现如图 5.18 所示的 3 个图标。

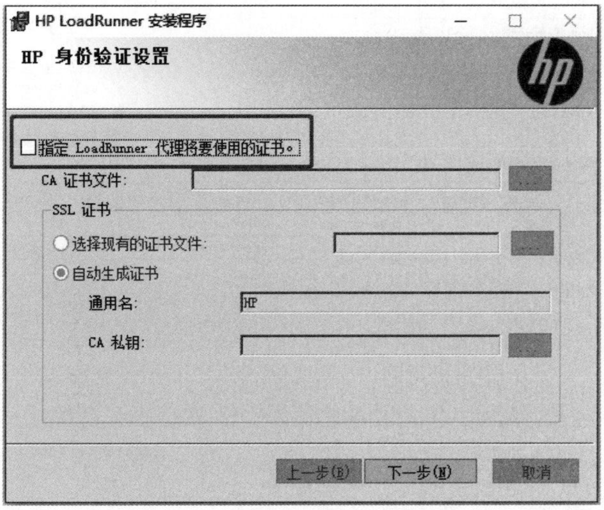

图 5.16　“HP 身份验证设置”界面

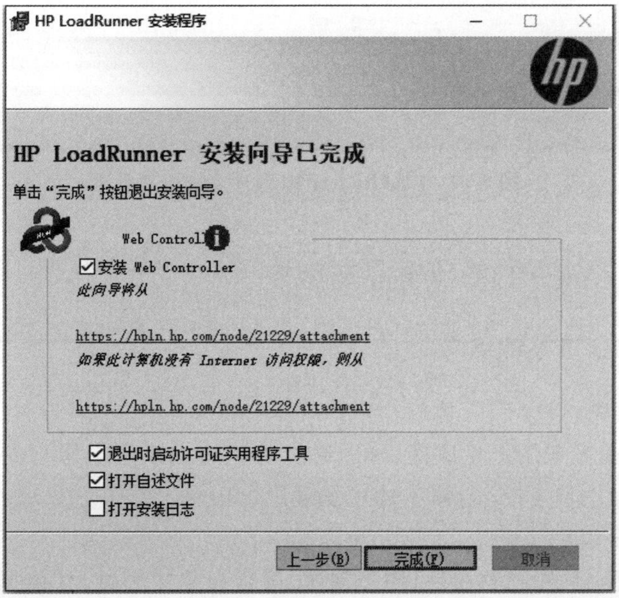

图 5.17　安装界面图 6

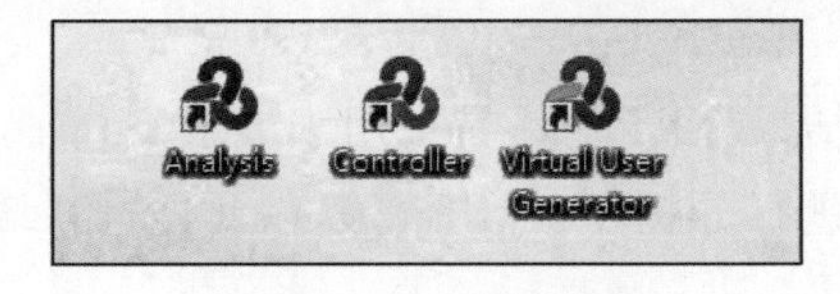

图 5.18　图标

之后会弹出 LoadRunner License Utility 对话框，如仅需要试用产品，直接单击 Close 按钮即可，如图 5.19 所示。

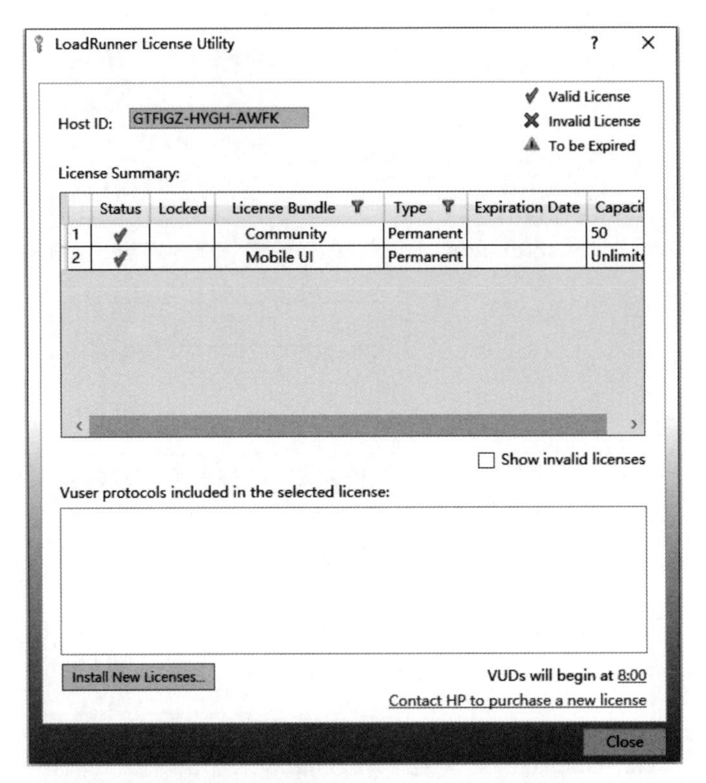

图 5.19 LoadRunner License Utility 对话框

5.3.3 LoadRunner 工具的组成及原理

1. LoadRunner 工具的组成

1）VuGen 模块

VuGen 模块是虚拟用户生成器，可以通过录制的方式记录用户的真实业务操作，并将记录的操作转化为脚本，运行脚本即可复现用户相应的操作。

2）Controller 模块

Controller 模块是控制器模块，用于创建、运行和监控场景，并依据 VuGen 提供的脚本（即一个用户的操作）模拟出大量用户真实操作的场景，其中的负载生成器 Load Generator 负责执行由 VuGen 生成的脚本，以此形成对系统的负载。

3）Analysis 模块

Analysis 模块是压力结果分析工具，其被用于展示 Controller 收集到的测试结果，便于对结果和各项数据指标进行分析、联合比较等，以此评估系统性能。

2. Loadrunner 性能测试的操作流程

LoadRunner 在性能测试中的使用流程大致如图 5.20 所示。

（1）录制用户行为。在 VuGen 中开发虚拟脚本的步骤包括选择协议、录制用户交互

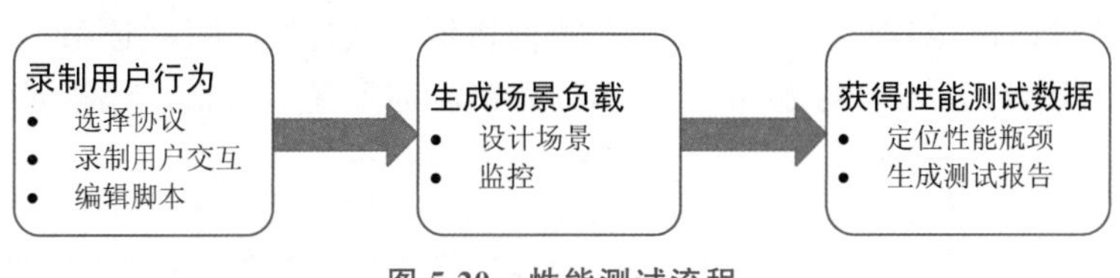

图 5.20　性能测试流程

和编辑脚本，完成操作后，需要验证该脚本是否已被正确录制、是否可以成功回放。当脚本验证通过后，即可开始形成负载。

（2）在用户行为录制完成后，开始生成场景负载。将保存的脚本加入 Controller 中生成负载。

（3）获得性能测试数据，进行分析统计。在 Analysis 组件中可以得到一份 Analysis Summary 报告，里面有整个系统运行情况的数据，利用 Analysis 还可以生成 Word 或 HTML 版的测试结果报告。

5.3.4　使用 VueGen 开发测试脚本

VuGen 是一个录制和开发脚本的工具，其采用录制和回放的方式，可以将用户的操作行为记录成脚本，通过回放脚本模拟用户对程序的操作行为。VuGen 的录制原理是通过代理作为客户端和服务器端之间的中间人，接收从客户端发送的数据包，记录并将其转发给服务器端，接收从服务器端返回的数据流，记录并返回给客户端。VuGen 在截获数据流之后，还需要根据录制时选择的协议类型对其进行分析，用脚本函数将数据流的交互过程转化成对应协议的脚本。

使用 VuGen 开发测试脚本的步骤如图 5.21 所示。

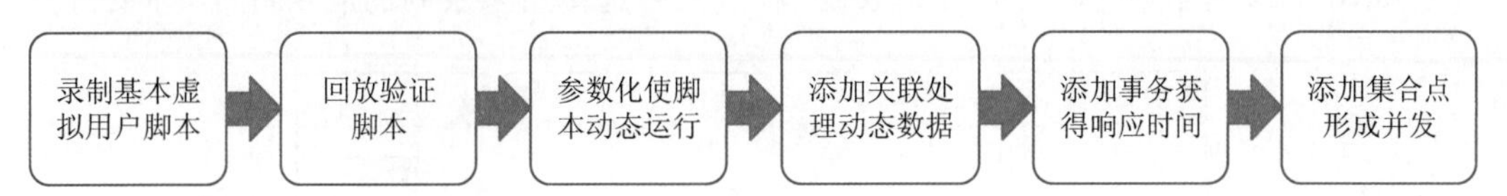

图 5.21　使用 VuGen 开发测试脚本的步骤

本节将利用 LoadRunner 测试工具按照制订测试计划、创建脚本、定义场景、运行场景和分析结果 5 个步骤测试在线考试系统，以此来介绍 LoadRunner 的具体测试流程。

测试在线考试系统内容如下：一个基于 Web 的在线考试系统，确定多个用户同时执行相同操作时，该系统将如何处理。使用 LoadRunner 模拟学生操作，可以创建具有 10 个 Vuser 的场景，并且通过这些 Vuser 同时在考试系统中进行考试的虚拟行为测试系统性能。

创建负载测试的第一步是使用 VuGen 录制典型的用户业务流程，当用户在应用程序中按照业务进行操作时，VuGen 会将这些操作录制下来，作为负载测试的基础。

在此部分中，将录制一个教师发布考试的全过程。

1. 录制脚本

打开 VuGen 并创建一个空白脚本，选择“文件”→“新建脚本和解决方法”命令，打开

“创建新脚本”对话框，如图 5.22 所示，在左侧列表框中选择“单协议”选项，右侧选择 Web - HTTP/HTML，设置脚本名称、位置和解决方案名称等基本信息，单击“创建”按钮。

图 5.22 “创建新脚本”对话框

如图 5.23 所示，在弹出的“开始录制”对话框中选择用来录制的应用程序，即要打开

图 5.23 “开始录制”界面

测试网站的浏览器(默认为 IE 浏览器),在 URL 地址栏输入要测试的目标网站,实验中填入的是在线考试系统的网址:https://www.examsystem.top:9240/login/enterLoginPage,然后单击“开始录制”按钮。

在第一次启动应用程序时,如图 5.24 所示,如果测试的是本地站点,可能会提示“无 Internet 访问”,选中“不再检查 Internet 访问”复选框,单击“是”按钮进行下一步,如有安全证书问题则可单击“否”按钮。

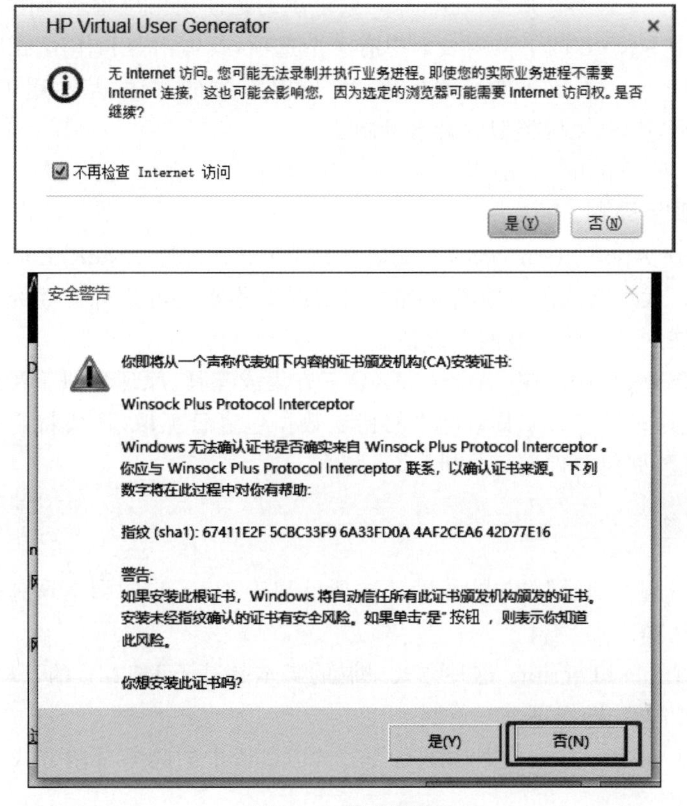

图 5.24　提示界面

在开始录制脚本后会出现录制工具栏,如图 5.25 所示,录制完成后单击结束录制按钮。

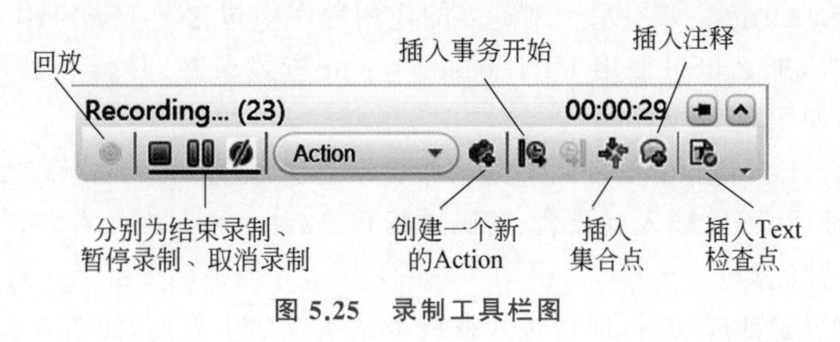

图 5.25　录制工具栏图

为了确保录制出来的脚本简洁有效,在开始录制之前需要对录制选项进行一定的调整。

操作选择中 Record into action 的下拉列表框中有 3 个选项，其分别为 Vuser_init、Action、Vuser_end。

(1) Vuser_init 脚本最先被运行，录制的通常是用户登录操作。

(2) Action 脚本录制的一般是用户的操作事件，其可以被分割为多个 Action，在迭代时被反复运行。

(3) Vuser_end 脚本在最后被执行，一般录制的是注销用户登录操作。

录制模式中 Record 的下拉列表框中有 4 个选项，具体内容和作用如下。

(1) Web Browser：Web 浏览器标配，用于 Web 端的测试，基本用于浏览器服务器(Browser/Sener，B/S)架构类型的脚本录制。

(2) Windows Application：Windows 应用程序，用于客户/服务器(Client/Server，C/S)架构类型的脚本录制。

(3) Remote Application visa LoadRunner Proxy：通过 LoadRunner 代理服务器的远程应用程序。代理模式可以脱离原有的基于浏览器或者可执行文件的录制限制，录制的设备可以扩展到更多的局域网下设备。

(4) Captured Traffic File Analysis：第三方集成工具，原理类似于代理模式，利用计算机作为网关，通过第三方工具对网络的特定数据包进行抓取，形成特定的文件，再通过 LoadRunner 对数据包文件进行分析，形成脚本。

2. 录制标签

在设置获得脚本的录制方式时，默认选项是基于 HTML 的脚本录制格式，其有两种录制方式可供选择。

(1) HTML-based script：这种方式录制的脚本是基于 HTML 的，以 HTML 操作为录制级别，非 HTML 操作不进行录制。

(2) URL-based script：这种方式是基于 URL 请求的脚本录制方式，会录制所有的 HTTP 请求。

一般来说，由于采用 URL-based script 模式将录制所有的请求和资源，需要做更多的关联，脚本看起来非常长，而采用 HTML-based script 模式录制的脚本更小且易于理解。一般推荐基于浏览器的应用程序使用 HTML-based script，不是基于浏览器的应用程序使用 URL-based script。如果基于浏览器的应用程序中包含了 JavaScript，并且脚本向服务器发送了请求，那么也可使用 URL-based script 方式录制，开始录制界面如前图 5.23 所示，提示界面如图 5.24 所示。

录制开始后，LoadRunner 将调用浏览器自动打开被测网站，如图 5.26 所示，在系统登录界面被打开后，可以输入登录名、密码进行登录(注：原网站含有验证码，会影响脚本回放，测试时已被注释)。

登录名、密码验证成功后，即可进入在线考试系统学生界面，如图 5.27 所示。

然后单击“退出”按钮，即可返回到登录界面。

生成录制的脚本代码如下：

图 5.26　考试系统登录界面

图 5.27　在线考试系统学生界面

```
Action()
{
    web_url("enterLoginPage",
        "URL=http://localhost:8081/login/enterLoginPage",
        "Resource=0",
        "RecContentType=text/html",
        "Referer=",
        "Snapshot=t11. inf",
        "Mode=HTML",
        LAST);

    lr_think_time(10);

    web_custom_request("login",
        "URL=http://localhost:8081/login/login",
        "Method=POST",
        "Resource=0",
```

```
        "RecContentType=application/json",
        "Referer=",
        "Snapshot=t12. inf",
        "Mode=HTML",
        "EncType=application/json;charset=utf-8",
        "Body={\"account\":\"17868812211\",\"number\":0,\"password\":\"
1903210063\",\"IDentity\":\"1\",\"code\":\"\"}",
        LAST);

    web_url("studentPage",
        "URL=http://localhost:8081/login/studentPage",
        "Resource=0",
        "RecContentType=text/html",
        "Referer=",
        "Snapshot=t13. inf",
        "Mode=HTML",
        LAST);

    web_custom_request("getRealName",
        "URL=http://localhost:8081/login/getRealName",
        "Method=POST",
        "Resource=0",
        "RecContentType=application/json",
        "Referer=http://localhost:8081/login/studentPage",
        "Snapshot=t14. inf",
        "Mode=HTML",
        "EncType=application/json;charset=utf-8",
        LAST);

    web_custom_request("loadMyExam",
        "URL=http://localhost:8081/myExam/loadMyExam",
        "Method=POST",
        "Resource=0",
        "RecContentType=application/json",
        "Referer=http://localhost:8081/myExam/openMyExamListPage",
        "Snapshot=t15. inf",
        "Mode=HTML",
        "EncType=application/json;charset=utf-8",
        "Body={\"examName\":\"\",\"datetimeStart\":\"\",\"datetimeEnd\":\"
\",\"examClassify\":\"\",\"examStatus\":\"\",\"page\":1,\"offset\":3}",
        LAST);

    web_custom_request("exitLogin",
```

```
        "URL=http://localhost:8081/login/exitLogin",
        "Method=POST",
        "Resource=0",
        "RecContentType=application/json",
        "Referer=http://localhost:8081/login/studentPage",
        "Snapshot=t16.inf",
        "Mode=HTML",
        "EncType=application/json;charset=utf-8",
        LAST);

    web_url("enterLoginPage_2",
        "URL=http://localhost:8081/login/enterLoginPage",
        "Resource=0",
        "Referer=http://localhost:8081/login/studentPage",
        "Snapshot=t17.inf",
        "Mode=HTML",
        LAST);

    web_url("imagecode",
        "URL=http://localhost:8081/code/imagecode",
        "Resource=0",
        "Referer=",
        "Snapshot=t18.inf",
        "Mode=HTML",
        LAST);

    return 0;
}
```

3. 回放脚本

在将已录制的脚本合并到负载测试场景之前，需要回放脚本来验证其是否能够正常运行。在回放前需要进行运行设置(Run-Time Setting)，运行设置提供了在脚本运行时所需要的相关选项。

1) Run Logic

Run Logic 设置每个 Action 之间运行的先后顺序和当前脚本的迭代次数，如图 5.28 所示。

2) Pacing

Pacing 设置脚本运行中每次迭代之间的等待时间。如果需要周期性地在脚本中重复做某些事情，就可以通过 Pacing 来实现，如图 5.29 所示。

3) Log

Log 即扩展日志，该设置选项提供了一定的调试分析基础，脚本的回放验证很多时候

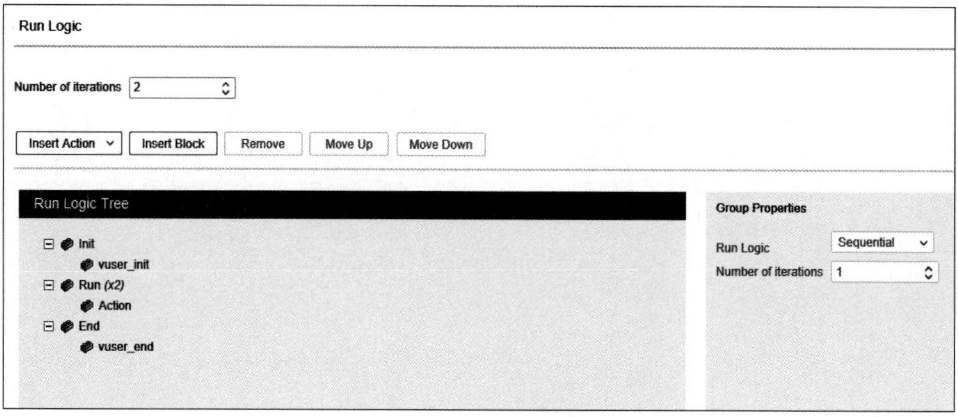

Run Logic

Number of iterations 2

Insert Action　Insert Block　Remove　Move Up　Move Down

Run Logic Tree

Init
vuser_init
Run (x2)
Action
End
vuser_end

Group Properties

Run Logic Sequential

Number of iterations 1

图 5.28　迭代次数设置

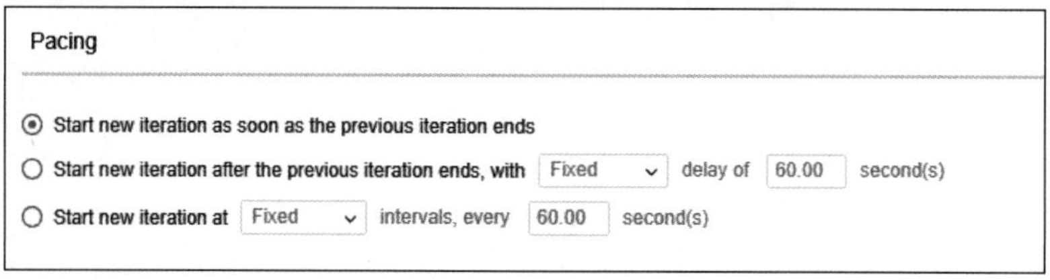

Pacing

Start new iteration as soon as the previous iteration ends

Start new iteration after the previous iteration ends, with Fixed delay of 60.00 second(s)

Start new iteration at Fixed intervals, every 60.00 second(s)

图 5.29　设置 Pacing 策略

都是依靠其来实现的，如图 5.30 所示，在 VuGen 脚本运行时选择查看扩展日志可以更好地了解脚本执行情况。

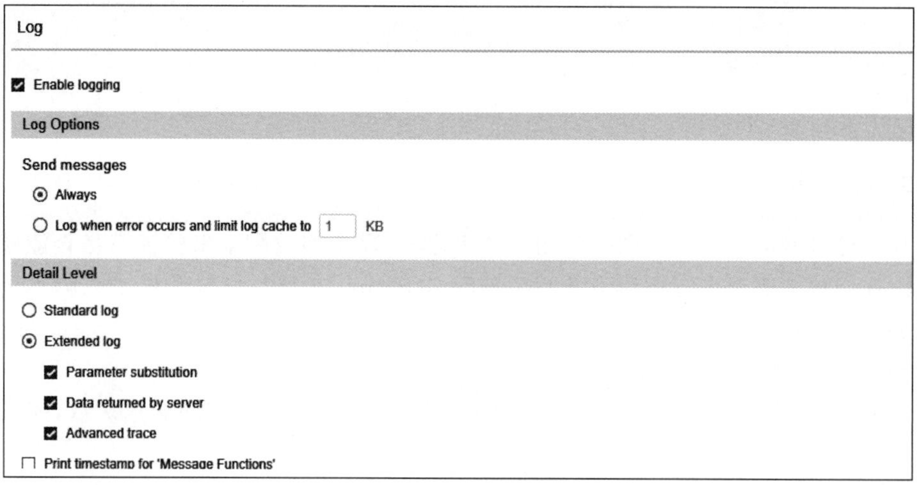

Log

Enable logging

Log Options

Send messages

Always

Log when error occurs and limit log cache to 1 KB

Detail Level

Standard log

Extended log

Parameter substitution

Data returned by server

Advanced trace

Print timestamp for 'Message Functions'

图 5.30　Log 类型

4）Think Time

Think Time 即思考时间，是指脚本录制过程中产生的用户停顿时间，其可以通过延迟模拟体现用户的正常访问。但在单脚本运行的 VuGen 中默认忽略思考时间，如图 5.31

所示。在并发操作下,一般选择使用录制思考时间的随机百分比,目的是更真实地模拟用户行为。

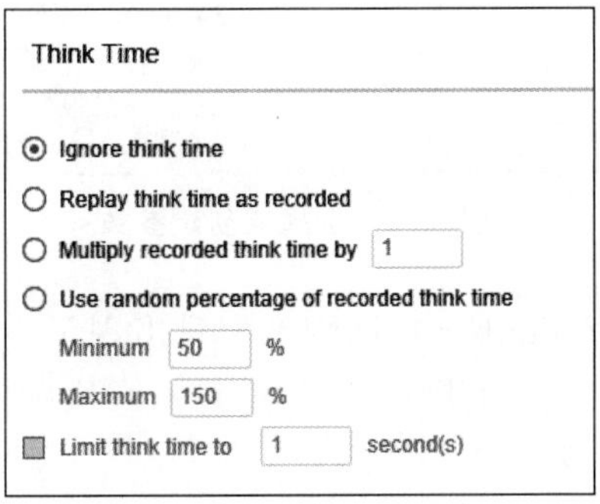

Think Time

- Ignore think time
- Replay think time as recorded
- Multiply recorded think time by 1
- Use random percentage of recorded think time
  - Minimum 50 %
  - Maximum 150 %
- Limit think time to 1 second(s)

图 5.31　Think Time 类型

脚本录制完成后,单击示例工具栏中的回放按钮,运行结果如图 5.32 所示。

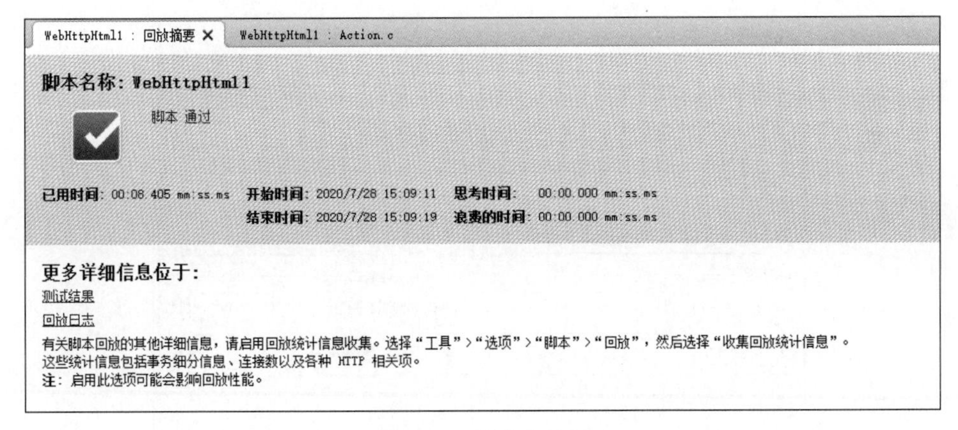

图 5.32　回放结果图

4. 参数化输入

在回放一个网站登录的脚本时,无论怎么回放都是发送相同的登录信息,这和真实的场景有很大的差别。因为脚本中的内容是静态的,所以只有通过参数化的处理将静态的内容改成动态的才能解决这个问题。对脚本进行参数化可以减少脚本的大小和数量,如果不进行参数化则需要复制并修改很多脚本,使用不同的数值来测试录制的脚本,使业务更接近真实的客户业务。参数化包含两项任务:一是参数的创建,在脚本中用参数取代常量值;二是定义参数的属性以及设置其数据源。

下面将尝试对登录时输入的登录名和密码等信息进行参数化。

在录制的登录脚本中找到向服务器提交数据的函数,并选中录制时输入的相应字段右击,在弹出的快捷菜单中选择“使用参数替换”→“新建参数”命令,对参数命名并选择参数类型,如图 5.33 所示。

填好参数名称并选择 File 类型后,系统会弹出“是否先用参数替换字符串的所有出

图 5.33 选择或创建参数

现位置?"提示对话框。因为 number 在该脚本中只出现了一次,所以选择 No,但是如果一个字段在脚本中出现两次及以上则可以选择 Yes,在实际的项目中出于谨慎最好选择 No,并自行检查脚本对应字段。

进入参数列表,选中参数并右击,在弹出的快捷菜单中选择"参数属性"命令,进入"参数属性"对话框,设置参数的取值和参数的更新方式等属性,如图 5.34 所示。

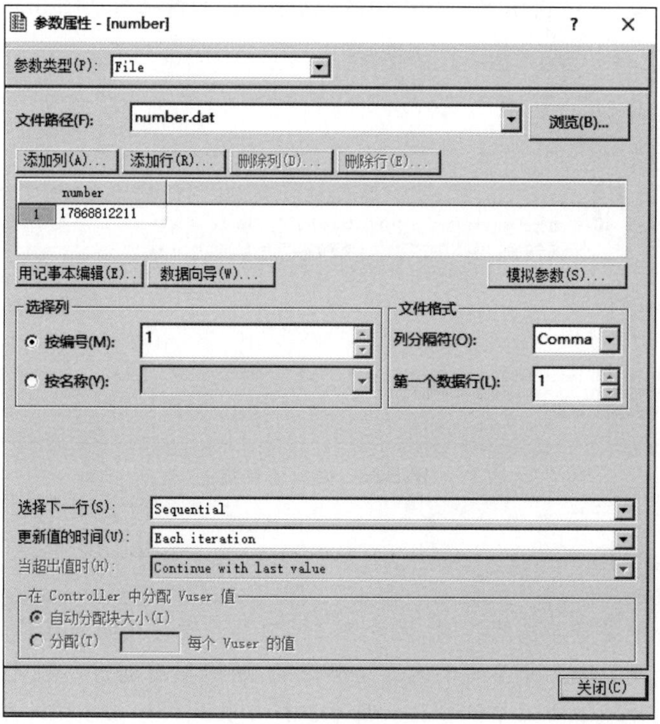

图 5.34 设置参数属性

设置参数有 4 种方式。

(1) 在页面中直接添加行或列。

(2) 选中记事本编辑,单击参数设置区域左下角"用记事本编辑"按钮。

(3) 选择导入参数,单击参数设置区域左下角"数据向导"按钮。

(4) 选择模拟参数,单击参数设置区域右下角"模拟参数"按钮。

设置参数时,第一种方式参数需要逐个添加,过程相对比较麻烦;第二种方式比较直观，使用最方便；第三种方式是从外部文件导入，其导入数据的格式要求比较严格；第四种方式用于判断取值方式是否符合预期。

用记事本编辑的方式进行参数设置如图 5.35 所示。

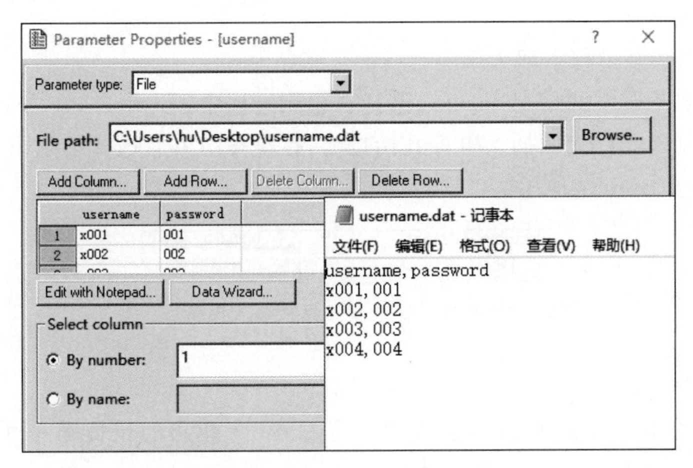

图 5.35　用记事本编辑的方式

先修改 File 的数据来源 username. dat，然后以记事本的方式打开数据文件。需要注意的是，在设置参数时如果参数之间存在对应关系，那么最好将相关参数设置在同一张数据文件表中，方便后期灵活地调整取值方式。

5. 插入事务

性能测试阶段有时候需要知道一个用户登录系统用了多长时间，LoadRunner 中的事务可以度量一种业务操作所需要的时间。事务度量的是从客户端发送请求到服务器端响应处理并返回请求的时间，看上去和响应时间没有多大的差别，但是实际上事务和响应时间之间还是存在细微的差异。

实际的事务时间包括以下 4 部分，如图 5.36 所示。

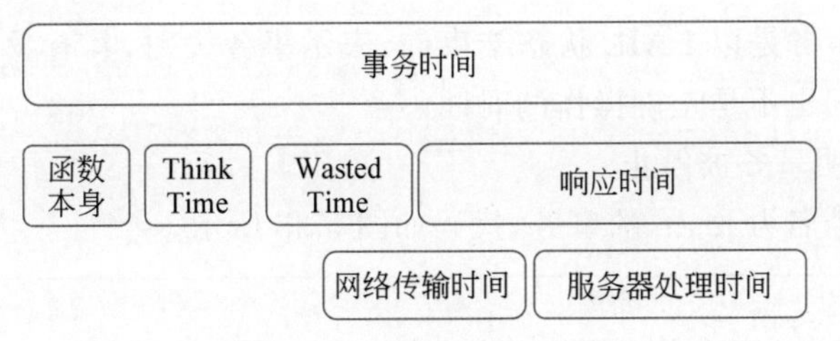

图 5.36　事务时间的组成

其中，函数本身消耗的时间包括 lr_start_transaction 和 lr_end_transaction 函数。

Think Time 是用于模拟用户操作步骤之间延迟时间的一种技术手段，在录制时系统将自动生成 lr_think_time 函数。

Wasted Time 是脚本录制过程中自动插入所花费的时间。

响应时间包括网络传输时间和服务器处理时间。

在应用事务的过程中,一般不会将 Think Time 放在事务开始和事务结束之间,否则在未忽略 Think Time 的情况下,Think Time 会被计入事务的执行时间,从而影响对事务正确执行时间的分析与统计。

插入事务的方式有如下 3 种。

(1) 在脚本录制过程中插入事务。

在不完全熟悉脚本的情况下,可以选择在录制过程中插入事务,在需要插入事务操作开始前选择录制工具栏上的插入事务开始按钮,在事务结束后选择结束录制按钮,完成事务的插入过程,如图 5.37 所示。

图 5.37 在录制工具栏插入事务

(2) 手工插入事务。

在生成的脚本中找到要插入事务的位置右击,在弹出的快捷菜单中选择 Insert→Start Transaction/End Transaction 命令。

(3) 在录制完成后生成的测试脚本中手工插入事务命令。

事务的函数语法格式如下:

```
lr_start_transaction("transaction_name ");
lr_end_transaction("transaction_name ", status);
```

其中,lr_end_transaction 函数的状态(status)有 4 种,包括 LR_AUTO、LR_PASS、LR_FAIL 和 LR_STOP。

LR_AUTO 说明 LoadRunner 将根据规则来自动判断状态,判断结果为 PASS/FAIL/STOP。

LR_PASS 指事务是以 PASS 状态通过的,说明该事务已经正确完成,并被记录了对应的响应时间。

LR_FAIL 指事务是以 FAIL 状态结束的,表示事务失败,其有没有达到脚本应该有的效果,得到的时间也不是正确操作的时间。

LR_STOP 说明事务被停止。

例如,插入一个名为 login 的事务,代码如图 5.38 所示。

```
lr_start_transaction("login");    //开始事务
web_custom_request("login",
    "URL=http://localhost:8081/login/login",
    "Method=POST",
    "Resource=0",
    "RecContentType=application/json",
    "Referer=",
    "Snapshot=t12.inf",
    "Mode=HTML",
    "EncType=application/json;charset=utf-8",
    "Body={\"account\":\"{number}\",\"number\":0,\"password\":\"{password}\",\"IDentity\":\"1\",\"code\":\"\"}",
    LAST);
lr_end_transaction("login", LR_AUTO);    //结束事务
```

图 5.38 插入事务代码

插入事务后再次运行脚本,则该事务将以 PASS 状态结束,可以查看其持续时间和浪费时间。

5.3.5 使用 Controller 创建运行场景

在 VuGen 脚本开发完成后,即可使用 Controller 模块将执行这个脚本的用户转化为多用户,以此模拟大量用户同时操作的需求,从而形成负载。场景是用来模拟大量用户操作的技术手段,通过配置和执行场景向服务器施加压力,可以验证系统的各项性能指标是否达到用户要求。

1. 创建场景

进入 Controller 场景设计页面需要先创建场景,场景类型分为手动场景和面向目标的场景。选择好场景类型后,还需要选择要在场景中使用的脚本,脚本可以单选也可以多选,具体应根据场景的需求来确定,如图 5.39 所示。

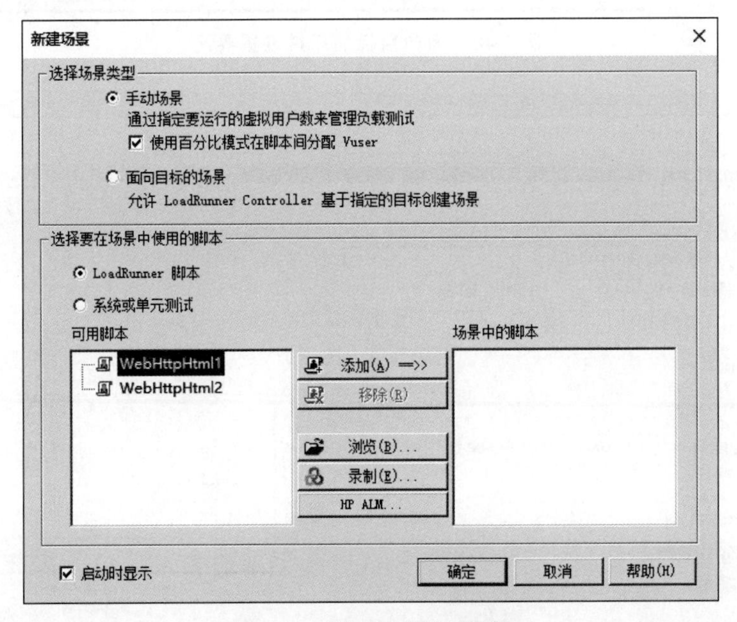

图 5.39 "新建场景"对话框

1) 创建面向目标的场景

创建面向目标的场景是设置一个运行目标,通过 Controller 的 Auto Load 功能进行自动化负载测试。如果测试的结果达到目标,则说明系统的性能符合测试目标,没有达到目标则需要进行性能分析和调优。面向目标的场景是定性型的性能测试,其只关心最后性能测试的结论是否符合性能需求,故多用于验收测试的场合。

在"新建场景"对话框选中"面向目标的场景"单选按钮,添加需要执行负载的脚本,单击"确定"按钮后进入面向目标的场景设置窗口,如图 5.40 所示。

单击"编辑场景目标"按钮,打开"编辑场景目标"对话框,如图 5.41 所示。

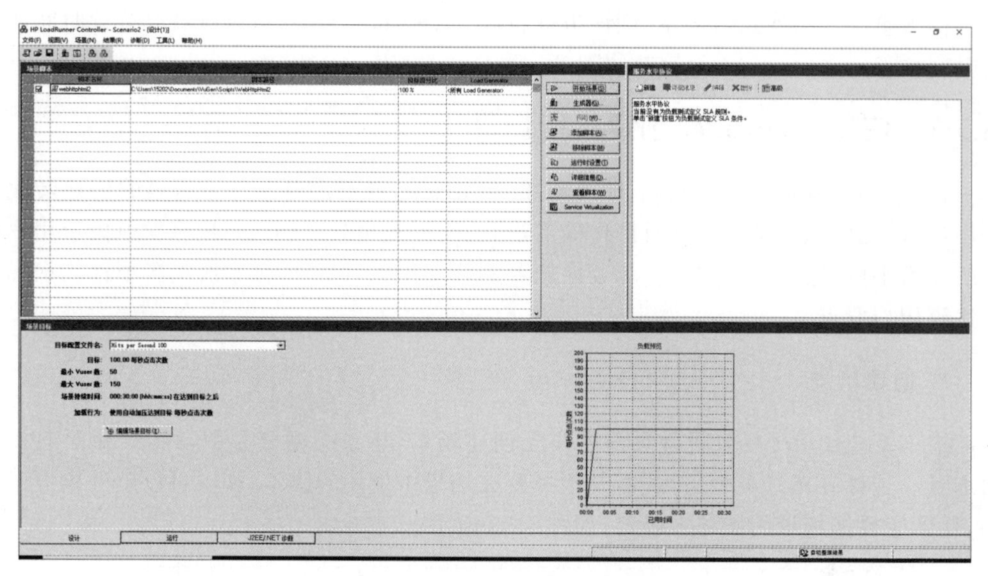

图 5.40　面向目标的场景设置界面

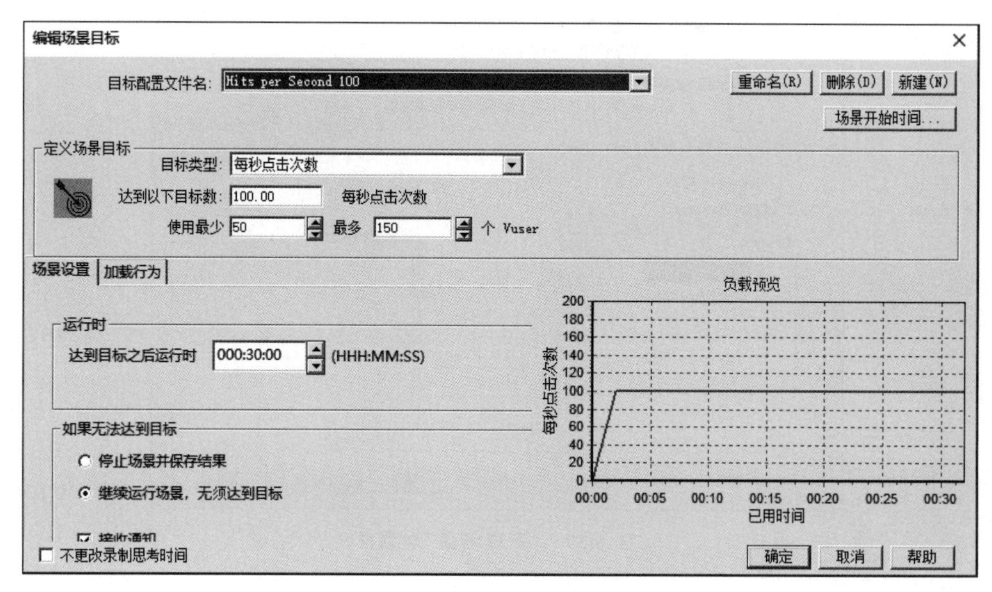

图 5.41　“编辑场景目标”对话框

在面向目标的场景中可以设置目标类型，LoadRunner 提供了如下 5 种目标类型。

- 虚拟用户数：表示被测系统所需要支持的用户数。
- 每秒点击次数：是指 1 秒能够达到的点击请求数目，也就是客户端产生的每秒请求数。
- 每秒事务数：其反映的是系统的处理能力，当脚本中含有事务函数时才可以使用，使用的同时需要指定事务名称、需要达到的目标以及完成目标的用户数范围。
- 事务的响应时间：反映的是系统的处理速度以及做一个操作所需要花费的时间，

当脚本中含有事务函数时才可以设置该指标。

每分钟页面的刷新次数：反映了系统每分钟所能提供的页面处理能力。

2）创建手动场景

手动场景允许自行设置虚拟用户的变化，也可以使用百分比模式在脚本间分配 Vuser，通过设计用户的增加和减少过程来模拟真实的用户请求模型，并以此生成负载。

在“新建场景”对话框选中“手动场景”单选按钮，把登录脚本添加到场景中，单击“确定”按钮后出现如图 5.42 所示的界面。

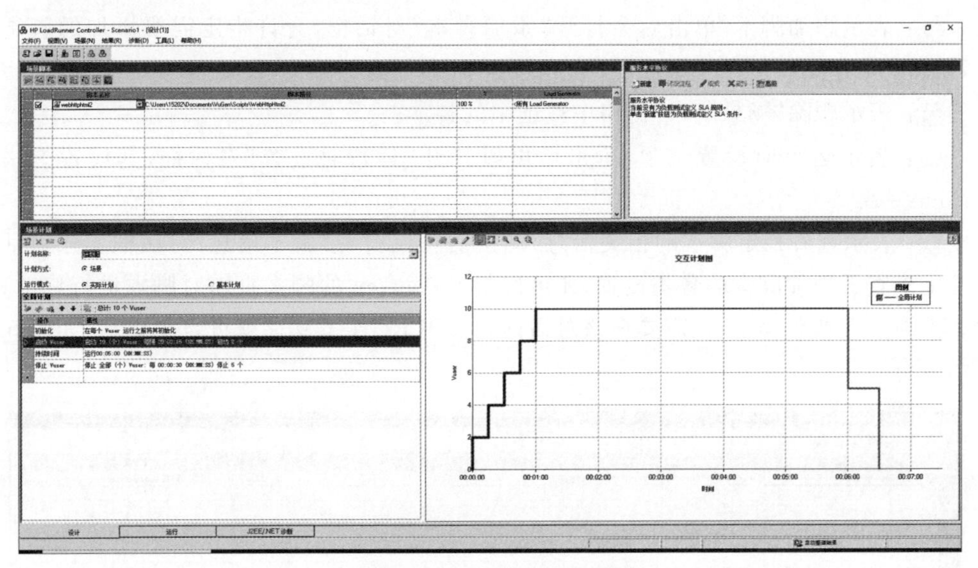

图 5.42　手动场景设置界面

单击全局计划窗格下的编辑操作按钮，如图 5.43 所示，打开“编辑操作”对话框。可以设置启动 10 个 Vuser，每隔 00：00：15（HH：MM：SS），启动 2 个 Vuser，如图 5.44 所示。

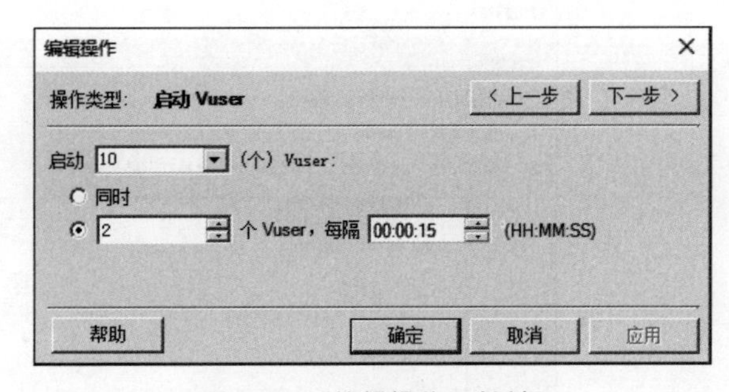

图 5.43　全局计划任务栏　　图 5.44　“编辑操作”对话框

2. 场景设计

Controller 中“设计”选项卡主要用于设计测试场景，以模拟用户并发行为。这部分有场景脚本、服务水平协议和场景计划 3 个组成区域。

1）场景脚本

如图 5.45 所示，“场景脚本”窗格的功能按导航栏从左到右的顺序排列，主要包括以下部分。

：表示运行场景中指定的脚本，单击后系统将自动跳转到 Run 选项卡。

：表示操作指定脚本的虚拟用户，单击后将打开“虚拟用户”对话框，该对话框可以对指定脚本的虚拟用户数进行增加或删除，还可以使同一个脚本中的虚拟用户来自不同的负载生成器。

：表示添加脚本，单击后会打开“添加脚本”对话框，允许指定需要添加的脚本路径，如图 5.46 所示。

：表示删除“场景脚本”窗格中被选中的脚本。

：表示运行时设置选项，单击后可以打开“运行时设置”对话框，其设置方法同 VuGen 一致。

：表示查看指定脚本的相关信息，单击后可以打开“脚本信息”对话框。该对话框主要用于查看当前脚本的各类设置，还可以打开 VuGen 的脚本页面对脚本进行修改，修改后无须重新加载脚本，只需要在该对话框中使用 Refresh 功能就可自动更新，如图 5.47 所示。

图 5.45 “场景脚本”窗格

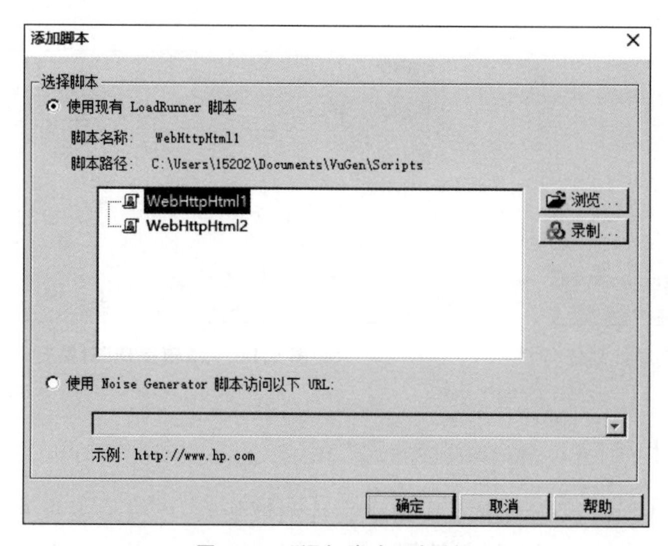

图 5.46 “添加脚本”对话框

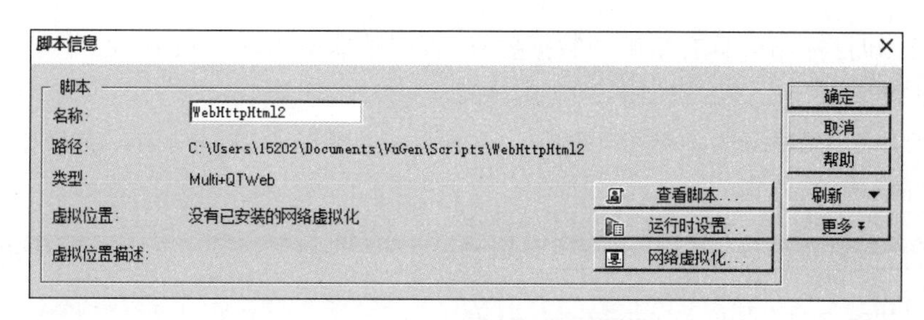

图 5.47　“脚本信息”对话框

：表示查看被选中的当前脚本，系统将自动打开该脚本的 VuGen 页面。

：表示服务虚拟化操作。

2）服务水平协议

服务水平协议（Services Level Agreement，SLA）主要是为了方便对某些数据的阈值进行监控而设立的。在负载测试期间，Controller 将收集性能数据，如图 5.48 所示。Analysis 则会将该数据与在 SLA 中定义的目标进行比较，然后在 SLA 报告中显示比较结果。

图 5.48　“服务水平协议”窗格

单击“新建”按钮，可以对事务、每秒错误数和吞吐量等指标进行阈值的度量，如图 5.49 所示。

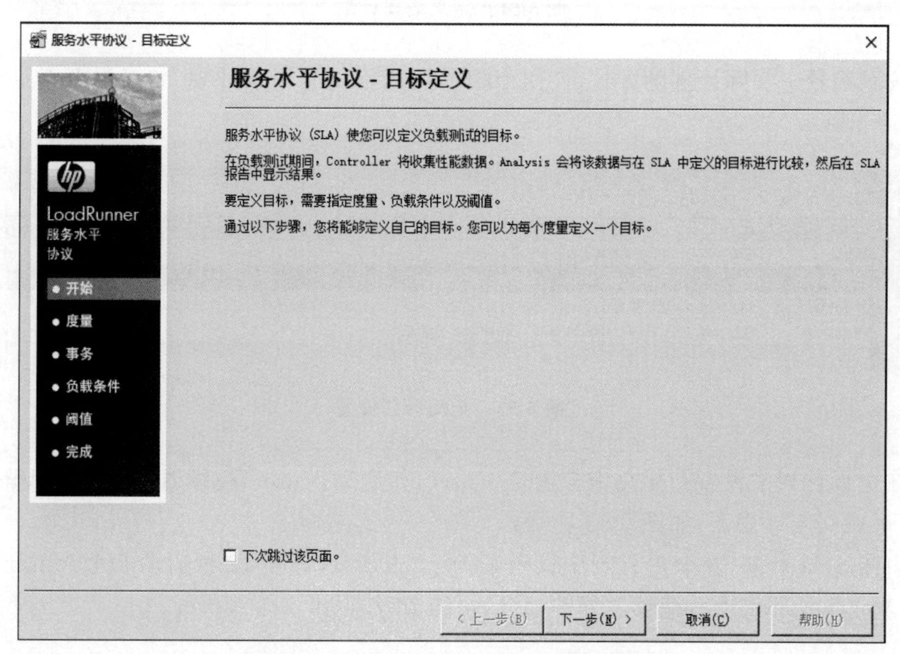

图 5.49　“服务水平协议-目标定义”对话框

除非已知目标场景具有精确的数据要求，否则并非必须在 Controller 中定义阈值。

3）场景计划

“场景计划”窗格分为 3 部分，如图 5.50 所示，其可以为“场景脚本”窗格中的脚本设计相同或者不同的计划。

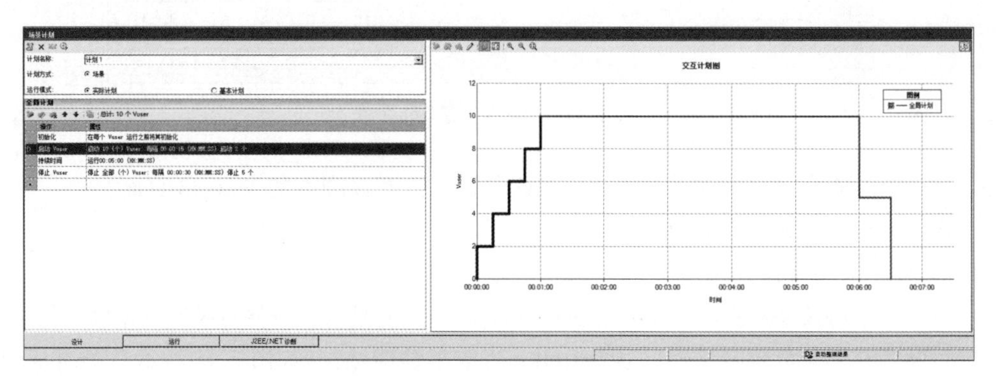

图 5.50 “场景计划”窗格

设计相同计划时，当前场景中会有两个脚本，分别是 WebHttpHtml1 和 WebHttpHtml2，在定义一个场景计划时，计划方式选中“场景”单选按钮，运行模式选中“实际计划”单选按钮，如图 5.51 所示。

场景计划

计划名称:	计划 1	
计划方式:	⊙ 场景	
运行模式:	⊙ 实际计划	○ 基本计划

图 5.51 定义场景计划

按照场景＋实际计划的方式，使两个脚本执行相同的场景计划，然后设置全局计划，如图 5.52 所示。

全局计划

总计: 10 个 Vuser

操作	属性
初始化	在每个 Vuser 运行之前将其初始化
启动 Vuser	启动 10 (个) Vuser: 每隔 00:00:15 (HH:MM:SS) 启动 2 个
持续时间	运行00:05:00 (HH:MM:SS)
停止 Vuser	停止 全部 (个) Vuser: 每隔 00:00:30 (HH:MM:SS) 停止 5 个

图 5.52 全局计划设置

在全局计划中设置初始化虚拟用户 Vuser，如启动 Vuser、持续时间和停止 Vuser 的方式，形成交互计划图，如图 5.53 所示，

由图 5.53 可知，在全局计划中设置了 10 个 Vuser，每隔 12 秒启动 2 个 Vuser，直到 10 个 Vuser 全部启动后持续 5 分钟，然后每隔 30 秒退出 5 个 Vuser。

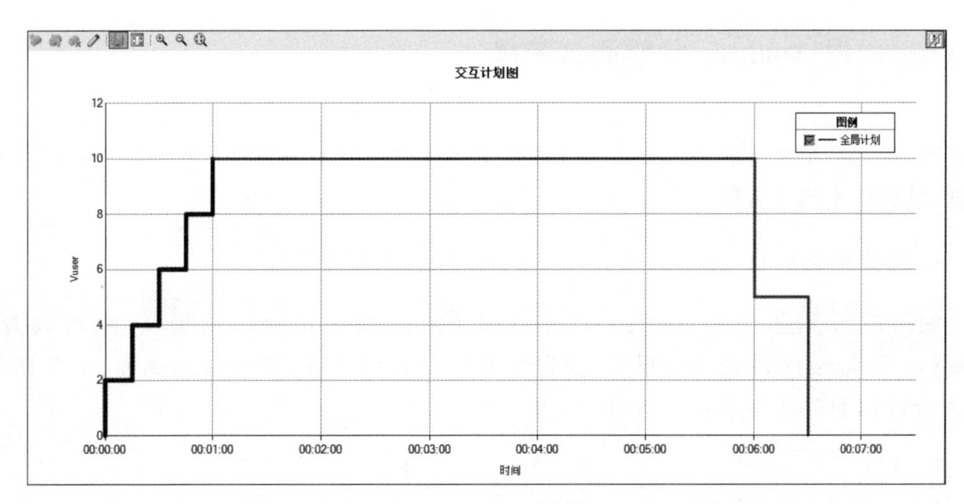

图 5.53　交互计划图

3. 场景运行

场景运行步骤如下。

(1) 开始场景。单击“开始场景”按钮运行测试。

(2) 通过 Controller 的联机图监控性能。

选择“运行”选项卡，测试时就可通过 LoadRunner 的集成监控器查看用户程序的执行状况以及确认潜在瓶颈所在的位置，同时可以在 Controller 的联机图上查看监控器收集到的性能数据，如图 5.54 所示。

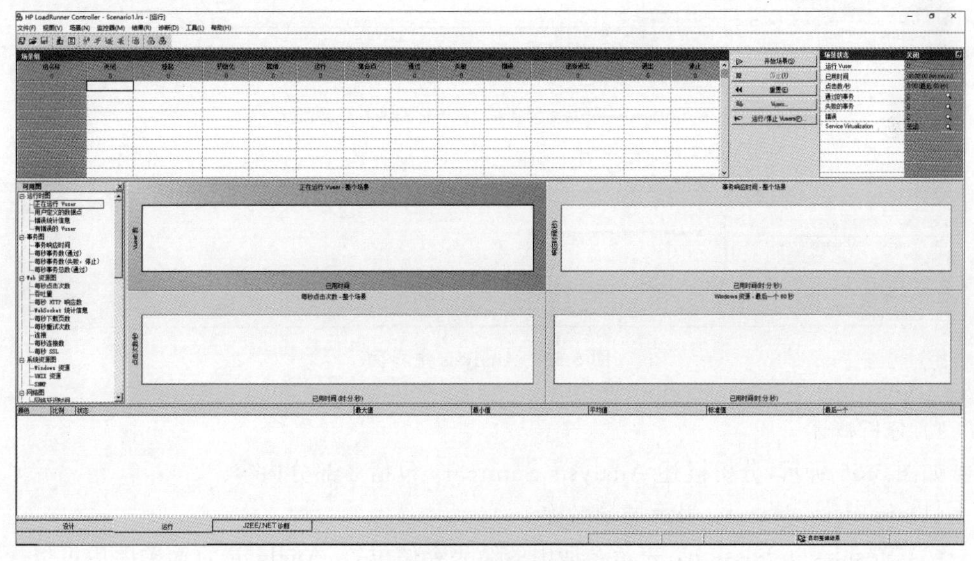

图 5.54　“运行”选项卡

5.3.6 使用 Analysis 分析测试结果

场景运行完成以后，需要对运行过程中收集的数据信息进行分析，从而了解系统的性能表现，确定系统性能瓶颈。Analysis 提供了比较详细的图表分析功能，其可以收集场景数据，最后生成测试报告。

1. 摘要报告分析

如图 5.55 所示，从 Analysis 打开后缀为. lrr 的场景执行结果文件，可以看到 Analysis Summary 场景摘要报告，报告主要包含分析概述、统计信息摘要、事务摘要、SLA 分析和 HTTP 响应摘要 5 部分。

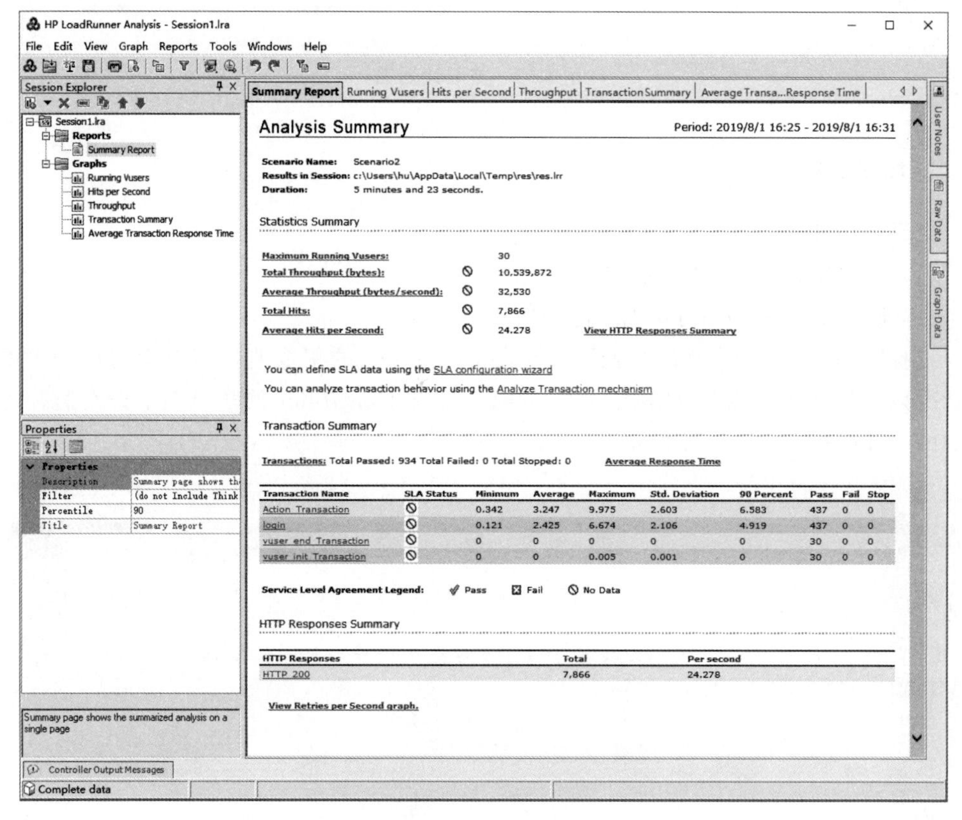

图 5.55 Analysis 主界面

1）分析概述

如图 5.56 所示，分析概述 Analysis Summary 包括 3 部分内容。

（1）Secnario Name：表示场景名称。

（2）Results in Session：表示会话中的结果存储位置，Analysis 页面关闭后可以根据该路径打开数据分析结果。

（3）Duration：表示运行持续时间，如果脚本中包含思考时间，运行时间会自动减掉思考时间。

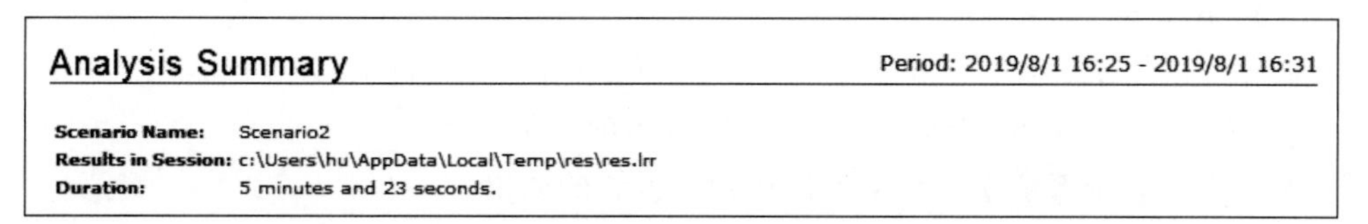

图 5.56　分析概述

2) 统计信息摘要

如图 5.57 所示，统计信息摘要(Statistics Summary)包括 6 条链接内容。

- Maximum Running Vusers：表示运行虚拟用户的最大数目。
- Total Throughput：表示系统总吞吐量。
- Average Throughput：表示系统的平均吞吐量。
- Total Hits：表示系统总单击次数，也就是向服务器发起的 HTTP 请求总数。
- Average Hits per Second：表示系统平均每秒单击次数。
- View HTTP Responses Summary：表示查看 HTTP 响应摘要。

Statistics Summary

Maximum Running Vusers:		30	
Total Throughput (bytes):	⊘	10,539,872	
Average Throughput (bytes/second):	⊘	32,530	
Total Hits:	⊘	7,866	
Average Hits per Second:	⊘	24.278	View HTTP Responses Summary

You can define SLA data using the SLA configuration wizard

You can analyze transaction behavior using the Analyze Transaction mechanism

图 5.57　统计信息摘要

3) 事务摘要

如图 5.58 所示，事务摘要(Transaction Summary)第一部分表示所有事务通过、失败或停止的数量。下方的表格中包括若干事务执行的详细信息，分别是事务名称、SLA 状态、事务运行的最短时间、事务运行的平均时间、事务运行的最长时间、标准方差、系统执行完成 90%事务所花的时间，以及通过、失败、停止的事务数。

Transaction Summary

Transactions: Total Passed: 934 Total Failed: 0 Total Stopped: 0　　Average Response Time

Transaction Name	SLA Status	Minimum	Average	Maximum	Std. Deviation	90 Percent	Pass	Fail	Stop
Action_Transaction	⊘	0.342	3.247	9.975	2.603	6.583	437	0	0
login	⊘	0.121	2.425	6.674	2.106	4.919	437	0	0
vuser_end_Transaction	⊘	0	0	0	0	0	30	0	0
vuser_init_Transaction	⊘	0	0	0.005	0.001	0	30	0	0

图 5.58　事务摘要

值得注意的是，事务并不是百分之百通过才算是成功，一般要求通过率在 95%以上即可，因为在大数据量的情况下，允许出现少量的异常情况。

4）SLA 分析

如图 5.59 所示，SLA 分析(Service Level Agreement Legend)有 3 种状态。

(1) Pass：表示系统实际结果满足预期设置的要求。

(2) Fail：表示系统实际结果不满足预期设置的要求。

(3) No Data：表示没有进行 SLA 设置。

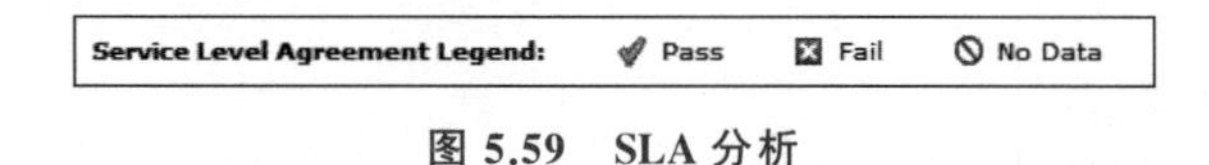

图 5.59 SLA 分析

通过该分析可以了解有多少事务无法达到 SLA 标准以及无法达到标准的事务与 SLA 的误差范围。

5）HTTP 响应摘要

如图 5.60 所示，HTTP 响应摘要(HTTP Responses Summary)反映的是 Web 服务器对事务的处理情况。

HTTP Responses Summary

HTTP Responses	Total	Per second
HTTP 200	7,866	24.278

View Retries per Second graph.

图 5.60 HTTP 响应摘要

2. 基础图表分析

除了摘要报告以外，LoadRunner 还提供了基础图表来分析系统性能。

1）运行的虚拟用户

运行的虚拟用户(Running Vusers)图表反映的是在 Controller 中设置的场景，其数据和场景设计是一致的，从图 5.61 中可以看出 00:00～02:15 用户数缓慢增长，运行脚本持续 2 分钟后又以比较快的速度退出。

2）每秒点击次数

每秒点击次数(Hit per Second)是虚拟用户每秒向 Web 服务器提交的 HTTP 请求数，查看该曲线情况可以判断被测系统是否稳定。从图 5.62 中可以看出，随着用户数的增长，点击率随之增长，持续运行一段时间后，随着虚拟用户的退出，点击率也随之下降。但是曲线呈下降趋势有可能是由于 Vuser 数量减少，访问服务器的 HTTP 请求减少，也有可能是由于服务器瓶颈问题导致 Web 服务器的响应速度变慢。

3）吞吐量

吞吐量(Throughput)图表表示的是场景运行过程中服务器每秒处理的字节数，反映的是服务器的处理能力。从图 5.63 中可以看出，随着用户数的增加，服务器的数据吞吐量也随之增加，一段时间后，虚拟用户慢慢退出，服务器的数据吞吐量也随之减少。根据服务器的数据吞吐量可以评估虚拟用户产生的负载量，以及服务器在流量方面的处理能

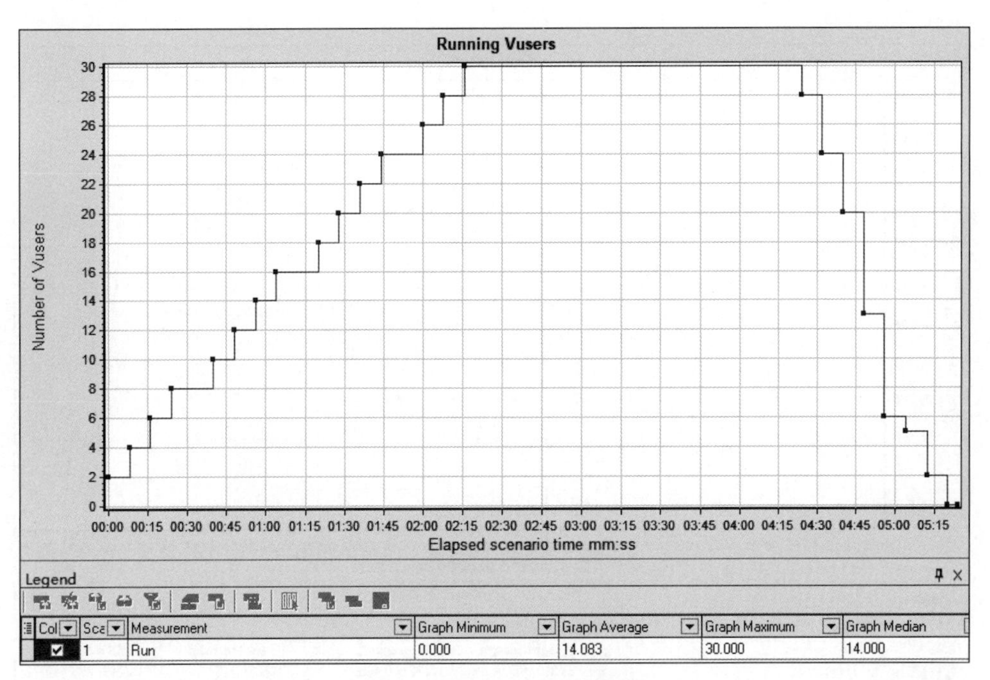

图 5.61　Running Vusers 图表

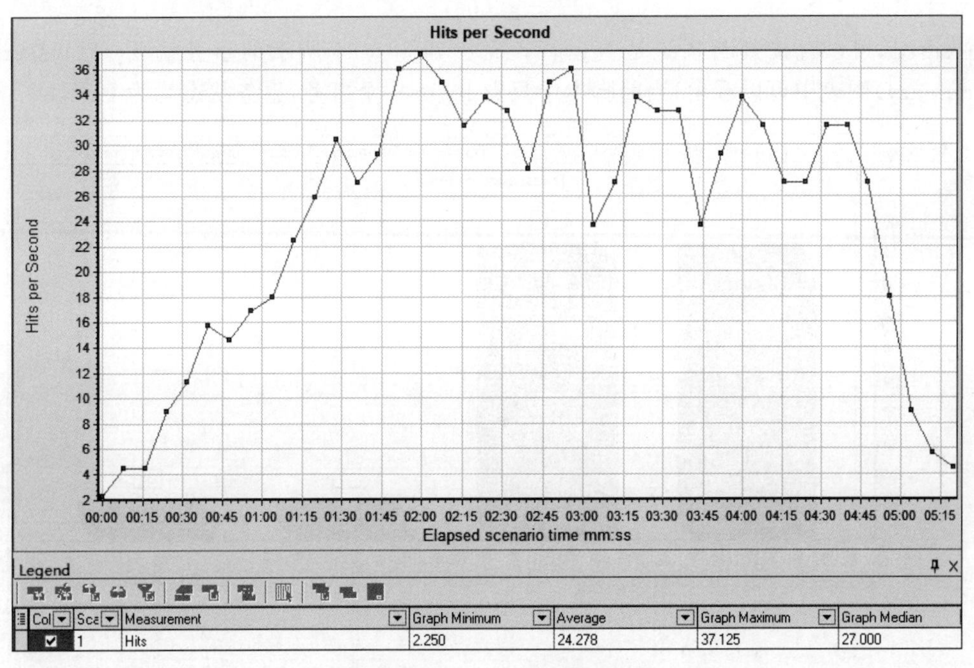

图 5.62　Hit per Second 图表

力，有利于发现瓶颈问题。

4）事务摘要

对事务进行综合分析是性能分析的第一步，通过分析测试时间内用户事务的成功与

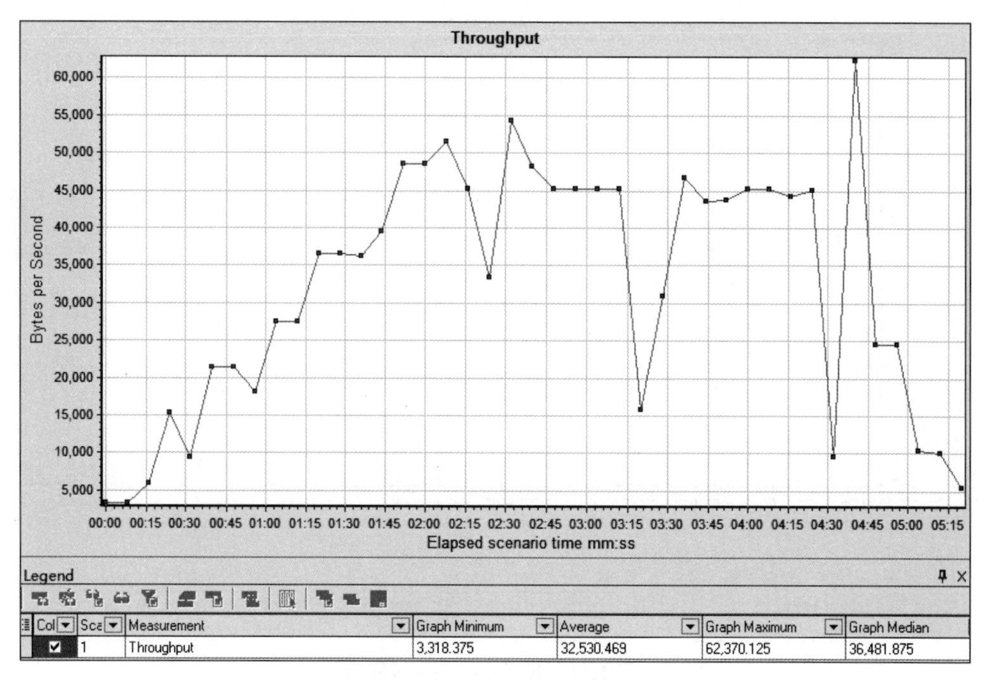

图 5.63　Throughput 图表

失败情况,可以直接判断系统是否运行正常。如图 5.64 所示的事务摘要(Transaction Summary)图表中可以看出,当前脚本中只有 login 一个事务,事务状态均为 Pass。

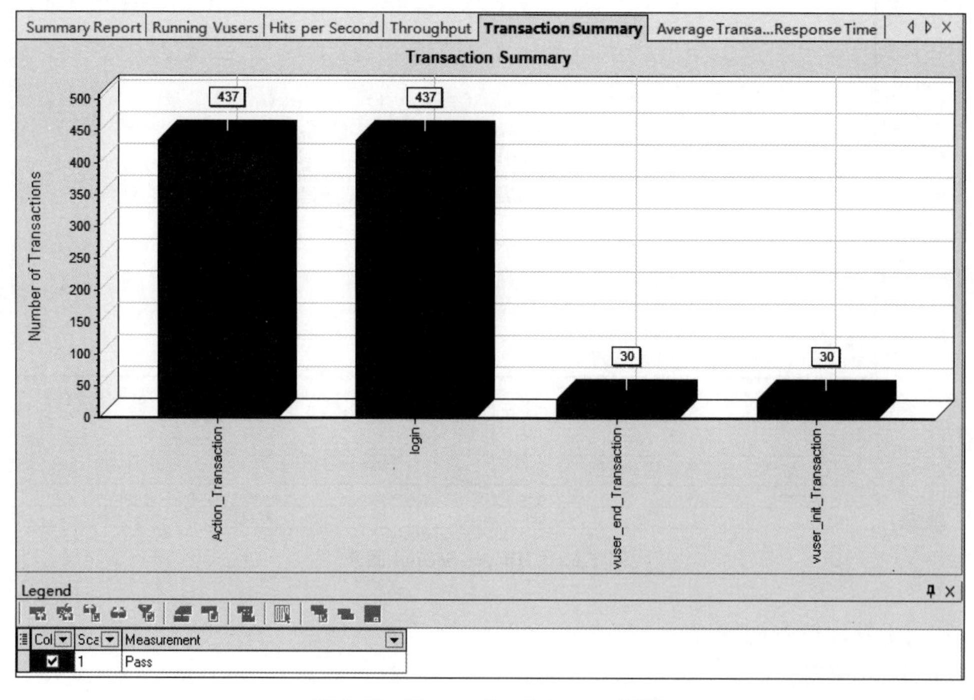

图 5.64　Transaction Summary 图表

5）事务平均响应时间

事务平均响应时间(Average Transaction Response Time)是测试场景期间的每秒内事务执行所用的平均时间，通过它可以分析场景运行期间应用系统性能的走向。从图 5.65 中可以看出，事务 login 随着虚拟用户的增加而增加，脚本持续运行期间为事务平均响应时间比较长，这是因为随着用户进入测试场景，服务器的工作量逐渐加大，服务器对每个增加的负载都要做出响应，平均响应时间也就会随之变长，然后随着虚拟用户缓慢退出，事务的响应时间又开始变短，图形曲线走势降低。

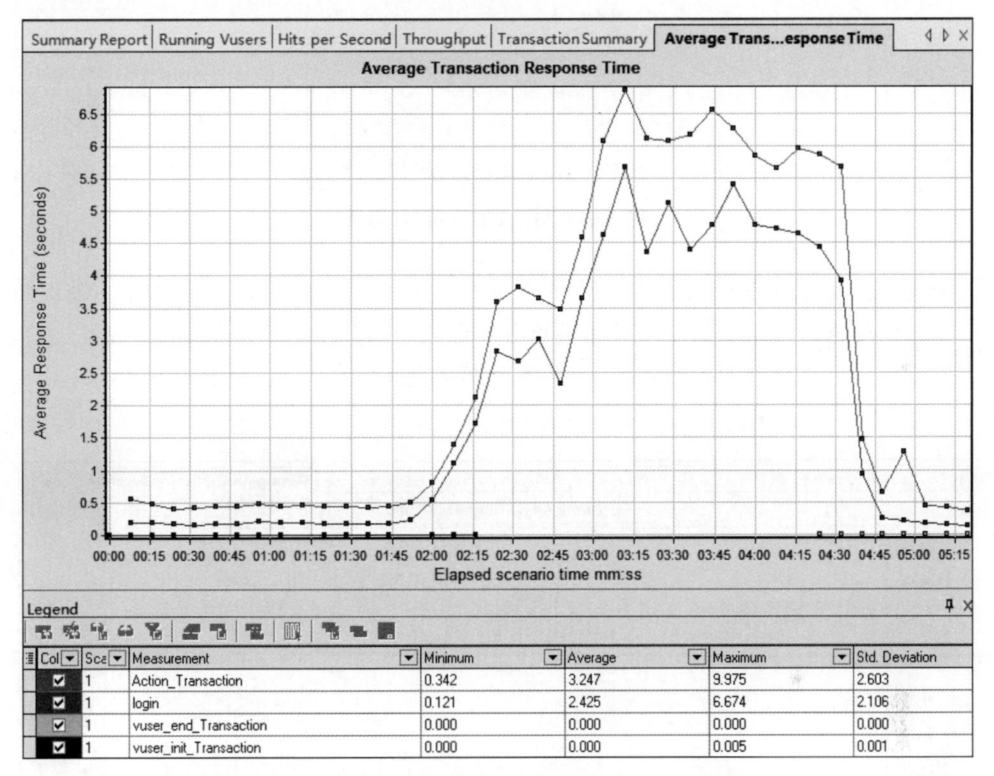

图 5.65　Average Transaction Response Time 图表

3. 合并图表

基础图表都是系统给出的单一图表，如果想要更全面的分析图表，分析图与图之间的联系，就要用到合并图表(Merge Graphs)功能。合并图表可以将图与图合并，从而使用户直观地看出一个数据与另一个数据之间的关系。

例如，在 Running Vuser 图表中右击，在弹出的快捷菜单中选择 Merge Graphs 命令，打开 Merge Graphs 对话框，选择合并项，如图 5.66 所示。

图 5.66 Select graph to merge with 中的下拉列表框都是 x 轴度量单位相同的图。Select type of merge 中有以下 3 种合并方式。

- Overlay：叠加。合并方式是将两张图通过 x 轴进行覆盖合并。
- Tile：平铺。合并方式是将两张图的 y 轴分为上下两部分，不做重叠。

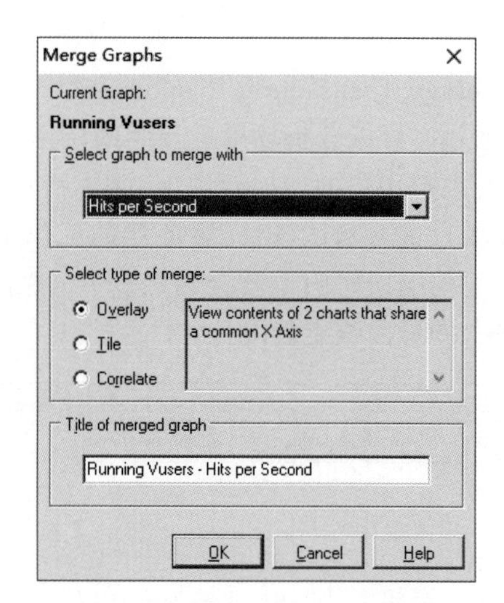

图 5.66 Merge Graphs 对话框

- Correlate：关联。合并方式是将主图的 y 轴变成 x 轴，被合并图的 y 轴保持不变，按照各图原本的时间关系进行合并形成新图。

将 Throughput 和 Hit per Second 两个图表进行合并，选择叠加方式，如图 5.67 所示。

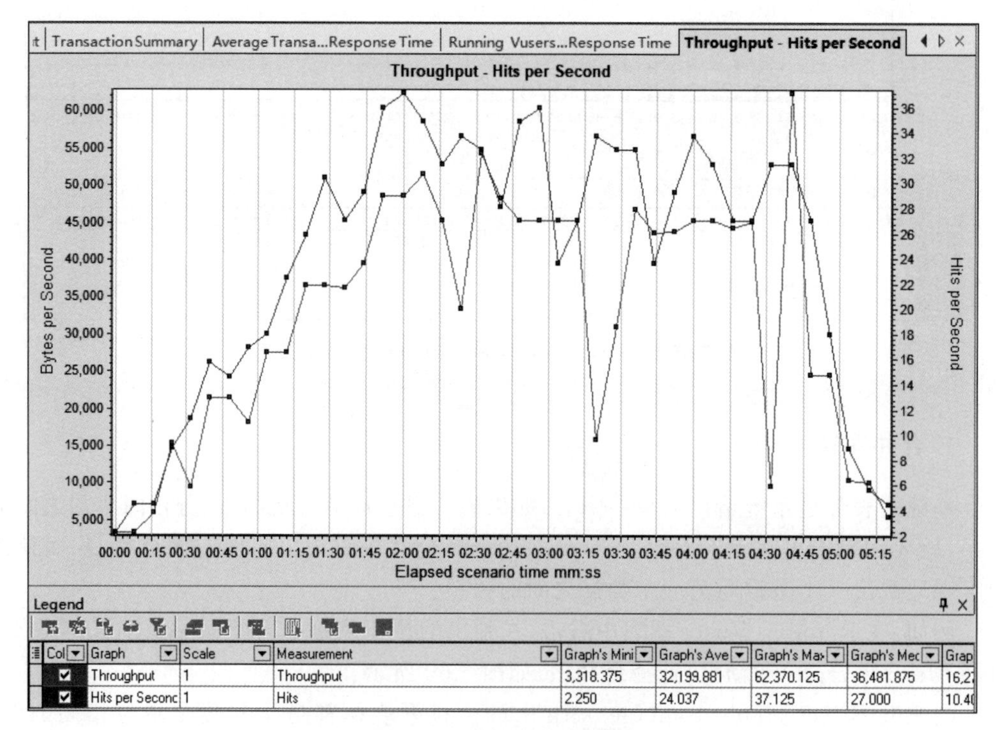

图 5.67 叠加合并分析图

图 5.67 是吞吐量和每秒点击次数的叠加图，正常的统计结果应是两条曲线一一对

应,成正比关系。如果每秒点击次数正常,而吞吐量不正常,则表示服务器端虽然能够接收请求,但返回结果较慢,可能是程序处理缓慢。如果吞吐量正常,而每秒点击次数不正常,则说明客户端存在问题,这种问题一般是由网络引起的,或者是录制的脚本有问题,不能正确模拟用户的行为。

每秒点击次数反映的是客户端每秒向服务器端提交的 HTTP 请求数,一般来说,客户端发出的请求数量越多则吞吐量也越大,其会对平均事务响应时间造成影响。

将 Running Vusers 和 Average Transaction Response Time 两个图表进行合并,选择关联的方式,如图 5.68 所示。

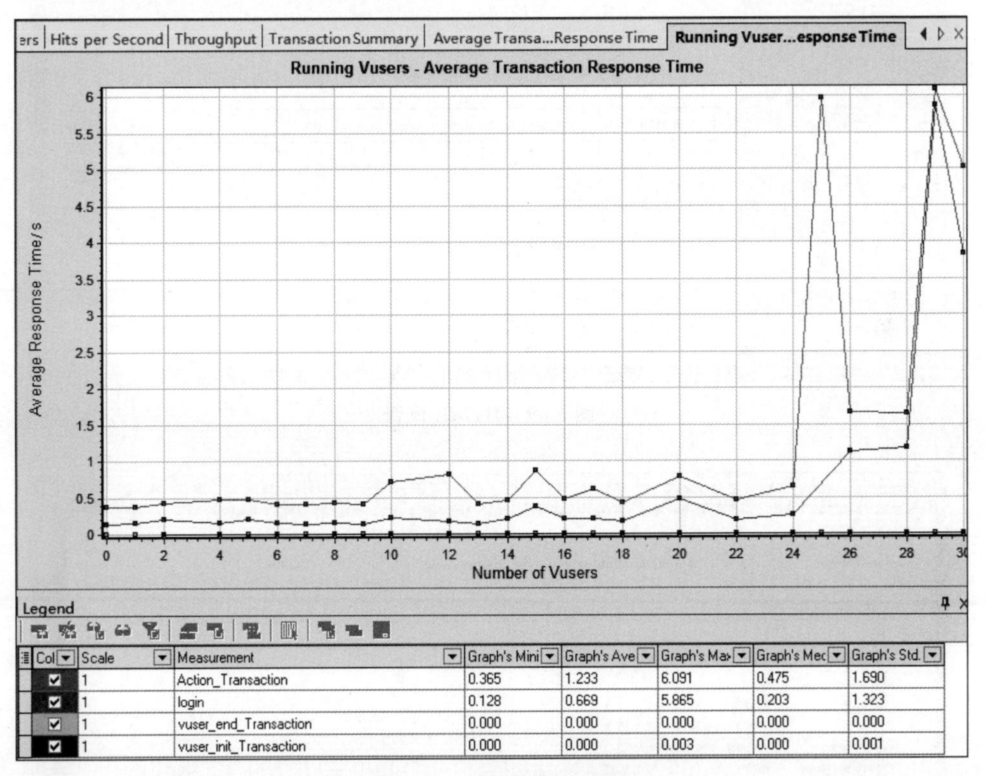

图 5.68　关联合并分析图

从图 5.68 中可以看出随着并发用户数的增加,平均事务响应时间越来越长。

4. 生成报告

完成图表分析工作后需要给出一份分析报告。Analysis 组件提供了自动生成报告的功能。在导航栏选择 Reports→HTML Reports 命令,系统会按照当前 Analysis 的 Session Explorer 展示的选项进行保存,如图 5.69 所示。

以 HTML 的形式保存报告非常方便,但是用户很难对其中的内容进行编辑,所以需要生成其他格式的报告。在 Analysis 导航栏中选择 Reports→New Reports 命令,完成 General、Format、Content 等标签页的设置,最后单击 Generate 按钮就可以生成 Word 版的性能测试报告,如图 5.70 所示。

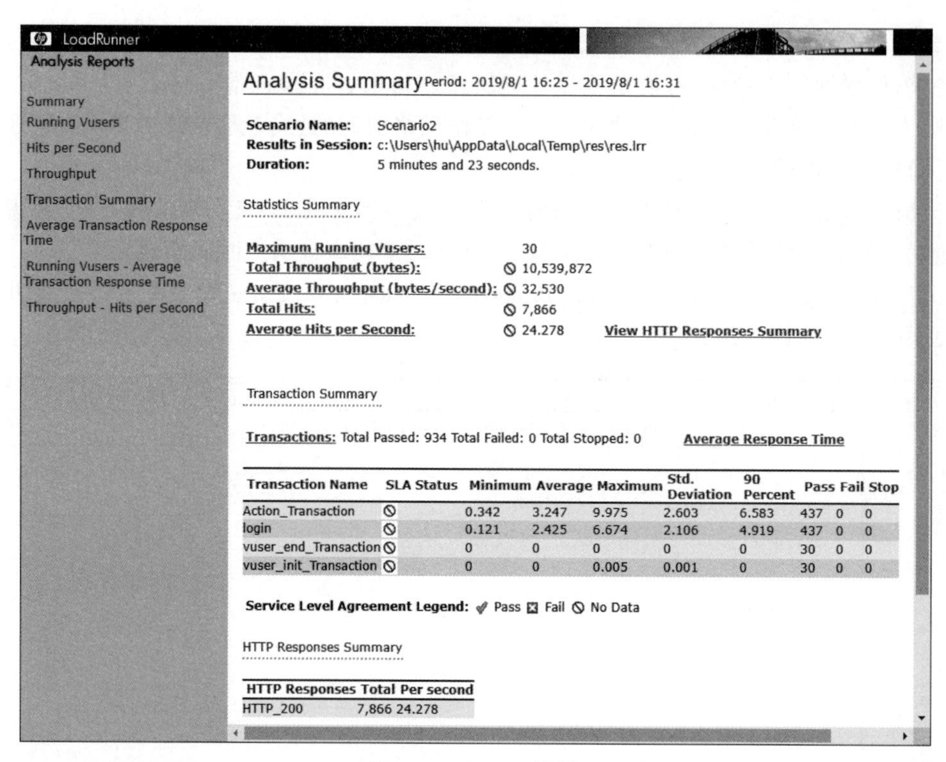

图 5.69 HTML 报告

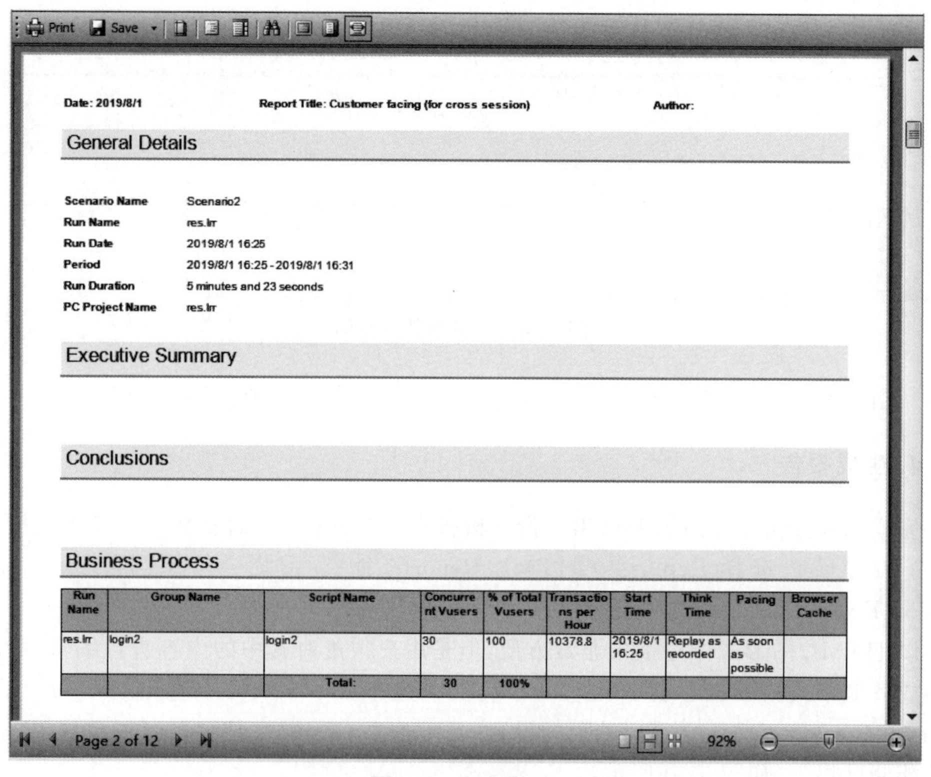

图 5.70 PDF 格式

最终保存报告也有很多选择，如 PDF、HTML、Excel 格式等，建议最终给客户的报告选择 HTML 格式或者 PDF 格式，其可读性比较强。

5.4　自动化测试工具 Monkey

5.4.1　Monkey 介绍

Monkey 测试即猴子测试，是指在测试人员（可能是没有测试经验的人甚至对计算机知识一点不了解的人）不知道程序的任何用户交互知识的情况下，给他一个程序，他就会针对他所看到的界面进行操作（就像猴子一样），这种操作是无目的的乱点乱按。因此，Monkey 测试通常也称随机测试或者稳定性测试。这种测试方法在产品周期的早期阶段会是一个很好的寻找缺陷的方式，能够节省大量时间。

Monkey 工具是 Android 系统自带的一个命令行工具，其可以在模拟器或者真实的设备中运行，Monkey 测试也是 Android 自动化测试的一种手段。当 Monkey 程序在模拟器或真实设备运行时，程序会产生一定数量或一定时间内的随机模拟用户操作事件，如单击、按键、手势等，以及一些系统级别的事件，以实现对应用程序的压力测试。

5.4.2　Monkey 和 MonkeyRunner

Monkey 和 MonkeyRunner 都是 Android SDK 为了支持黑盒测试场景而提供的测试工具，两者名字形似，而且都可以向待测应用发送按键消息，因此往往会被很多开发者混淆。它们的区别有以下 3 点。

① Monkey 运行在设备或模拟器上，可以脱离 PC 运行，独力测试；MonkeyRunner 运行在 PC 上，需要通过客户/服务器模式向设备或模拟器上的 Android 应用发送命令来执行测试。

② 一般来说 Monkey 是一个向待测应用发送随机按键消息的测试工具，其可以验证待测应用在这些随机性的输入面前是否会闪退或崩溃；MonkeyRunner 接收一个明确的测试脚本（使用 Python 编写）。

③ Monkey 不支持条件判断，也不支持通过读取待测界面的信息来执行验证操作；MonkeyRunner 的测试脚本中有明确的条件判断语句，可以用来做功能测试。

通过这些区别，读者可以更好地理解 Monkey 和 MonkeyRunner，并且对 Monkey 测试的特性也有初步的了解。

5.4.3　Monkey 的特征

Monkey 具有以下显著特征。

(1) 测试对象针对应用程序包，有一定的局限性。

(2) Monkey 测试使用的事件流数据是随机的，不能由使用者自定义。

(3) Monkey 虽然可以根据一个命令脚本发送按钮消息，但是不支持条件判断，也不支持读取待测界面的信息来执行验证操作。

(4) 使用者可以对 MonkeyTest 的对象、事件数量、类型和频率等进行设置。

(5) Monkey 运行在设备或模拟器上,可以脱离 PC 运行,验证待测应用在这些随机性输入面前是否会闪退或者崩溃。

5.4.4 Monkey 命令

Monkey 命令的基本形式如下。

```
$monkey [选项] <将要生成的消息个数>
```

当 Monkey 运行时,它会随机地发送伪随机的用户事件流,并监视待测试应用是否会碰到下列情况。

(1) 如果限定了 Monkey 只测试一个或几个特定包,Monkey 会阻止待测应用跳转到其他包的任何尝试。

(2) 如果待测应用闪退或收到任何未处理的异常,Monkey 会立刻终止并报告这个错误。

(3) 如果待测应用出现停止错误,Monkey 也会终止并报告这个错误。

5.4.5 Monkey 应用实例

Monkey 性能稳定测试的步骤可以分为:环境配置、创建连接和进入命令模式场景进行测试。其中,环境配置又可以细分为:下载 SDK、解压进入 SDK Manager 下载系统和配置环境变量。创建连接则可以分为创建虚拟设备或连接真机。接下来将使用 Monkey 进行手机 QQ 的功能性测试。

1. 环境配置

进入 Android SDK 官网 https://android-sdk.en.softonic.com/或进入 Android Studio 官方网站 http://tools.android-studio.org/index.php/sdk/,选择需要的版本进行下载。将下载后的压缩包解压,并在环境变量中配置对应的 SDK\platform-tools 路径地址。设置完成后打开命令行窗口输入 adb version 进行验证,若出现版本信息则表示配置成功。

进入 Oracle 官方下载地址 https://www.oracle.com/java/technologies/javase/javase-jdk8-downloads.html,选择需要的版本下载安装,然后添加环境变量,完成后在命令行窗口输入命令进行检验,两个命令都需要进行验证,如图 5.71 所示。

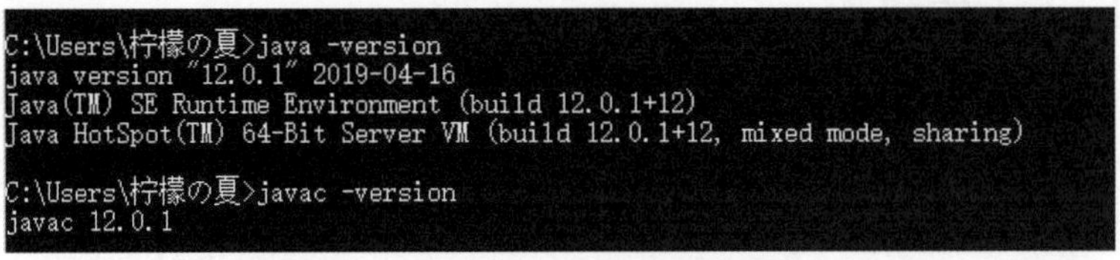

```
C:\Users\柠檬の夏>java -version
java version "12.0.1" 2019-04-16
Java(TM) SE Runtime Environment (build 12.0.1+12)
Java HotSpot(TM) 64-Bit Server VM (build 12.0.1+12, mixed mode, sharing)

C:\Users\柠檬の夏>javac -version
javac 12.0.1
```

图 5.71　验证 Java 环境是否配置成功

2. 创建连接

首先打开手机的 USB 调试模式，连接手机和本地计算机，然后在命令行输入如下命令 adb devices，查看设备号，其中最下面的一串字母是手机号序列，device 是设备状态，如图 5.72 所示。

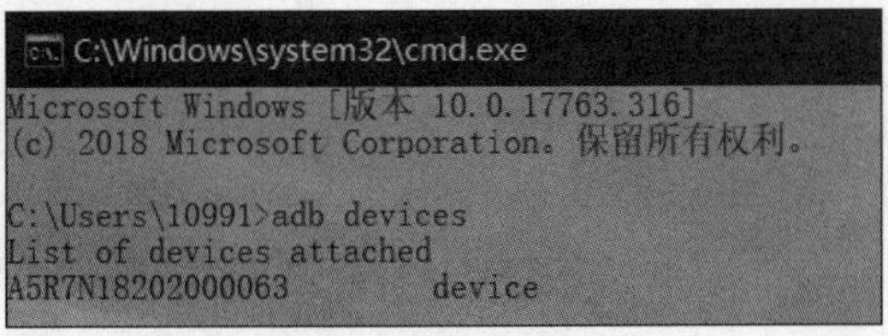

```
C:\Windows\system32\cmd.exe
Microsoft Windows [版本 10.0.17763.316]
(c) 2018 Microsoft Corporation。保留所有权利。

C:\Users\10991>adb devices
List of devices attached
A5R7N18202000063        device
```

图 5.72　查看连接设备号

设备的 3 种常见状态如下。

① offline：设备未连接到 adb 或者没有响应。

② device：设备已连接到 adb。

③ no device：未连接到模拟器或设备。

3. 进入命令模式场景

(1) 输入命令 adb shell pm list package -f 获取手机所有 apk 对应的包名和路径，如图 5.73 所示。

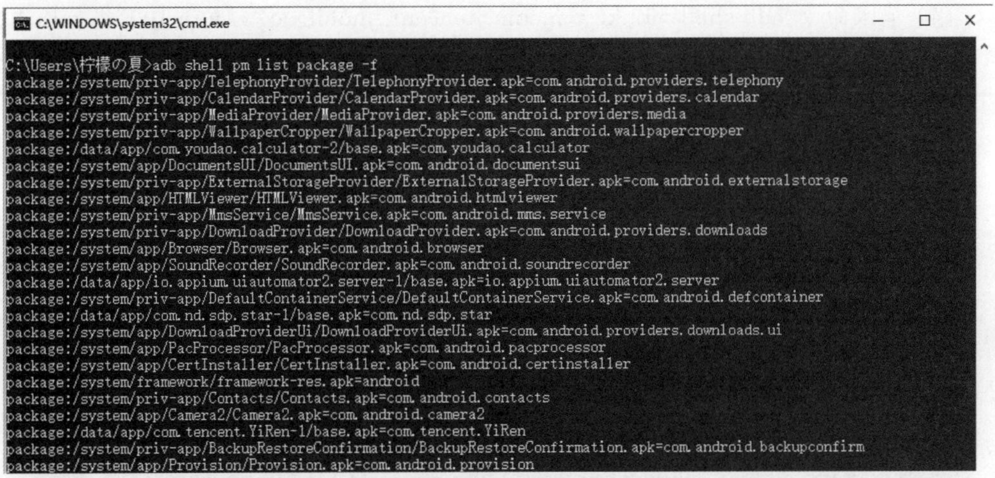

```
C:\WINDOWS\system32\cmd.exe
C:\Users\柠檬の夏>adb shell pm list package -f
package:/system/priv-app/TelephonyProvider/TelephonyProvider.apk=com.android.providers.telephony
package:/system/priv-app/CalendarProvider/CalendarProvider.apk=com.android.providers.calendar
package:/system/priv-app/MediaProvider/MediaProvider.apk=com.android.providers.media
package:/system/priv-app/WallpaperCropper/WallpaperCropper.apk=com.android.wallpapercropper
package:/data/app/com.youdao.calculator-2/base.apk=com.youdao.calculator
package:/system/app/DocumentsUI/DocumentsUI.apk=com.android.documentsui
package:/system/priv-app/ExternalStorageProvider/ExternalStorageProvider.apk=com.android.externalstorage
package:/system/app/HTMLViewer/HTMLViewer.apk=com.android.htmlviewer
package:/system/priv-app/MmsService/MmsService.apk=com.android.mms.service
package:/system/priv-app/DownloadProvider/DownloadProvider.apk=com.android.providers.downloads
package:/system/app/Browser/Browser.apk=com.android.browser
package:/system/app/SoundRecorder/SoundRecorder.apk=com.android.soundrecorder
package:/data/app/io.appium.uiautomator2.server-1/base.apk=io.appium.uiautomator2.server
package:/system/priv-app/DefaultContainerService/DefaultContainerService.apk=com.android.defcontainer
package:/data/app/com.nd.sdp.star-1/base.apk=com.nd.sdp.star
package:/system/app/DownloadProviderUi/DownloadProviderUi.apk=com.android.providers.downloads.ui
package:/system/app/PacProcessor/PacProcessor.apk=com.android.pacprocessor
package:/system/app/CertInstaller/CertInstaller.apk=com.android.certinstaller
package:/system/framework/framework-res.apk=android
package:/system/priv-app/Contacts/Contacts.apk=com.android.contacts
package:/system/app/Camera2/Camera2.apk=com.android.camera2
package:/data/app/com.tencent.YiRen-1/base.apk=com.tencent.YiRen
package:/system/priv-app/BackupRestoreConfirmation/BackupRestoreConfirmation.apk=com.android.backupconfirm
package:/system/app/Provision/Provision.apk=com.android.provision
```

图 5.73　获取包名和路径

(2) 输入命令 aapt dump badging E:\Appium\QQ.apk 获取 apk 的详细信息，如图 5.74 所示。

(3) 输入命令“adb install apk 路径”将本地计算机上的 apk 安装到设备上，如图 5.75 所示。

```
C:\WINDOWS\system32\cmd.exe
C:\Users\柠檬の夏>aapt dump badging E:\Appium\QQ.apk
package: name='com.tencent.mobileqq' versionCode='1424' versionName='8.3.9' compileSdkVersion='28' compileSdkVersionCode
name='9'
install-location:'auto'
sdkVersion:'15'
targetSdkVersion:'26'
uses-permission: name='com.android.launcher.permission.INSTALL_SHORTCUT'
uses-permission: name='android.permission.WRITE_EXTERNAL_STORAGE'
uses-permission: name='android.permission.INTERNET'
uses-permission: name='android.permission.VIBRATE'
uses-permission: name='android.permission.ACCESS_NETWORK_STATE'
uses-permission: name='android.permission.CHANGE_CONFIGURATION'
uses-permission: name='android.permission.RECEIVE_BOOT_COMPLETED'
uses-permission: name='android.permission.WAKE_LOCK'
uses-permission: name='android.permission.SYSTEM_ALERT_WINDOW'
uses-permission: name='android.permission.RECORD_AUDIO'
uses-permission: name='com.tencent.msf.permission.account.sync'
uses-permission: name='android.permission.MODIFY_AUDIO_SETTINGS'
uses-permission: name='android.permission.CAMERA'
uses-permission: name='android.permission.CHANGE_WIFI_STATE'
uses-permission: name='android.permission.ACCESS_WIFI_STATE'
uses-permission: name='android.permission.READ_PHONE_STATE'
uses-permission: name='android.permission.KILL_BACKGROUND_PROCESSES'
uses-permission: name='com.android.launcher.permission.READ_SETTINGS'
uses-permission: name='com.android.launcher.permission.UNINSTALL_SHORTCUT'
uses-permission: name='android.permission.PERSISTENT_ACTIVITY'
uses-permission: name='android.permission.WRITE_SETTINGS'
uses-permission: name='android.permission.READ_SMS'
uses-permission: name='android.permission.GET_TASKS'
uses-permission: name='com.tencent.permission.VIRUS_SCAN'
```

图 5.74 获取 apk 的详细信息

```
C:\WINDOWS\system32\cmd.exe
C:\Users\柠檬の夏>adb install E:\Appium\QQ.apk
Performing Push Install
E:\Appium\QQ.apk: 1 file pushed, 0 skipped. 1.4 MB/s (94182278 bytes in 64.451s)
        pkg: /data/local/tmp/QQ.apk
Success
```

图 5.75 安装 apk 到设备

(4) 输入命令“adb shell monkey -p com. tencent. mobileqq -v -v -v 100”进行压力测试，如图 5.76 所示。

```
C:\WINDOWS\system32\cmd.exe
C:\Users\柠檬の夏>adb shell monkey -p com.tencent.mobileqq -v -v -v 100
:Monkey: seed=1595040184147 count=100
:AllowPackage: com.tencent.mobileqq
:IncludeCategory: android.intent.category.LAUNCHER
:IncludeCategory: android.intent.category.MONKEY
// Selecting main activities from category android.intent.category.LAUNCHER
//   - NOT USING main activity com.android.settings.Settings (from package com.android.settings)
//   - NOT USING main activity com.android.browser.BrowserActivity (from package com.android.browser)
//   - NOT USING main activity com.cyanogenmod.filemanager.activities.NavigationActivity (from package com.cyanogenmod.filemanager)
//   - NOT USING main activity com.android.camera.CameraLauncher (from package com.android.camera2)
//   - NOT USING main activity com.android.gallery3d.app.GalleryActivity (from package com.android.gallery3d)
//   - NOT USING main activity com.vphone.launcher.Launcher (from package com.vphone.launcher)
//   - NOT USING main activity com.bignox.app.store.hd.ui.activity.MainActivity (from package com.bignox.app.store.hd)
//   - NOT USING main activity com.android.providers.downloads.ui.DownloadList (from package com.android.providers.downloads.ui)
//   - NOT USING main activity com.bignox.google.installer.MainActivity (from package com.bignox.google.installer)
//   - NOT USING main activity com.vphone.helper.MainActivity (from package com.vphone.helper)
//   - NOT USING main activity com.nd.smartcan.appfactory.demo.SplashActivity (from package com.nd.sdp.star)
//   - NOT USING main activity com.baitian.unity.MainActivity (from package com.tencent.swy)
//   - NOT USING main activity com.youdao.calculator.activities.MainActivity (from package com.youdao.calculator)
//   - NOT USING main activity com.tencent.YiRen.MainActivity (from package com.tencent.YiRen)
//   - NOT USING main activity com.sina.weibo.SplashActivity (from package com.sina.weibo)
//   + Using main activity com.tencent.mobileqq.activity.SplashActivity (from package com.tencent.mobileqq)
// Selecting main activities from category android.intent.category.MONKEY
//   - NOT USING main activity com.android.settings.Settings$RunningServicesActivity (from package com.android.settings)//   - NOT USING main activity com.android.setti
ngs.Settings$StorageUseActivity (from package com.android.settings)
//   - NOT USING main activity com.vphone.launcher.Launcher (from package com.vphone.launcher)
// Seeded: 1595040184147
// Event percentages:
//   0: 15.0%
//   1: 10.0%
//   2: 2.0%
//   3: 15.0%
//   4: -0.0%
//   5: 25.0%
//   6: 15.0%
//   7: 2.0%
//   8: 2.0%
//   9: 1.0%
//   10: 13.0%
:Switch: #Intent;action=android.intent.action.MAIN;category=android.intent.category.LAUNCHER;launchFlags=0x10200000;component=com.tencent.mobileqq/.activity.SplashActiv
ity;end
    // Allowing start of Intent { act=android.intent.action.MAIN cat=[android.intent.category.LAUNCHER] cmp=com.tencent.mobileqq/.activity.SplashActivity } in package c
om.tencent.mobileqq
Sleeping for 0 milliseconds
```

图 5.76 压力测试

参数说明如下。

① -p：表示指定测试的程序，后面跟安装包的名字。

② -v：表示查看 Monkey 执行过程的信息，即日志级别，-v 越多越详细，但最多只能 3 个。

③ 100：表示测试事件数为 100。

5.5　测试管理工具禅道

5.5.1　禅道工具介绍

禅道是一款专业的国产开源研发项目管理软件，它集产品管理、项目管理、质量管理、文档管理、组织管理和事务管理于一体，完整覆盖了研发项目管理的核心流程。

禅道研发项目管理软件的主要管理思想基于敏捷项目管理方法 Scrum，并整合了缺陷管理、测试用例管理、发布管理、文档管理等功能，完整地覆盖了软件研发项目的整个生命周期，明确地将产品、项目、测试三者的概念区分，使产品人员、开发团队、测试人员三者分立，互相配合又互相制约，通过需求、任务、缺陷来进行互动，最终通过项目拿到合格的产品。

禅道的优点如下。

(1) B/S 架构，方便部署、使用。

(2) 概念简单，容易上手。

(3) 开源的研发项目管理软件，可自由地定制、修改。

(4) 免费的研发项目管理软件，降低企业的投入成本。

(5) 自主的开发框架，预留扩展机制，支持通过第三方的插件扩展获得更多的功能。

禅道的缺点如下。

(1) 缺陷管理不支持工作流定制。

(2) 商业软件对免费版有时间限制。

(3) 不能集成其他第三方缺陷管理工具。

(4) 没有实时测试情况统计。

5.5.2　禅道的下载和使用

1. 下载与安装

首先在禅道官网下载，禅道分为开源版、企业版和旗舰版，其官网地址为 https://www.zentao.net/index.html。本次实验在开源版中进行，版本号为 12.4.3。读者也可直接下载 Windows 一键安装包，安装好集成环境后登录网页运行，如图 5.77 所示。

下载完成后，解压到本地计算机磁盘，解压后的目录结构如图 5.78 所示。

选择 xampp 目录下的 start.exe 程序，双击运行，选择安装目录后单击 Extract 按钮安装，如图 5.79 所示。

再次单击 start.exe 程序后，可打开禅道集成运行环境，如图 5.80 所示。

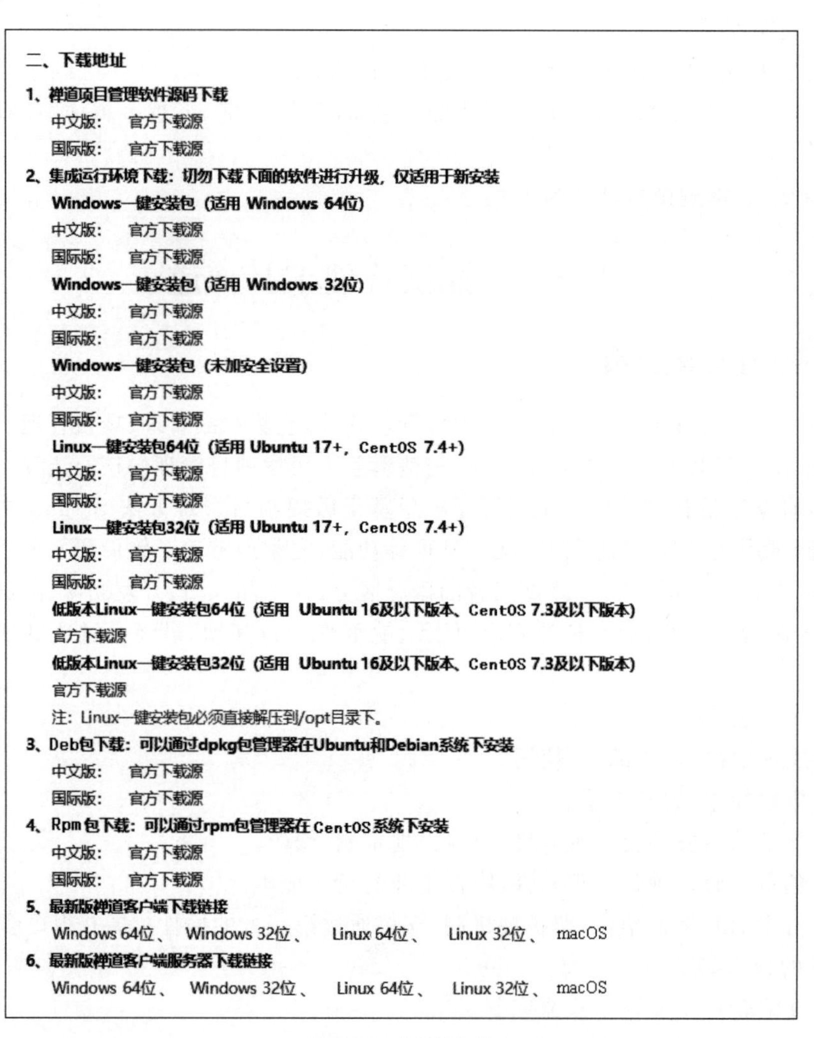
二、下载地址

1、禅道项目管理软件源码下载

中文版： 官方下载源

国际版： 官方下载源

2、集成运行环境下载：切勿下载下面的软件进行升级，仅适用于新安装

Windows一键安装包（适用 Windows 64位）

中文版： 官方下载源

国际版： 官方下载源

Windows一键安装包（适用 Windows 32位）

中文版： 官方下载源

国际版： 官方下载源

Windows一键安装包（未加安全设置）

中文版： 官方下载源

国际版： 官方下载源

Linux一键安装包64位（适用 Ubuntu 17+，CentOS 7.4+）

中文版： 官方下载源

国际版： 官方下载源

Linux一键安装包32位（适用 Ubuntu 17+，CentOS 7.4+）

中文版： 官方下载源

国际版： 官方下载源

低版本Linux一键安装包64位（适用 Ubuntu 16及以下版本、CentOS 7.3及以下版本）

官方下载源

低版本Linux一键安装包32位（适用 Ubuntu 16及以下版本、CentOS 7.3及以下版本）

官方下载源

注：Linux一键安装包必须直接解压到/opt目录下。

3、Deb包下载：可以通过dpkg包管理器在Ubuntu和Debian系统下安装

中文版： 官方下载源

国际版： 官方下载源

4、Rpm包下载：可以通过rpm包管理器在CentOS系统下安装

中文版： 官方下载源

国际版： 官方下载源

5、最新版禅道客户端下载链接

Windows 64位、 Windows 32位、 Linux 64位、 Linux 32位、 macOS

6、最新版禅道客户端服务器下载链接

Windows 64位、 Windows 32位、 Linux 64位、 Linux 32位、 macOS

图 5.77 下载地址

图 5.78 目录结构

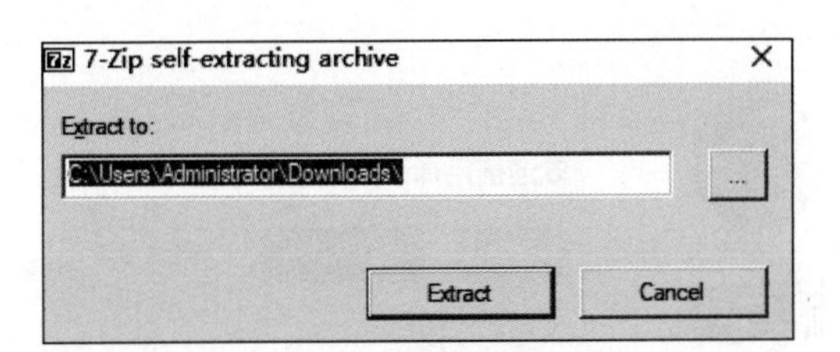

图 5.79　安装运行

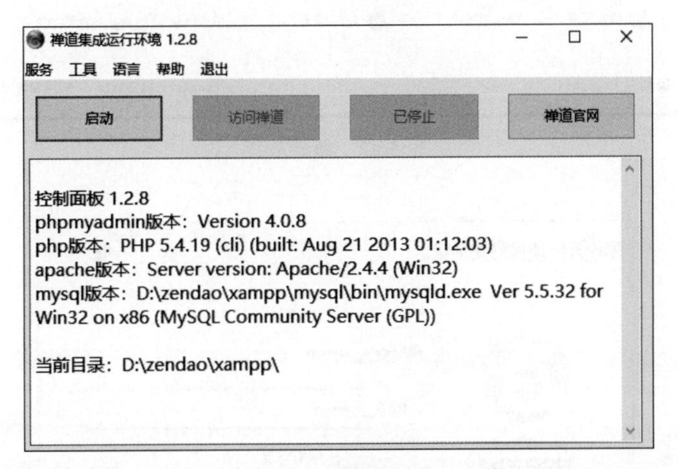

图 5.80　集成环境

单击“启动”按钮后，会自动开启运行环境，如图 5.81 所示。

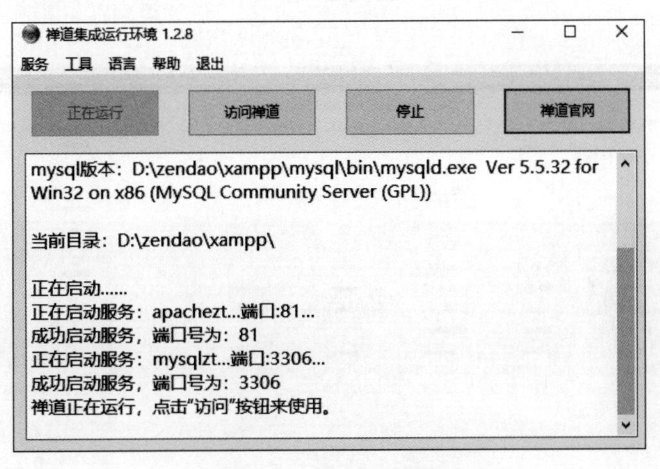

图 5.81　启动运行环境

待启动完成后单击“访问禅道”就可以跳转网页了，如图 5.82 所示。

单击“开源版”按钮，输入管理员初始用户名 admin，密码 123456 后就可以直接使用了，如图 5.83 和图 5.84 所示。第一次进入系统时，系统会检测密码安全级别，并提示修改弱口令密码，按照提示修改一个符合要求的密码即可。

图 5.82　跳转界面

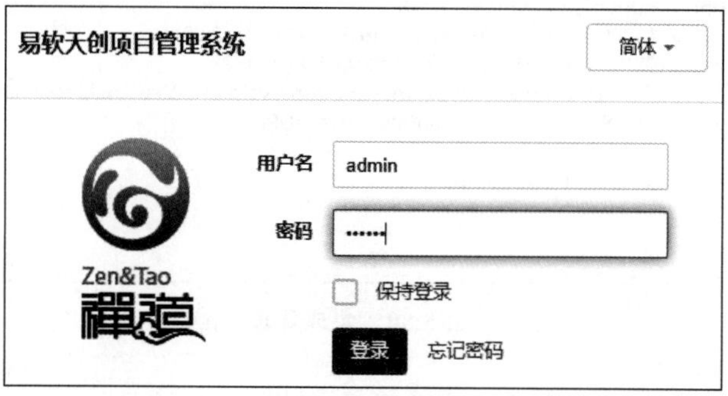

图 5.83　登录

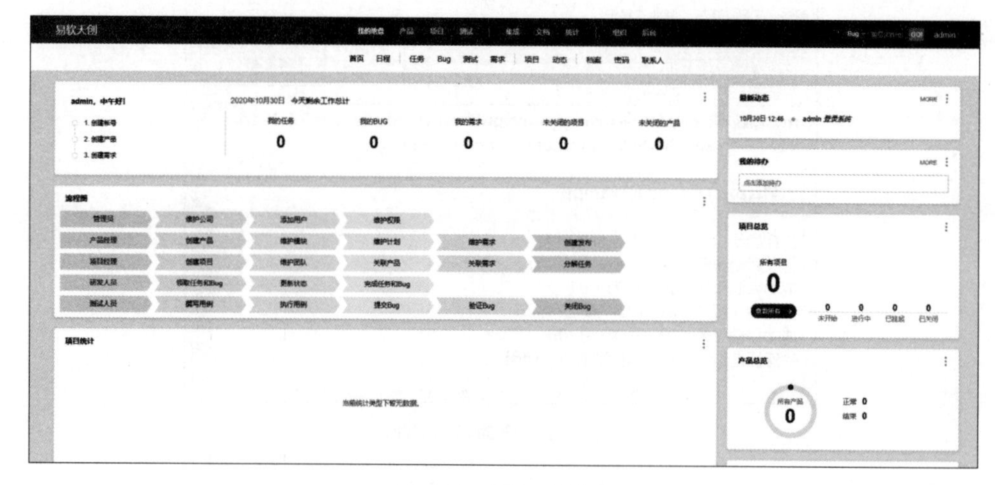

图 5.84　管理员界面

2. 禅道的角色组成

禅道的角色主要可以分为管理员、产品经理、项目经理、研发人员以及开发人员，其基本工作流程如图 5.85 所示。

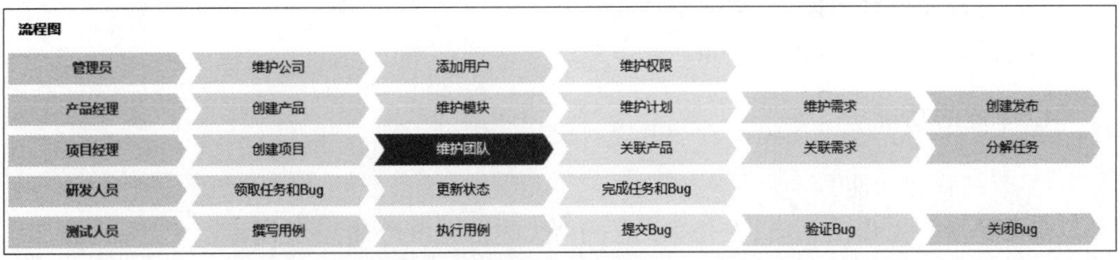

流程图

管理员	维护公司	添加用户	维护权限		
产品经理	创建产品	维护模块	维护计划	维护需求	创建发布
项目经理	创建项目	维护团队	关联产品	关联需求	分解任务
研发人员	领取任务和Bug	更新状态	完成任务和Bug		
测试人员	撰写用例	执行用例	提交Bug	验证Bug	关闭Bug

图 5.85　人员组成

作为管理员,用户可以完成维护公司、添加用户、权限管理等工作。图 5.86 展示了“添加用户”的对话框。

+ 添加用户

所属部门 /

用户名 *

密码 * 6位以上，包含大小写字母，数字

请重复密码 *

真实姓名 *

入职日期 2020-10-30

职位 职位影响内容和用户列表的顺序

权限分组 分组决定用户的权限列表

邮箱

源代码帐号

性别 ◉ 男 ○ 女

您的密码 请输入您的系统登录密码 *

保存　返回

图 5.86　添加用户

其他角色的用户也可在平台中完成自己的工作,这里将不再演示。

3. 禅道的基本流程

禅道进行项目管理的基本流程如下。

(1) 产品经理创建产品。

(2) 产品经理在产品下创建需求。

(3) 项目经理创建项目。

(4) 项目经理确定项目要做的需求和任务。

(5) 项目经理分解任务,指派到研发人员。

(6) 测试人员测试,提交 Bug。

4. 禅道的功能

1) 产品管理功能

产品是所有工作的基石,在任务的一开始,首先应由产品经理创建一个产品,添加产品信息,包括各部门负责人,以及基本的产品描述等,如图 5.87 所示。

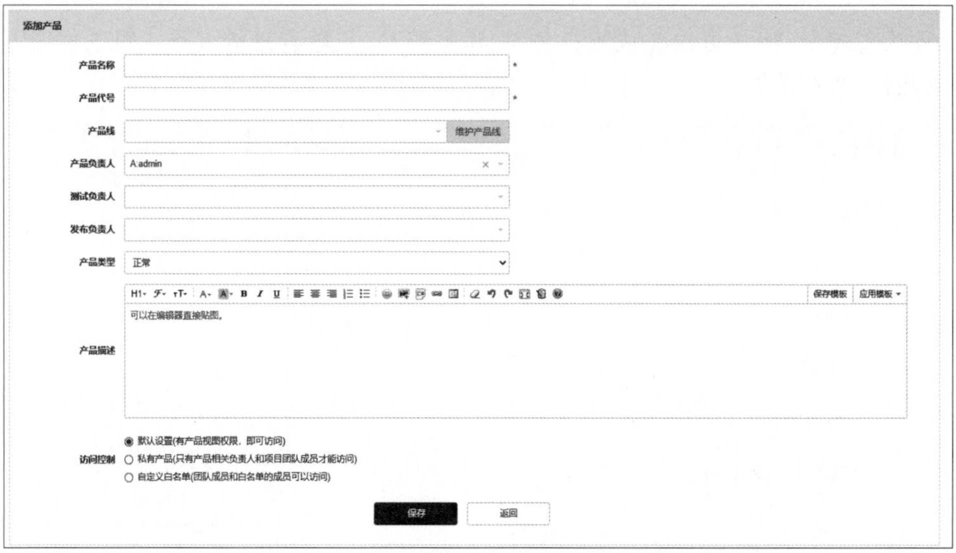

图 5.87 创建产品

添加名为考试系统的产品,之后可以进行添加产品需求、生成产品计划、新建产品文档等工作,也可随时变更产品信息,将产品分成各个子模块等。

在添加产品需求时,可规定产品任务、具体需求、评审人员、开发周期等内容,之后提交评审,在需求更改时也可重新修改需求,如图 5.88 所示。

在评审通过后,需求状态变为激活。如果评审不通过,需求状态变为草稿,那么就需要重新修改需求,如图 5.89 所示。

2) 项目管理功能

完成需求评审之后,需由项目经理添加项目并关联具体产品,同时也可将项目设为私有项目,限制只有项目成员才能访问,如图 5.90 所示。

添加项目完成后可添加项目团队成员,如图 5.91 和图 5.92 所示。

在添加好团队成员之后即可新建任务,并为每项任务指定负责人员和设置任务日期,如图 5.93 所示。

之后团队成员在登录平台后就可以看到自己的任务,根据工作情况按时修改任务状态即可。

图 5.88　添加产品需求

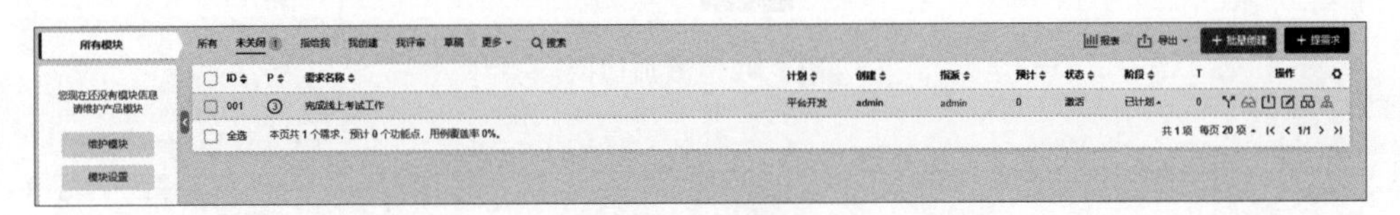

图 5.89　评审通过

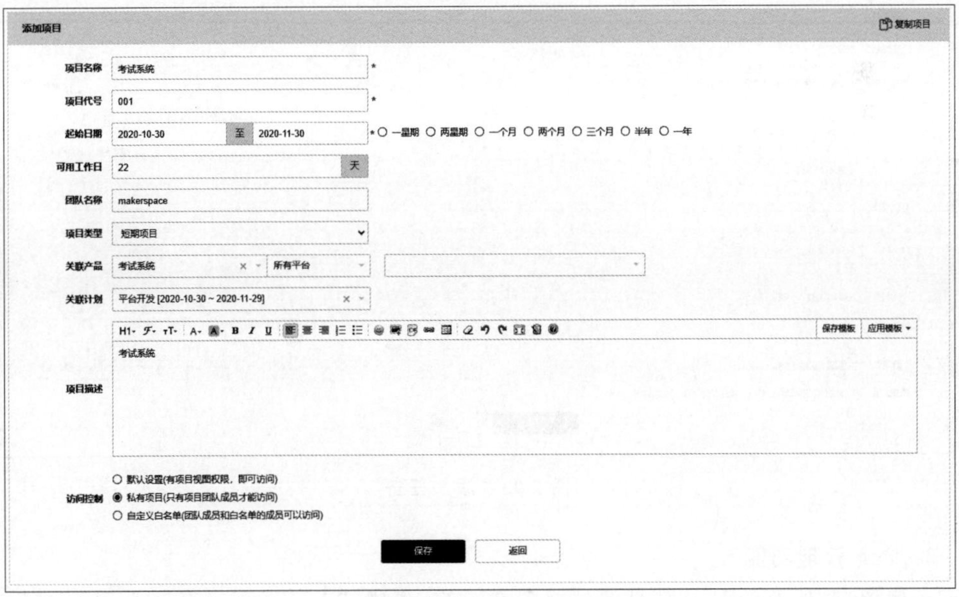

添加项目
复制项目
项目名称　考试系统 *
项目代号　001 *
起始日期　2020-10-30 至 2020-11-30 *　○ 一星期　○ 两星期　○ 一个月　○ 两个月　○ 三个月　○ 半年　○ 一年
可用工作日　22 天
团队名称　makerspace
项目类型　短期项目
关联产品　考试系统　所有平台
关联计划　平台开发 [2020-10-30 ~ 2020-11-29]
保存模板　应用模板
项目描述　考试系统
访问控制
○ 默认设置(有项目视图权限，即可访问)
◉ 私有项目(只有项目团队成员才能访问)
○ 自定义白名单(团队成员和白名单的成员可以访问)
保存　返回

图 5.90　“添加项目”对话框

图 5.91　设置团队

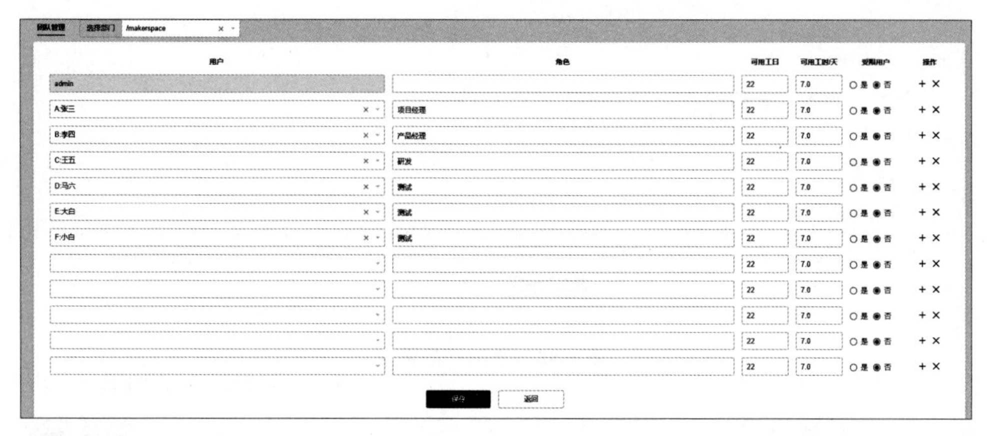

图 5.92　添加团队

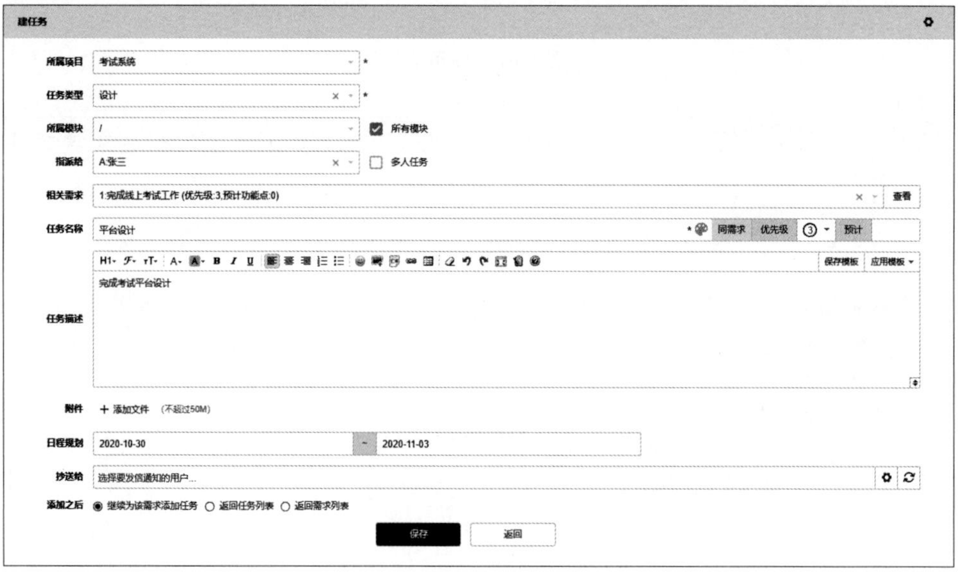

图 5.93　添加任务

3）Bug 管理功能

在禅道中，所有的 Bug 都是产品概念之下的，当测试人员发现一个产品 Bug 之后，就可以将之提交，同时指定研发人员去修改 Bug，在开发人员解决 Bug 之后，通过验证则可以注销 Bug，如图 5.94 和图 5.95 所示。

图 5.94　添加 Bug

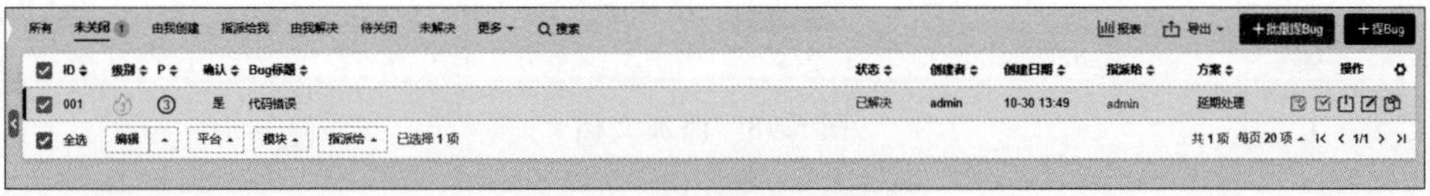

图 5.95　修改 Bug 状态

测试用例也可以在当前页面中添加，如图 5.96 所示。

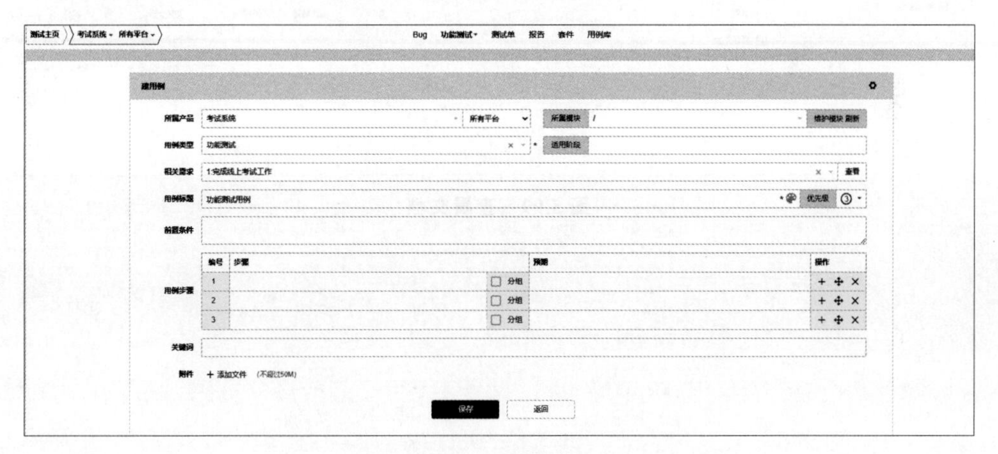

图 5.96　添加用例

在执行完测试用例后，可更新测试用例状态，如果并未通过，也可以直接将其转化为 Bug，交由研发人员去处理，如图 5.97 所示。

4）文档管理功能

禅道同时提供文档管理功能，可以创建文档库、创建具体文档，如图 5.98 所示。

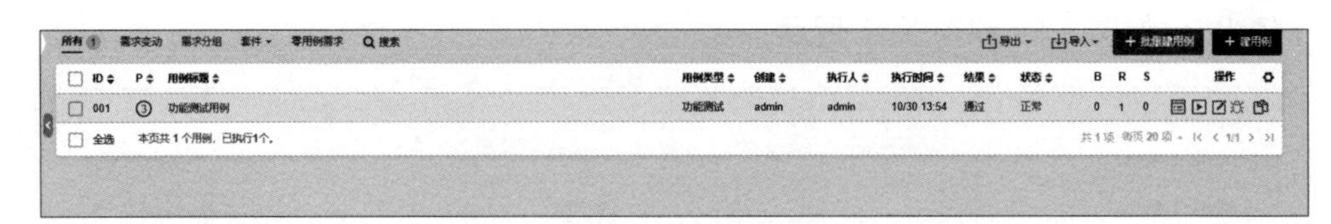

图 5.97　处理测试用例

图 5.98　添加文档

添加文档后，所有权限内用户都可查看该文档，如图 5.99 所示。

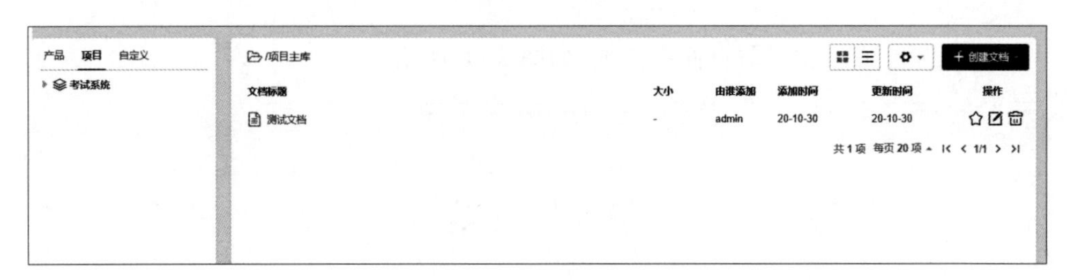

图 5.99　查看文档

参考文献

[1] MYERS G J . The art of Software Testing[M]. 2nd ed. New Jersey：Wiley，2004.

[2] 斛嘉乙，符永蔚，樊映川. 软件测试技术指南[M]. 北京：机械工业出版社，2019.

[3] PATTON R.软件测试[M]. 张小松，王珏，曹跃，译. 北京：机械工业出版社，2006.

[4] 朱少民. 全程软件测试[M]. 3 版. 北京：人民邮电出版社，2009.

[5] 张海藩，牟永敏. 软件工程导论[M]. 6 版. 北京：清华大学出版社，2013.

[6] 曹小鹏. 嵌入式软件的测试方法研究[J]. 西安邮电大学学报，2007(5)：92-94,111.

[7] 孙家泽，王曙燕，曹小鹏. 用于测试用例最小化问题的改进 PSO 算法[J]. 计算机工程，2009，35(15)：201-202,205.

[8] MASSOL V. JUnit in Action 中文版[M].鲍志云，译. 北京：电子工业出版社，2005.